职业院校机电类"十三五"
**微课版规划教材**

# 液压与气动技术
# 项目式教程 **附微课视频**

刘文倩／主编

林娟 黄丽燕 陶亢／副主编／／曾维林／主审

**人民邮电出版社**
北 京

图书在版编目（CIP）数据

液压与气动技术项目式教程：附微课视频 / 刘文倩
主编. -- 北京：人民邮电出版社，2018.2（2024.6重印）
职业院校机电类"十三五"微课版规划教材
ISBN 978-7-115-47605-0

Ⅰ. ①液… Ⅱ. ①刘… Ⅲ. ①液压传动－高等职业教
育－教材②气压传动－高等职业教育－教材 Ⅳ.
①TH137②TH138

中国版本图书馆CIP数据核字(2018)第010911号

## 内 容 提 要

本书由 6 个学习项目构成，主要内容有机床工作台简化液压系统的认识、液压千斤顶的调试、液
压压力机液压系统的认识与调试、汽车起重机液压系统的认识与调试、工业机械手液压系统的认识与
分析、典型气动系统的安装与调试。每个项目后配有思考题和习题，便于学生巩固所学知识和强化技
能。

本书可作为高职高专院校机械类和机电类相关专业的教材，也可供相关工程技术人员参考。

◆ 主　　编　刘文倩
　　副主编　林　娟　黄丽燕　陶　亢
　　主　　审　曾维林
　　责任编辑　王丽美
　　责任印制　马振武

◆ 人民邮电出版社出版发行　　北京市丰台区成寿寺路 11 号
　　邮编　100164　电子邮件　315@ptpress.com.cn
　　网址　http://www.ptpress.com.cn
　　北京七彩京通数码快印有限公司印刷

◆ 开本：787×1092　1/16
　　印张：13　　　　　　　　2018 年 2 月第 1 版
　　字数：315 千字　　　　　2024 年 6 月北京第 11 次印刷

定价：35.00 元
读者服务热线：(010)81055256　印装质量热线：(010)81055316
反盗版热线：(010)81055315
广告经营许可证：京东市监广登字20170147号

高等职业教育培养的高素质技术技能型人才应具备工程实践能力，因此课程配套教材的编写应以生产一线为依托，紧密结合岗位技能对职业素质的要求，突出针对性和实用性。本书以工作任务为引领，突出工作过程的导向作用，贴合以职业技能为核心，立足工学结合的项目式教学方法，简明扼要地介绍了完成每一项工作任务所需要的相关知识和实际操作应采用的具体程序和步骤，培养学生活学现用和自主创新的能力。

本书编写内容的选取以必需、够用、理论联系实际为宗旨，所选的项目实例均是专业领域生产一线的典型案例，突出本门课程内容的专业针对性和应用性。为了方便读者自主学习，本书在关键知识点中添加了动画视频资源的二维码链接，读者通过手机扫描即可观看。

通过本书 6 个项目的学习和训练，学生不仅能够掌握液压和气动技术的基本知识，并能维护和调试液压与气动系统，排除常见的系统故障。

本书的参考学时为 50 ~ 66 学时，建议采用工学结合的教学模式，各项目的参考学时见下面的学时分配表。

学时分配表

| 项　目 | 课程内容 | 学　时 |
|---|---|---|
| 项目一 | 机床工作台简化液压系统的认识 | 4 |
| 项目二 | 液压千斤顶的调试 | 6 ~ 8 |
| 项目三 | 液压压力机液压系统的认识与调试 | 8 ~ 12 |
| 项目四 | 汽车起重机液压系统的认识与调试 | 6 ~ 10 |
| 项目五 | 工业机械手液压系统的认识与分析 | 16 ~ 20 |
| 项目六 | 典型气动系统的安装与调试 | 10 ~ 12 |
| 学时总计 | | 50 ~ 66 |

本书由江西工业工程职业技术学院刘文倩任主编，曾维林任主审。本书具体编写分工：陶尢负责编写项目一，黄丽燕负责编写项目二，刘文倩负责编写项目三和项目四，林娟负责编写项目五，曾维林负责编写项目六。另外，参与本书编写的还有陈斌、张瑞军和沈俊波。

由于编者水平有限，书中难免存在不足之处，恳请广大读者批评指正。

编者<br>2017 年 12 月

# 目　录

# 项目一
# 机床工作台简化液压系统的认识

## | 项目实例　机床工作台简化液压系统 |

机床工作时，要求其工作台做水平往复运动。实现机床工作台水平往复运动控制的就是一个简单的液压传动系统，如图 1-1 所示。

在图 1-1（a）中，液压泵 3 的动力是由电动机提供的，电动机带动液压泵 3 旋转，从油箱 1 中吸油，油液经过滤油器 2 过滤后流向液压泵，经泵向系统输送。来自液压泵的压力油流经节流阀 5 和换向阀 6 进入液压缸的左腔，推动活塞杆带动的工作台 8 向右移动。这时，液压缸 7 右腔的油通过换向阀 6 经回油管排回油箱。

如果将换向阀手柄扳到左边位置，使换向阀处于图 1-1（b）所示的状态，则压力油经换向阀 6 进入液压缸 7 的右腔，推动活塞杆连同工作台向左移动。这时液压缸左腔的油液也经换向阀和回油管排回油箱。

工作台的移动速度是通过节流阀 5 调节的。当节流阀开口较大时，单位时间内进入液压缸的油液增多，工作台移动的速度也较快；反之，当节流阀开口较小时，工作台移动的速度较慢。

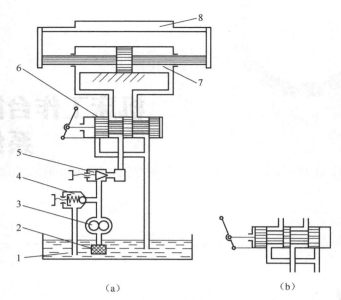

图 1-1　机床工作台液压传动系统

1—油箱；2—滤油器；3—液压泵；4—溢流阀；5—节流阀；6—换向阀；7—液压缸；8—工作台

工作台移动时必须克服阻力，例如，克服切削力和相对运动表面的摩擦力等。为适应克服不同大小阻力的需要，泵输出油液的压力必须能够调整；另外，液压系统中各零部件的承压能力都有一定范围，当系统压力超出这个范围，就可能出现安全事故；且当工作台低速移动时，节流阀开口较小，泵输出的多余压力油也需要排回油箱。这些功能都是由溢流阀 4 来实现的，调节溢流阀弹簧的预压力就能调整泵出口的油液压力，并让多余的油液在相应压力下打开溢流阀，经回油管流回油箱。

除了上述讨论的各个环节以外，液压系统要能正常工作，还必须要有存储油液的油箱，连接各元器件的管道，还需有过滤系统杂质的滤油器，另外还有蓄能器、密封元件、压力表等。

# 相 关 知 识

## 一、液压传动系统的组成及图形符号

液压传动系统主要由以下 5 个部分组成。

### 1．动力元件

图 1-2 所示序号 3，一般是指液压泵。它的作用是将原动机输入的机械能转换成为流体的压力能，以驱动执行元件运动。

### 2．执行元件

图 1-2 所示的序号 7，一般是指液压缸和液压马达。它的作用是将流体的压力能转换为机械能，以驱动工作部件。

### 3．控制元件

图 1-2 所示的序号 4、5、6，一般是指各种阀类元件。它们的作用是控制和调节液压系

统中流体的压力、流量和流动方向，以保证工作机构完成预定的工作运动。

#### 4．辅助元件

图 1-2 所示的序号 1 和 2，除以上 3 种元件以外的其他元件，如油箱、滤油器、蓄能器等。它们的作用是提供必要的条件，使系统正常工作和便于监测控制。

#### 5．传动介质

传动介质指液压油。它的作用是实现运动和动力的传递，即能量的载体。

各种液压元件的图形符号见附录 A。

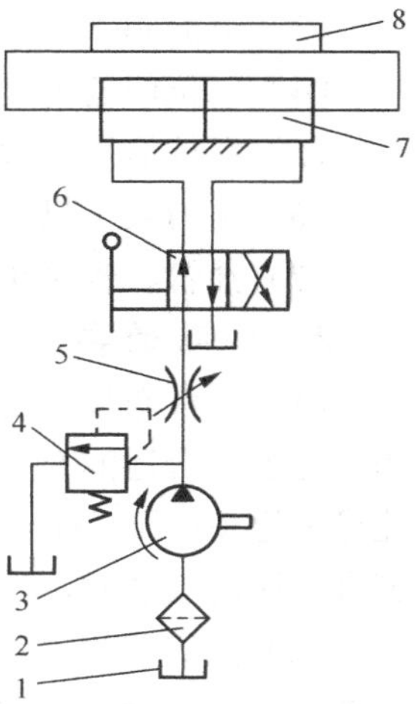

### 二、认识主要液压元件

#### 1．液压泵

液压泵即为动力源，为系统提供具有一定压力和流速的工作液体。

#### 2．溢流阀

溢流阀用来调节系统压力，使系统压力处在一个稳定值。溢流阀同时还可以用于安全保护、远程调压、卸荷、背压等。

#### 3．节流阀

节流阀用来调节液压缸的运行速度。通过改变节流阀过流断面的面积，从而改变进入液压缸的流量，达到调速的目的。

#### 4．换向阀

换向阀用来控制液压缸的运行方向。通过改变阀口的通断来达到改变液压油流动的方向，以此来控制液压缸的移动方向。

#### 5．液压缸

液压缸是液压系统的执行元件。通过压力油驱动运动部件的移动，以此带动工作台实现往复运动。

图 1-2　机床工作台液压传动
系统图形符号
（图中注释同图 1-1）

## 项 目 实 施

本项目主要根据机床工作台液压传动系统图在液压实验操作台上连接该液压回路，并调试回路。通过观察液压回路的工作状况，以达到进一步掌握液压传动系统的工作原理、系统组成及各液压元件的具体作用的目的。操作主要步骤如下所述。

#### 1．液压元件的准备

根据图 1-2 所示的液压系统图，确定所需要使用的所有液压元件并准备好。本项目所需要的液压元件清单如下：

（1）齿轮泵、油箱、滤油器各 1 个（一般这 3 个元件已固定安装在液压实验台操作面板上）；

（2）直动式溢流阀 1 个；

（3）节流阀 1 个；

（4）二位四通手动换向阀 1 个；

（5）双杆活塞式液压缸 1 个；

（6）压力表 1 只；

（7）油管、管接头若干。

**2．回路的安装**

（1）元件布局。现将直动式溢流阀、二位四通手动换向阀、节流阀、双杆活塞式液压缸和压力表按合适的布局位置安装固定在回路液压实验台操作面板上。注意，液压缸的进出油孔尽量避免朝下（朝上或侧向均可），其他元件的油孔接头必须方便油管的连接。通过弹性插脚进行快速安装时，应将所有的插脚对准插孔，然后平行推入，并轻轻摇动确保安装稳固。

（2）油路连接。参照图 1-2，按油路逻辑顺序完成油管的连接，注意各液压元件的油孔标志字母及其含义，尤其是进出油口不能接反。如 P 孔为进油孔，O（或 T）孔为回油孔，应接回油箱，A、B 油孔接工作回路；溢流阀的 P 孔为进油孔，O（或 T）孔为回油孔；节流阀的 $P_1$ 为进油孔，$P_2$ 为出油孔。油管全部连接完毕后必须对照原理图仔细检查并确保无误。油管和管接头必须确保准确连接，不能出现泄漏。

**3．实验操作（现象观察）**

（1）将节流阀的节流口调至最小。

（2）将电动机调速器逆时针调到底，起动齿轮泵电动机，然后慢慢调节旋钮并注意观察压力表，直到达到工作压力（0.3MPa 左右）。如果一直不能达到，则要通过溢流阀进行相应的压力调节。

（3）手动调节换向阀，观察液压缸活塞杆是否能够顺利实现换向。

（4）将节流阀的节流口调到不同大小位置，同时观察并记录液压缸活塞杆运行速度的变化。

**4．回路拆除**

（1）将齿轮泵调至回油模式运转几分钟，使各液压元件和油管中滞留的油液尽可能退回油箱。

（2）关闭齿轮泵电动机，断开电源并拆除所有电气连接。

（3）从顶部开始依次拆除所有可拆卸元件及油管，注意尽可能地避免油液泄漏。拔出阀体时，注意顺着插孔方向，禁止倾斜扳动，以防损坏插脚。元件拆下后应倒出其内部油液，塞上橡皮塞，清洁外表油渍后放回原处。

**5．总结及实验报告**

对实验项目进行总结，按要求完成实验报告和总结。

## 教学实施与项目测评

机床工作台液压系统教学内容的实施与项目测评，见表 1-1。

表 1-1　　　　　　　　　　教学内容的实施与项目测评

| 名称 | 学生活动 | | 教师活动 | 实践拓展 |
|---|---|---|---|---|
| 机床工作台液压传动系统安装与调试 | 收集资料 | 根据项目实验的具体内容，结合课堂知识讲解，查阅相关资料，明确具体工作任务 | 将学生进行分组，提出项目实施的具体工作任务，明确任务要求，演示机床传动系统，指导学生进行学习 | 通过实践项目实施，让学生更进一步掌握液压系统的组成，各元件的具体作用及系统的工作原理 |

| 名称 | | 学生活动 | 教师活动 | 实践拓展 |
|---|---|---|---|---|
| 机床工作台液压传动系统安装与调试 | 制订实施计划 | 小组讨论机床工作台液压系统的连接方案可行性，以及是否符合操作规程，最后确定实施方案，形成实验报告 | 对学生的方案给予实时的指导与评价，发挥咨询与协调的作用 | 通过实践项目实施，让学生更进一步掌握液压系统的组成，各元件的具体作用及系统的工作原理 |
| | 项目实施 | 按照实验报告书所制定的项目实施方案步骤，逐一完成所有任务，形成实验过程记录检测报告 | 检查各组学生完成项目任务的情况，激发学生思考和总结问题，做好现场答疑工作 | |
| | 检验与评价 | 展示成果，各小组交叉互评。取长补短，班级得出最优方案，并形成总结报告 | 在整个项目的实施过程中做好记录，在项目结束后给予客观准确的评价 | |
| 提交成果 | | (1) 实验记录清单；<br>(2) 实验结果；<br>(3) 液压动力元件、执行元件、控制元件和辅助元件的型号清单 | | |

| 考核评价 | 序号 | 考核内容 | 配分 | 评分标准 | 得分 |
|---|---|---|---|---|---|
| | 1 | 团队协作 | 10 | 在小组活动中，能够与他人进行有效合作 | |
| | 2 | 职场安全 | 20 | 在活动，严格遵守安全章程、制度 | |
| | 3 | 液压元件清单 | 30 | 液压元件无损坏、无遗漏，按要求清理、归位 | |
| | 4 | 实验结果 | 40 | 实验结果是否合理、正确 | |
| 指导教师 | | | | 得分合计 | |

# 知 识 拓 展

## 一、液压传动技术的优缺点

液压传动与其他传动方式相比较，主要有以下优点和缺点。

### 1. 液压传动的优点

（1）液压传动可以输出大的推力或大的转矩，可实现低速大吨位运动，这是其他传动方式所不能比的突出优点。

（2）液压传动能方便地实现无级调速，调速范围大，可在系统运行过程中调速。

（3）液压传动工作平稳，反应速度快，冲击小，能高速启动、制动和换向。

（4）在相同功率情况下，液压传动装置体积小、重量轻、结构紧凑。

（5）液压传动便于实现过载保护，使用安全、可靠。

（6）操作简单，调整控制方便，易于实现自动化，特别是机、电联合使用，能方便地实现复杂的自动工作循环。

（7）液压元件易于实现系列化、标准化和通用化，便于设计、制造、维修和推广使用。

（8）各液压元件中的运动件均在油液中工作，能自动润滑，故元件的使用寿命长。

### 2. 液压传动的缺点

（1）液压系统的泄漏和液体的可压缩性会影响执行元件运动的准确性，无法保证严格的传动比。

（2）油液对温度的变化比较敏感，不宜在很高或很低温度的情况下工作，还易污染环境。

（3）能量损失大，传动效率较低，不宜远距离输送动力。

（4）元件制造精度高，加工装配较困难，对油液的污染较敏感。

（5）系统出现故障时，不易查找原因。

综上所述，液压传动的优点是主要的、突出的，它的缺点随着科学技术水平的不断提高正在被逐步克服。因此，液压传动技术在现代化生产中有着广阔的前景。

## 二、液压传动技术的研究对象及应用

液压传动技术是一门研究以密封容器中的受压液体作为传动介质，实现能量传递和控制的学科。

液压传动技术相对于机械传动来说，是一门新的技术。特别是 20 世纪 60 年代以来，随着科学技术水平的飞速发展，液压技术也得到了很大的发展，在国民经济各个工业领域中得到了普遍的应用，如机械、船舶、军工、医疗、航天等。由于液压传动技术具有能传递大的动力、操作控制方便、运动平稳、易于实现自动控制等诸多优势，因此在机械行业中的应用十分广泛。

液压传动技术在各类机械行业中的应用情况，见表 1-2。

表 1-2                 液压传动技术在各类机械行业中的应用

| 行业名称 | 应用举例 |
|---|---|
| 机床行业 | 磨床、铣床、刨床、拉床、自动和半自动车窗、组合机床、数控机床等 |
| 工程机械 | 挖掘机、装卸机、推土机、压路机、铲运机等 |
| 起重运输机械 | 汽车吊、港口龙门吊、叉车、装卸机械、皮带运输机等 |
| 矿山机械 | 开采机、破碎机、提升机、液压支架、开掘机、凿岩机等 |
| 建筑机械 | 打桩机、平地机、液压千斤顶等 |
| 农业机械 | 拖拉机、联合收割机、农具悬挂系统等 |
| 冶金机械 | 轧钢机、压力机、电炉炉顶及电极升降机等 |
| 轻工机械 | 注塑机、造纸机、打包机、橡胶硫化机、校直机等 |
| 汽车工业 | 减振器、汽车中的转向器、高空作业车、自卸式汽车、平板车等 |
| 智能机械 | 工业机械手、数字式体育锻炼机、模拟驾驶舱、机器人等 |

# |思 考 题|

1. 何谓液压传动？液压传动的基本工作原理是怎样的？

2. 液压传动系统有哪些组成部分？各部分的作用是什么？

3. 与其他传动方式相比较，液压传动主要有哪些优缺点？

4. 如何实施调节与控制液压缸的移动速度？

# 项目二
# 液压千斤顶的调试

【学习目标】

1. 知识目标
- 掌握液压千斤顶的工作原理及调试方法；
- 掌握液压油的品种、分类以及选用和管理方法；
- 掌握液体静力学和动力学基础、液体流动时的压力损失；
- 了解液压冲击和气穴现象。
2. 能力目标
- 掌握液压千斤顶的工作原理及调试，进一步掌握液压传动系统的工作原理及特点；
- 掌握液体静力学和动力学的基础知识。

## | 项目实例　千斤顶液压系统 |

千斤顶是一种比较简单的起重设备，用刚性顶举件作为工作装置，通过顶部托座或底部托爪在行程内顶升重物的轻小起重设备。其结构轻巧坚固、灵活可靠，一人即可携带和操作。千斤顶作为一种使用范围广泛的工具，采用了最优质的材料铸造，保证了千斤顶的质量和使用寿命。千斤顶分为机械式和液压式两种，液压千斤顶由于构造简单、重量轻、便于携带，移动方便等特点而得到广泛应用。下面简要介绍液压千斤顶的工作原理。

图 2-1 所示为液压千斤顶的工作原理图。大液压缸 3 和大活塞 4 组成举升缸。杠杆手柄 6、小液压缸 8、小活塞 7、单向阀 5 和 9 组成手动液压泵。油箱 1 和放油阀 2 组成工作回路。活塞和缸体之间即能保持良好的配合关系，又能实现可靠的密封。

当抬起杠杆手柄 6，使小活塞 7 向上移动，活塞下腔密封容积增大形成局部真空时，单向阀 9 打开，油箱中的油在大气压力的作用下通过吸油管进入活塞下腔，完成一次吸油动作。当用力压下手柄时，小活塞 7 下移，其下腔密封容积减小，油压升高，单向阀 9 关闭，单向阀 5 打开，油液进入举升缸（大液压缸）下腔，驱动大活塞 4 使重物上升一段距离，完成一次压油动作。反复地抬、压手柄，就能使油液不断地被压入举升缸（大液压缸），使重物不断升高，达到起重的目的。如将放油阀 2 旋转 90°。大活塞 4 可以在自重和外力的作用下实现回程，这就是液压千斤顶的工作过程。

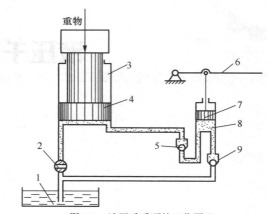

图 2-1　液压千斤顶的工作原理

1—油箱；2—放油阀；3—大液压缸；4—大活塞；5、9—单向阀；
6—杠杆手柄；7—小活塞；8—小液压缸

# 相 关 知 识

## 一、液体静力学基础及特性

液体静力学所研究的是静止液体的力学性质。所谓的静止，是指液体内部质点之间没有相对运动，液体整体完全可以像刚体一样做各种运动。

### 1．液体的压力

液体单位面积上所受的法向作用力称为压力。这一定义在物理学中称为压强，但在液压传动中习惯称为压力，压力通常以 $p$ 表示，单位为 Pa 或 $N/m^2$，其表达式为

$$p = \frac{F}{A} \qquad (2\text{-}1)$$

式中，$A$——作用力下的作用面积（$m^2$）；

$F$——作用面积上的法向作用力（N）。

液体的压力有如下特性：

（1）液体的压力沿着内法线方向作用于承压面；

（2）静止液体内任一点的压力在各个方向上都相等。

由上述性质可知，静止液体总是处于受压状态，并且其内部的任何质点都是受平衡压力作用的。

### 2．液体静力学基本方程

在重力作用下的静止液体，其受力情况如图 2-2（a）所示，除了液体的重力 $G$、液面上的压力 $p_0$ 外，还有容器壁对液体的压力。为求任意深度 $h$ 处某点的压力 $p$，可以假想从液面往下切取一个垂直小液柱作为研究对象，设液柱的底面积为 $\Delta A$，高为 $h$，如图 2-2（b）所示。由于液柱处于平衡状态，于是有

$$p\Delta A = p_0 \Delta A + \rho g h \Delta A$$

因此，得 $$p = p_0 + \rho g h \qquad (2\text{-}2)$$

式中，$p_0$——外界作用于液面上的压力（$N/m^2$ 或 $Pa$）；

$\rho$——液体的密度（$kg/m^3$）；

$h$——该点离液面的垂直距离（$m$）。

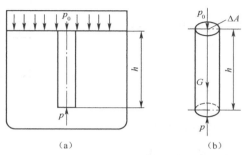

图 2-2 重力作用下的静止液体

式（2-2）称为液体静力学基本方程式。由该式可知：

（1）静止液体内任一点处的压力都由两部分组成：一部分是液面上的压力 $p_0$，另一部分是该点以上液体自重所形成的压力，即 $\rho g$ 与该点离液面深度 $h$ 的乘积。当液面上只受大气压力 $p_a$ 作用时，则液体内任一点处的压力为

$$p = p_a + \rho g h \qquad (2\text{-}3)$$

（2）静止液体内的压力随液体深度呈线性规律分布。

（3）离液面深度相同的各点组成了等压面，此等压面为一水平面。

在重力场中，静止液体的等压面为水平面。液体与空气的接触面就是等压面。在重力作用下，水面下任意深度的水平面均为等压面。平衡的两种不同流体（液体与液体，液体与气体）的分界面也必为等压面，等压面必然与质量力相垂直，这是等压面的重要特性。

对于连通器，仅受重力作用的平衡液体的等压面总结出两点：

（1）在连通器的同一液体中，任一水平面皆为等压面；

（2）在连通器的两种不相混的液体中，通过两种液体分界面的水平面是等压面。

### 3．静压力的传递

由静力学基本方程式可知，静止液体中任意一点的压力都包含着液面在外力作用下所产生的压力 $p_0$。如图 2-3 所示密闭容器内的液体，当外力 $F$ 变化引起外加压力 $p_0$ 发生变化时，只要液体仍保持原来的静止状态不变，则液体内任一点的压力将发生同样大小的变化。这就是说，在密闭容器内，由外力作用所产生的压力将等值地传递液体各点，这就是帕斯卡原理，或称为静压传递原理。

通常，由外力产生的压力 $p_0$ 是很大的，而液压系统的安装高度 $h$ 一般不超过 10m，由液体重力引起的压力是极小的，即 $\rho g h \leqslant p_0$，可忽略不计 $\rho g h$ 的影响，认为液压系统中静止液体内的压力处处相等，即 $p = p_0 = F/A$，若 $F = 0$，则 $p = 0$；$F$ 越大，则 $p$ 也越大。

由此可见，液体内的压力是由外界负载作用所形成的，即液压系统中的工作压力决定于负载，这是液压传动中的一个重要的基本概念。

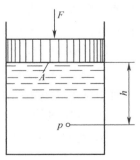

图 2-3 静止液体内的压力

【例 2-1】 图 2-4 所示为相互连通的两个液压缸，已知大缸内径 $D$ =100mm，小缸内径 $d$ =20mm，大活塞上放置物体的质量为 5 000kg。请问小活塞上所加的力 $F$ 多大才能使大活塞顶起重物？

解：物体的重力为

$$G = mg = 5\,000 \times 9.8 = 49\,000 \,(\text{N})$$

根据帕斯卡原理，由于外力产生的压力在两缸中相等，即

$$\frac{F}{\dfrac{\pi d^2}{4}} = \frac{G}{\dfrac{\pi D^2}{4}}$$

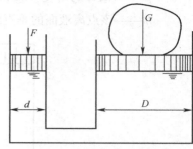

图 2-4 液压传动原理应用举例

故顶起重物应在小活塞上施加的力为

$$F = \frac{d^2}{D^2}G = \frac{20^2}{100^2} \times 49\,000 = 1\,960 \,（\text{N}）$$

本例说明了液压千斤顶等液压起重机械的工作原理，体现了液压装置的力的放大作用。

### 4.压力的测量

（1）液体压力的表示方法及单位

① 用液体在单位面积上所受到的作用力的大小表示，符号为 $p$，单位为 Pa、kPa、MPa。

② 用大气压力表示，单位为工程大气压（at）、标准大气压（atm）。

③ 用液柱高度表示，单位为毫米水柱（mmH_2O）、毫米汞柱（mmHg）。

各种压力单位的换算关系，见表 2-1。

表 2-1 各种压力单位的换算关系

| 帕<br>Pa | 巴<br>bar | 公斤力/厘米²<br>kgf/cm² | 工程大气压<br>at | 标准大气压<br>atm | 毫米水柱<br>mmH$_2$O | 毫米汞柱<br>mmHg |
|---|---|---|---|---|---|---|
| $1\times10^5$ | 1 | 1.01972 | 1.01972 | 0.986923 | $1.01972\times10^4$ | $7.50062\times10^2$ |

压力单位采用法定计量单位。我国过去采用的工程大气压、标准大气压、毫米水柱、毫米汞柱等压力单位现已淘汰。

（2）压力的测量

液压系统中的压力，绝大多数采用压力计测量。由于作用于物体上的大气压，一般自成平衡，所以由压力计测得的读数是高出大气压力的那部分数值。在实际的压力测试中，有两种基准：一是以绝对真空为基准，二是以大气压力为基准。

① 绝对压力，即指以绝对真空为基准测得的压力，用 $p_j$ 表示。

② 相对压力，即指以大气压力 $p_a$ 为基准测得的高出大气压力的那部分压力，用 $p_x$ 表示。一般由压力计测定的压力均是相对压力，又称表压力。

③ 真空度绝对压力低于大气压力的数值称为真空度，用 $p_z$ 表示。

④ 绝对压力、相对压力、真空度的关系如图 2-5 所示，它们的数值关系可表示为

$$p_j = p_a + p_x \tag{2-4}$$

$$p_z = p_a - p_j \tag{2-5}$$

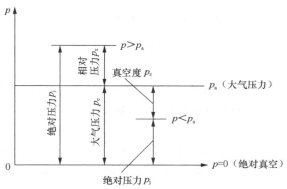

图 2-5　绝对压力、相对压力、真空度之间的关系图

---

**【例 2-2】**　图 2-6 所示为 U 形管测压计，已知汞的密度为 $\rho_{Hg} = 13.6 \times 10^3 kg/m^3$，油的密度为 $\rho_{oil} = 900 kg/m^3$。

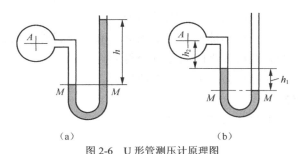

图 2-6　U 形管测压计原理图

（1）图 2-6（a）所示的 U 形管内为汞，不计管道油液自身的重量，当管内相对压力为一个标准大气压（1atm = $0.101325 \times 10^6$ Pa）时，汞柱高 $h$ 为多少？若 U 形管内为油，当管内相对压力为一个工程大气压（1at = $0.0981 \times 10^6$ Pa）时，油柱高 $h$ 为多少？

（2）图 2-6（b）所示的 U 形管内为汞，容器内为油液，已知 $h_1 = 0.1m$，$h_2 = 0.2m$，U 形管右边和标准大气压相通，试计算 $A$ 处的绝对压力和真空度。

**解：**（1）由等压面的概念知，在同一液体的 $M$-$M$ 水平面上，其压力应相等，由于不计油液重量，不计大气压力，则 U 形管内汞柱的受力情况为 U 形管左边 $p_M = p_A$，U 形管右边 $p_M = \rho_{Hg}gh$，即

$$p_A = \rho_{Hg}gh$$

水银柱高为

$$h = \frac{p_A}{\rho_{Hg}g} = \frac{0.101325 \times 10^6}{13.6 \times 10^3 \times 9.81} = 0.7595 \ （m） \approx 760 \ （mm）$$

一个工程大气压 1at = $0.0981 \times 10^6$ Pa，其油柱高为

$$h = \frac{p_A}{\rho_{oil}g} = \frac{0.0981 \times 10^6}{900 \times 9.81} = 11.1 \ （m）$$

（2）取 $M$-$M$ 为等压面，则在同一液体的相同水平面 $M$-$M$ 上其压力相等。U 形管内汞柱的受力情况为 U 形管右边

$$p_M = p_a$$

U 形管左边 $\qquad$ $p_M = p_A + \rho_{Hg}gh_1 + \rho_{oil}gh_2$

所以 $\qquad$ $p_a = p_A + \rho_{Hg}gh_1 + \rho_{oil}gh_2$

$A$ 处的绝对压力为

$$p_{Aj} = p_a - \rho_{Hg}gh_1 - \rho_{oil}gh_2 = (0.101325 \times 10^6 - 13.6 \times 10^3 \times 9.81 \times 0.1$$
$$- 900 \times 9.81 \times 0.2) = 0.086218 \times 10^6 \text{ (Pa)}$$

$A$ 处的真空度为

$$p_{AZ} = p_a - p_{Aj} = (0.101325 \times 10^6 - 0.086218 \times 10^6) = 0.015107 \times 10^6 \text{ (Pa)}$$

## 二、液压油及其特性

### （一）液压油的用途

在系统中，液压油有以下几种作用。

（1）传递运动与动力。将泵的机械能转换成液体的压力能并传至各处，由于油本身具有黏度，因此，在传递过程中会产生一定的能量损失。

（2）润滑。液压元件内各移动部位都可受到液压油充分润滑，从而降低元件磨损。

（3）密封。油本身的黏性对细小的间隙有密封的作用。

（4）冷却。系统损失的能量会变成热，被油带出。

### （二）液压油的种类

液压油的种类很多，主要分为三大类型：矿油型、乳化型和合成型。液压油的主要品种及其特性和用途见表 2-2。

表 2-2 $\qquad$ 液压油的主要品种及其特性和用途

| 类型 | 名称 | ISO 代号 | 特性和用途 |
|---|---|---|---|
| 矿油型 | 普通液压油 | L—HL | 精制矿油加添加剂，提高抗氧化和防锈性能，适用于室内一般设备的中低压系统 |
| | 抗磨液压油 | L—HM | L—HL 油加添加剂，改善抗磨性能，适用于工程机械、车辆液压系统 |
| | 低温液压油 | L—HV | L—HM 油加添加剂，改善黏温特性，可用于环境温度在-20～-40℃的高压系统 |
| | 高黏度指数液压油 | L—HR | L—HL 油加添加剂，改善黏温特性，VI 值达 175 以上，适用于对黏温特性有特殊要求的低压系统，如数控机床液压系统 |
| | 液压导轨油 | L—HG | L—HM 油加添加剂，改善黏—滑性能，适用于机床中液压和导轨润滑合用的系统 |
| | 全损耗系统用油 | L—HH | 浅度精制矿油，抗氧化性、抗泡沫性较差，主要用于机械润滑，可作液压代用油，用于要求不高的低压系统 |
| | 汽轮机油 | L—TSA | 深度精制矿油加添加剂，改善抗氧化、抗泡沫等性能，为汽轮机专用油，可作液压代用油，用于一般液压系统 |
| 乳化型 | 水包油乳化液 | L—HFA | 又称高水基液，特点是难燃、黏温特性好，有一定的防锈能力，润滑性差，易泄漏。适用于有抗燃要求，油液用量大且泄漏严重的系统 |
| | 油包水乳化液 | L—HFB | 既具有矿油型液压油的抗磨、防锈性能，又具有抗燃性，适用于有抗燃要求的中压系统 |
| 合成型 | 水—乙二醇液 | L—HFC | 难燃，黏温特性和抗蚀性好，能在-30～60℃温度下使用，适用于有抗燃要求的中低压系统 |
| | 磷酸酯液 | L—HFDR | 难燃，润滑抗磨性能和抗氧化性能良好，能在-54～135℃温度范围内使用，缺点是有毒，适用于有抗燃要求的高压精密液压系统 |

矿油型液压油润滑性和防锈性好，黏度等级范围较宽，因而在液压系统中应用很广。据统计，有90%以上的液压系统采用矿油型液压油作为工作介质。

矿油型液压油的主要品种有普通液压油、抗磨液压油、低温液压油、高黏度指数液压油、液压导轨油及其他专用液压油（如航空液压油、舵机液压油等），它们都是以全损耗系统用油为基础原料，精炼后按需要加入适当的添加剂制得的。

目前，我国液压传动采用全损耗系统用油和汽轮机油的情况仍很普遍。全损耗系统用油是一种机械润滑油，价格虽较低廉，但精制过程精度较浅，抗氧化稳定性较差，使用过程中易生成黏稠胶块，阻塞元件小孔，影响液压系统性能。系统压力越高，问题越严重。因此，只有在低压系统且要求不高时才可用全损耗系统用油作为液压代用油。至于汽轮机油，虽经深度精制并加有抗氧化、抗泡沫等添加剂，其性能优于全损耗系统用油，但它是汽轮机专用油，并不充分具备液压传动用油的各种特性，只能作为一种代用油，用于一般液压传动系统。

普通液压油是以精制的石油润滑油馏分，加有抗氧化、防锈和抗泡沫等添加剂制成的，其性能可满足液压传动系统的一般要求，广泛适用于在0～40℃工作的中低压系统。

矿油型液压油中的其他油品，包括抗磨液压油、低温液压油、高黏度指数液压油、液压导轨油等，都是经过深度精制并加各种不同的添加剂制成的，对相应的液压系统具有优越的性能（见表2-2）。

矿油型液压油有很多优点，但其主要缺点是可燃。在一些高温、易燃、易爆的工作场合，为了安全起见，应该在液压系统中使用难燃性液体，如水包油、油包水等乳化液，或水-乙二醇、磷酸酯等合成液。

**（三）液压油的主要性质**

**1. 密度**

单位体积液体的质量称为该液体的密度，即

$$\rho = \frac{m}{V} \tag{2-6}$$

式中，$V$——液体的体积（$m^3$）；

$m$——体积为$V$的液体的质量（kg）；

$\rho$——液体的密度（$kg/m^3$）。

密度是液体的一个重要的物理参数。随着液体温度或压力的变化，其密度也会发生变化，但这种变化量很小，可以忽略不计。油的密度一般为900$kg/m^3$。矿物油的比重为0.85～0.95，其比重越大，泵吸入性越差。

**2. 可压缩性**

液体受压力作用而发生体积减小的性质称为液体的可压缩性。

液压油在低、中压下一般可认为是不可压缩的，但在高压时其可压缩性就不可忽略。纯油的可压缩性是钢的100～150倍。压缩性会降低运动的精度，增大压力损失，延迟传递信号时间等。

当液压油中混有空气时，其抗压缩能力将显著降低，这会严重影响液压系统的工作性能。在有较高要求或压力变化较大的液压系统中，应力求减少油液中混入的气体及其他易挥发物质（如汽油、煤油、乙醇和苯等）的含量。

### 3．黏性

（1）黏性的物理性质

液体在外力作用下流动时，分子间的内聚力要阻止
分子间的相对运动，因而产生一种内摩擦力，这一特性
称为液体的黏性。黏性是液体的重要物理性质，也是选
择液压用油的主要依据之一。

液体流动时，由于液体的黏性以及液体和固体壁面
间的附着力，会使液体内部各层间的速度大小不等。如
图 2-7 所示，设两平行平板间充满液体，下平板不动，
上平板以速度 $u_0$ 向右平移。由于液体的黏性作用，紧贴
下平板的液体层速度为零，紧贴上平板的液体层速度为

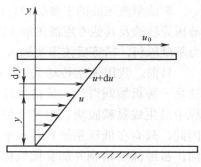

图 2-7　液体的黏性示意图

$u_0$，而中间各层液体的速度则根据它与下平板间的距离大小近似呈线性规律分布。

实验测定表明，液体流动时相邻液层间的内摩擦力 $F$ 与液层接触面积 $A$、液层间的速度
梯度 $\mathrm{d}u/\mathrm{d}y$ 成正比，即

$$F = \mu A \frac{\mathrm{d}u}{\mathrm{d}y} \tag{2-7}$$

式中，$\mu$——比例常数，称为动力黏度。

若以 $\tau$ 表示内摩擦切应力，即液层间在单位面积上的内摩擦力，则

$$\tau = \frac{F}{A} = \mu \frac{\mathrm{d}u}{\mathrm{d}y} \tag{2-8}$$

这就是牛顿液体内摩擦定律。

由式（2-8）可知，在静止液体中，因速度梯度 $\mathrm{d}u/\mathrm{d}y=0$，内摩擦力为零，所以流体在静
止状态下是不呈黏性的。

（2）黏度

黏度表示液体黏性大小的物理量。常用的黏度有 3 种，即动力黏度、运动黏度和相对黏度。

① 动力黏度。动力黏度又称绝对黏度，是用液体流动时所产生的内摩擦力的大小来表示
的黏度，由式（2-7）可得

$$\mu = \frac{F}{A \frac{\mathrm{d}u}{\mathrm{d}y}}$$

可知，动力黏度的物理意义：液体在单位速度梯度下流动时，接触液层间单位面积上的
内摩擦力。

动力黏度的法定计量单位为 Pa·s（帕·秒，N·s/m$^2$）。

② 运动黏度。在相同温度下，液体的动力黏度和它的密度的比值称为运动黏度，以 $\nu$ 表
示，即

$$\nu = \frac{\mu}{\rho} \tag{2-9}$$

比值 $\nu$ 无物理意义，但它却是工程实际中经常用到的物理量，称为运动黏度。

运动黏度的法定计量单位是 m$^2$/s（米 $^2$/秒），它与以前沿用的非法定计量单位 cst（厘斯）

之间的关系是

$$1m^2/s=10^6mm^2/s=10^6cst$$

国际标准化组织 ISO 规定统一采用运动黏度表示油的黏度等级。我国生产的全损耗系统用油和液压油采用 40℃时的运动黏度值（$mm^2/s$）为其黏度等级标号，即油的牌号。例如，牌号为 L-HL32 的液压油，就是指这种油在 40℃时的运动黏度平均值为 $32mm^2/s$。

③ 相对黏度。相对黏度又称条件黏度，是根据一定的测量条件测定的，中国、德国等都采用恩氏黏度 °$E$，美国采用赛氏黏度 SSU，英国则采用雷氏黏度 $R$。

恩氏黏度用恩氏黏度计测定。将被测油放在一个特制的容器里（恩氏黏度计），加热至 $t$℃后，由容器底部一个 $\phi 2.8mm$ 的孔流出，测量出 $200cm^3$ 体积的油液流尽所需时间 $t_1$，与流出同样体积的 20℃的蒸馏水所需时间 $t_2$ 的比值就是该油在温度 $t$℃时的恩氏黏度，用符号 °$E_t$ 表示。

$$°E_t = \frac{t_1}{t_2} \tag{2-10}$$

式中，$t_1$——$200cm^3$ 被测油液流过恩氏黏度计小孔所需的时间；

$t_2$——$200cm^3$ 蒸馏水，在 20℃温度下流过恩氏黏度计小孔所需的时间。

④ 恩氏黏度与运动黏度之间的换算

工程中常采用先测出液体的恩氏黏度，再根据关系式或用查表法，换算出动力黏度或运动黏度的方法。

经验公式为

$$v_t = \left(7.31°E_t - \frac{6.31}{°E_t}\right) \times 10^{-6} (m^2/s) \tag{2-11}$$

式中，$v_t$——温度为 $t$℃时，油液的运动黏度；

°$E_t$——温度为 $t$℃时，油液的恩氏黏度。

当油液的运动黏度不超过 $76mm^2/s$，温度在 30～150℃范围内时，温度 $t$℃时油液的运动黏度为

$$v_t = v_{50}\left(\frac{50}{t}\right)^n \tag{2-12}$$

式中，$n$——随油液黏度变化的指数，见表 2-3。

表 2-3　　　　　　　　　　　指数 $n$ 随油液黏度变化的值

| $v_{50}$（$\times10^{-6}m^2/s$） | 2.5 | 6.5 | 9.5 | 12 | 21 | 30 | 38 | 45 | 52 | 60 | 68 | 76 |
|---|---|---|---|---|---|---|---|---|---|---|---|---|
| $n$ | 1.39 | 1.59 | 1.72 | 1.79 | 1.99 | 2.13 | 2.24 | 2.32 | 2.42 | 2.49 | 2.52 | 2.56 |

恩氏黏度与运动黏度的换算也可用查表法。

（3）黏度和温度的关系

油液的黏度对温度的变化极为敏感，温度升高，油的黏度下降。油的黏度随温度变化的性质称为油液的黏温特性。不同种类的液压油有不同的黏温特性，黏温特性较好的液压油，黏度随温度的变化较小，因而油温变化对液压系统性能的影响较小。

国际和国内常采用黏度指数 VI 值来衡量油液黏温特性的好坏。黏度指数 VI 值较大，表

示油液黏度随温度的变化率较小，即黏温特性较好。一般液压油的 VI 值要求在 90 以上，优异的在 100 以上。

液压油的黏度和温度的关系可用图 2-8 所示黏温特性曲线查找。

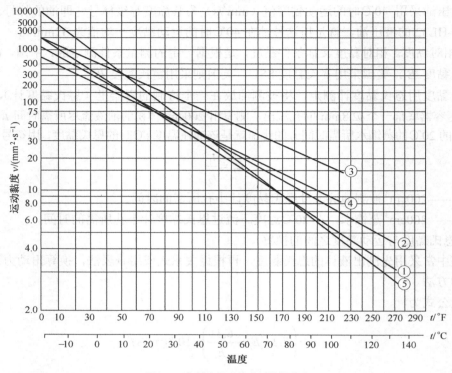

图 2-8　典型液压油的黏温特性曲线
①—矿油型普通液压油；②—矿油型高黏度指数液压油；③—水包油乳化液；
④—水-乙二醇液；⑤—磷酸酯液

（4）黏度和压力的关系

液体所受的压力增大时，其分子间的距离减小，内聚力增大，黏度也随之增大。但对于一般的液压系统，当压力在 32MPa 以下时，压力对黏度的影响不大，可以忽略不计。

### 4．其他性质

液压油还有其他一些物理化学性质，如抗燃性、抗凝性、抗氧化性、抗泡沫性、抗乳化性、防锈性、润滑性、导热性、相容性（主要是指对密封材料不侵蚀、不溶胀的性质）以及纯净性等，都对液压系统工作性能有重要影响。对于不同品种的液压油，这些性质的指标也有不同，具体可见油类产品手册。

### （四）液压油的基本要求和选择

#### 1．液压油的基本要求

液压油一般应满足如下要求：

（1）合适的黏度和良好的黏温特性；

（2）具有良好的润滑性能，腐蚀性小，抗锈性好；

（3）质地纯净，杂质少；

（4）对金属和密封件有良好的相容性；

（5）氧化稳定性好，长期工作不易变质；

（6）抗泡沫性和抗乳化性好；

（7）体积膨胀系数小，比热容大；

（8）燃点高，凝点低；

（9）对人体无害，成本低。

对于具体的液压传动系统，则需根据情况突出某些方面的使用性能要求。

### 2．液压油的选择

正确而合理地选用液压油，是保证液压系统正常和高效率工作的条件。选用液压油时常常采用两种方法：一种是按液压元件生产厂样本或说明书所推荐的油类品种和规格选用液压油；另一种是根据液压系统的具体情况，如工作压力高低、工作温度高低、运动速度大小、液压元件的种类等因素，全面地考虑液压油的选择。

液压油的选择，首先是油液品种的选择。油液品种的选择是否合适，对液压系统的工作影响很大。选择油液品种时，可根据是否液压专用、有无起火危险、工作压力及工作温度范围等因素进行考虑（参照表2-2）。

液压油的品种确定之后，接着就是选择油的黏度等级。黏度等级的选择是十分重要的，因为黏度对液压系统工作的稳定性、可靠性、效率、温升以及磨损都有显著的影响。在选择黏度时应注意以下几方面的情况。

（1）根据工作机械的不同要求选用

不同精密度的机械对黏度要求不同。为了避免温度升高而引起机件变形，影响工作精度，精密机械宜采用较低黏度的液压油；反之亦然。

（2）根据液压泵的类型选用

在液压系统中，由于泵的运动速度、压力和温升都较高，工作时间又长，因而对黏度要求较严格，润滑要求苛刻。若黏度选择不当，会使泵磨损加快，容积效率降低，甚至可能破坏泵的吸油条件。一般情况下，可将液压泵要求液压油的黏度作为选择系统液压油的基准，如表2-4所示。

表2-4　　　　　　　　　按液压泵类型推荐用油运动黏度

| 条件<br>液压泵类型 | | 环境温度 5～40℃时 mm²/s（40℃） | 环境温度 40～80℃时 mm²/s（40℃） |
|---|---|---|---|
| 叶片泵 | 7MPa 以下 | 30～50 | 40～75 |
| | 7MPa 以上 | 50～70 | 55～90 |
| 齿轮泵 | | 30～70 | 65～165 |
| 柱塞泵 | | 30～80 | 65～240 |

（3）根据液压系统工作压力选用

通常，当工作压力较高时，宜选用黏度较高的油，以免系统泄漏过多，效率过低；工作压力较低时，宜用黏度较低的油，这样可以减少压力损失。例如，机床液压传动的工作压力一般低于6.3MPa，采用 $[(20\sim60)\times10^{-6}]$ m²/s 的油液。

（4）根据液压系统的环境温度选用

液压油的黏度随温度的变化很大，为保证在工作温度时有较适宜的黏度，必须考虑周围环境温度的影响。当温度高时，宜采用黏度较高的油液；周围环境温度低时，宜采用黏度较低的油液。如在机床中，冬季可用15号全损耗系统用油，夏季用46号全损耗系统用油，炎热时用68号全损耗系统用油。

（5）根据工作部件的运动速度选用

当液压系统中工作部件的运动速度很高时，油液的流速也高，液压损失随着增大，而泄漏相对减少，因此宜用黏度较低的油液；反之，当工作部件的运动速度较低时，每分钟所需的油量很小，这时泄漏相对较大，对系统的运动速度影响也较大，所以宜选用黏度较高的油液。一般在低压（$p = 2 \sim 3\text{MPa}$）往复运动中，以及当动力活塞速度很高时（$\geqslant 8\text{m/min}$），采用低黏度的油，如 15 号、32 号全损耗系统用油。在旋转运动中，用黏度较高的油，如为 32 号全损耗系统用油、22 号汽轮机油、46 号及 68 号全损耗系统用油（如机床液压驱动）。

**3．液压油的使用注意事项**

（1）换油时，必须彻底清洗系统，加入新油必须过滤。要保持系统清洁，尤其禁忌油泥、水分、锈、金属屑等。

（2）油箱内壁忌涂刷油漆，以免其溶于油中产生沉淀。

（3）对闭式油箱要严防空气进入，应采取以下措施。

① 将所有回油管都安装在油箱油液面以下，并使回油管口呈斜断面，以减少油流的漩涡或搅动作用。

② 尽可能保证液压泵吸油管完全封闭，并具有较小的阻力。

③ 安装液压泵时，应使泵的吸油高度尽可能小。

④ 为了从系统中排出空气，可以在系统的最高点安装放气阀。

# 项 目 实 施

本项目主要是掌握液压千斤顶的工作原理后对液压千斤顶进行调试，从而验证如下几点结论：

（1）液压装置具有力的放大作用。若 $G=0$，则 $p=0$；$G$ 越大，液压缸中压力也越大，推力也越大，由此可见，液压系统的工作压力是由外负载决定的；

（2）执行元件的运行速度取决于单位时间内进入缸内油液容积（即流量）的多少；

（3）液压传动装置本质上是一种能量转换装置，先是将机械能转化为便于输送的油液压力能，通过液压回路后，执行元件又将油液的压力能重新转换为机械能。

操作主要步骤如下所述。

**1．液压元件的准备**

根据图 2-1 所示的液压系统图，确定所需要使用的所有液压元件并准备好。本项目所需要的液压元件清单如下：

（1）油箱（一般油箱已固定安装在液压实验台操作面板上）、放油阀、杠杆手柄各 1 个；

（2）大小单杆活塞式液压缸各 1 个；

（3）单向阀 2 个；

（4）压力表 1 只；

（5）油管、管接头若干。

**2．回路的安装**

（1）元件布局。先将杠杆手柄、放油阀、单向阀和压力表按合适的布局位置安装固定在回路液压实验台操作面板上。注意，液压缸的进出油孔尽量避免朝下（朝上或侧向均可），其他元件的油孔接头必须方便油管的连接。通过弹性插脚进行快速安装时，应将所有的插脚对准插孔，然后平行推入，并轻轻摇动确保安装稳固。

（2）油路连接。参照图 2-1，按油路逻辑顺序完成油管的连接，注意各个液压元件的油孔标志字母及其含义，尤其是进出油口不能接反。油管全部连接完毕后必须对照原理图仔细检查并确保无误。油管和管接头必须确保准确连接，不能出现泄漏。

**3．实验操作（现象观察）**

（1）根据前面介绍的帕斯卡原理，可知 $\dfrac{F}{\dfrac{\pi d^2}{4}} = \dfrac{G}{\dfrac{\pi D^2}{4}}$，当顶起的重物越重，在两个液压缸

有效作用面积不变的情况下，杠杆反复提压的阻力也随着变大。

（2）当加快杠杆的提压速度，单位时间内进入大液压缸的油液就越多，从而重物升起的速度就越快，反之减慢杠杆的提压速度，单位时间内进入大液压缸的油液就越少，重物升起的速度就越慢。通过调节杠杆速度，同时观察记录重物运行速度的变化。

（3）将放油阀 2 旋转 90°，则在重物自重的作用下，大液压缸中的油液流回油箱，活塞下降，恢复原位，重物降落。

**4．回路拆除**

（1）将放油阀打开，使各液压元件和油管中滞留的油液尽可能全部退回油箱。

（2）从顶部开始依次拆除所有可拆卸元件及油管，注意尽可能地避免油液泄漏。拔出阀体时，注意顺着插孔方向，禁止倾斜扳动，以防损坏插脚。元件拆下后应倒出其内部油液，塞上橡皮塞，清洁外表油渍后放回原处。

**5．总结及实验报告**

对实验项目进行总结，按要求完成实验报告和总结。

## 教学实施与项目测评

液压千斤顶调试的教学内容实施与项目测评，见表 2-5。

表 2-5　　　　　　　　　　　　教学内容的实施与项目测评

| 名称 | | 学生活动 | 教师活动 | 实践拓展 |
|---|---|---|---|---|
| 液压千斤顶的调试 | 收集资料 | 根据项目实验的具体内容，结合课堂知识讲解，查阅相关资料，明确具体工作任务 | 将学生进行分组，提出项目实施的具体工作任务，明确任务要求，讲解调试注意事项，指导学生进行调试 | 通过实践项目实施，让学生更进一步掌握液压千斤顶的工作原理及调试方法，掌握液压千斤顶的应用 |
| | 制订实施计划 | 分析：①液压千斤顶的工作原理；②液压千斤顶系统的组成；③液压千斤顶的适用场合。形成报告书一份 | 提出各类问题引导学生进行学习，教师指导、学生自主分析 | |
| | 项目实施 | 观察、调试液压千斤顶的实物或模型，并对其工作原理、计划中相关问题做好实验记录 | 演示液压千斤顶的调试及工作过程，指导学生自主完成演示内容，给予实时的指导与评价 | |
| | 检验与评价 | 各小组交叉互评 | 在项目开展过程中做好记录，在项目结束时做好评价 | |
| 提交成果 | | （1）实验记录清单；<br>（2）实验结果 | | |

续表

| 考核评价 | 序号 | 考核内容 | 配分 | 评分标准 | 得分 |
|---|---|---|---|---|---|
| | 1 | 团队协作 | 10 | 在小组活动中，能够与他人进行有效合作 | |
| | 2 | 职场安全 | 20 | 在活动，严格遵守安全章程、制度 | |
| | 3 | 液压系统调试 | 30 | 调试步骤正确、规范、合理 | |
| | 4 | 实验结果 | 40 | 实验结果是否合理、正确 | |
| 指导教师 | | | | 得分合计 | |

# 知 识 拓 展

## 一、液体动力学基础

液体动力学所研究的是液体运动和引起运动的原因，即研究液体流动时速度和压力的变化规律。流动液体的连续性方程、伯努利方程与动量方程是描述流动液体力学规律的3个基本方程，它不仅构成了液体动力学基础，而且还是液压技术中分析问题和设计计算的理论依据。

### （一）基本概念

#### 1．理想液体和恒定流动

研究液体流动时必须考虑黏性的影响，但由于这个问题非常复杂，所以在开始分析时可以假设液体没有黏性，然后再考虑黏性的作用，并通过实验验证的方法对理想结论进行补充或修正。这种方法同样可以用来处理液体的可压缩性问题。一般把无黏性又不可压缩的假想液体称为理想液体，而事实上存在的具有黏性和可压缩性的液体称为实际液体。

液体流动时，若液体中任一点处的压力、速度和密度都不随时间而变化，则这种流动称为恒定流动（也称稳定流动或定常流动）。反之，若任一点处的压力、速度或密度中有一个随时间变化，就称非恒定流动。图2-9（a）所示的水平管内液流为恒定流动，图2-9（b）所示为非恒定流动。

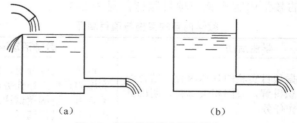

（a）                              （b）

图2-9　恒定流动和非恒定流动

#### 2．过流断面、流量和平均流速

（1）过流断面。垂直于液体流动方向的截面称为过流断面，也称为通流截面，常用 $A$ 表示，单位为 $m^2$。

（2）流量。单位时间内流过过流断面的液体体积称为流量，常用 $q$ 表示，单位为 $m^3/s$ 或 L/min。

（3）平均流速。液体在管道中流动时，由于液体具有黏性，所以液体与管壁间存在摩擦力，液体间存在内摩擦力，这样造成液流流过过流断面上各点的速度不相等，管中心的速度最大，管壁处的速度最小（速度为零）。为计算和分析简便，可假想地认为液流通过过流断面的流速

分布是均匀的，其流速称为平均流速，用 $\upsilon$ 表示，单位为 m/s。用平均流速计算流量，则为

$$q = \upsilon A \text{ 或 } \upsilon = \frac{q}{A} \tag{2-13}$$

液压缸工作时，活塞运动的速度就等于缸内液体的平均流速，因而可以根据式（2-13）建立起活塞运动速度 $\upsilon$ 与液压缸有效面积 $A$ 和流量 $q$ 之间的关系，当液压缸有效面积一定时，活塞运动速度决定于输入液压缸的流量。

### （二）液体流动的连续性方程

连续性方程是质量守恒定律在流体力学中的一种表达形式。设液体在图 2-10 所示的管道中做恒定流动。若任取的 1、2 两个过流断面的面积分别为 $A_1$ 和 $A_2$，并且在该两断面处的液体密度和平均流速分别为 $\rho_1$、$\upsilon_1$ 和 $\rho_2$、$\upsilon_2$，则根据质量守恒定律，在单位时间内流过两个断面的液体质量相等，即

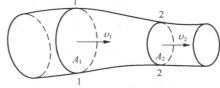

图 2-10　液流的连续性原理

$$\rho_1 \upsilon_1 A_1 = \rho_2 \upsilon_2 A_2$$

当忽略液体的可压缩性时，即 $\rho_1 = \rho_2$，则得

$$\upsilon_1 A_1 = \upsilon_2 A_2 \tag{2-14}$$

或写成

$$q = \upsilon A = 常数$$

这就是液流的连续性方程。它说明液体在管道中流动时，流过各个断面的流量是相等的（即流量是连续的），因而流速和过流断面面积成反比。

### （三）流动液体的能量方程——伯努利方程

伯努利方程是能量守恒定律在流体力学中的一种表达形式。

#### 1．理想液体的伯努利方程

理想液体无黏性，它在管道内做恒定流动时，没有能量损失。根据能量守恒定律，无论液流的能量如何转换，在任何位置上总的能量都是相等的。在液压传动中，流动的液体除具有压力能，还具有动能和位能，它们的关系分析如下。

如图 2-11 所示，设管内为理想液体，在不等截面的管路中做恒定流动。任取 1—1 与 2—2 两截面，它们的压力分别为 $p_1$ 和 $p_2$，速度分别为 $\upsilon_1$ 与 $\upsilon_2$，液位高度分别为 $h_1$ 与 $h_2$，两通流截面面积分别为 $A_1$ 与 $A_2$，液体密度为 $\rho$。那么在单位时间内流过 1—1 截面所具有的压力能为 $p_1 q$，动能为 $\rho g q \upsilon_1^2 / 2g$，位能为 $\rho g q h_1$；在单位时间内流过 2—2 截面所具有的压力能为 $p_2 q$，动能为 $\rho g q \upsilon_2^2 / 2g$，位能为 $\rho g q h_2$；根据能量守恒定律，液体在 1—1 截面的能量总和等于在 2—2 截面的能量总和，则有

$$p_1 q + \rho g q \frac{\upsilon_1^2}{2g} + \rho g q h_1 = p_2 q + \rho g q \frac{\upsilon_2^2}{2g} + \rho g q h_2$$

将上式两边分别除以 $q$ 得

$$p_1 + \rho \frac{\upsilon_1^2}{2} + \rho g h_1 = p_2 + \rho \frac{\upsilon_2^2}{2} + \rho g h_2 \tag{2-15}$$

或写为

$$\frac{p_1}{\rho g} + \frac{\upsilon_1^2}{2g} + h_1 = \frac{p_2}{\rho g} + \frac{\upsilon_2^2}{2g} + h_2 = 常数 \tag{2-16}$$

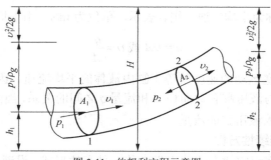

图 2-11 伯努利方程示意图

式（2-15）和式（2-16）均为理想液体能量方程，也称为理想液体伯努利方程式。它的物理意义：在密封管道内做恒定流动的理想液体具有 3 种形式的能量，即动能、位能和压力能。$\dfrac{p}{\rho g}$ 为单位重量液体所具有的压力能，称为比压能或压力头，其量纲是长度单位；$\dfrac{v^2}{2g}$ 为单位重量液体所具有的动能，称为比动能或速度头，其量纲是长度单位；$h$ 为单位重量液体所具有的位能，称为比位能或位置头，其量纲是长度单位。3 种能量的总和称为总的机械能，是一个常数。但三者之间能量是可以互相转换的。因此，理想液体伯努利方程实质上是能量转换与守恒在流体力学中的具体表达。

图 2-11 所示的管道水平放置时，即 $h_1 = h_2$，说明液体在 1—1 截面与 2—2 截面的比位能相等。由伯努利方程式可知，液体的流速越高，它的压力越小。由液体的连续性方程可知，管道越细，流速越高，因而压力就越低。从而可得出管道截面越细，流速越大，压力越低；管道截面越粗，流速越小，压力越高。

**2．实际液体的伯努利方程**

实际液体不但具有黏性，而且是可以压缩的，因而液体的黏性对液体的流动起阻碍作用，即存在摩擦阻力，液体在运动时必然要消耗一部分能量。另外，实际液体流过过流断面上各点的速度是不均匀的，因此液体的动能按平均流速考虑是不合理的，实际应用时也应进行修正。于是，实际液体的伯努利方程可写为

$$\frac{p_1}{\rho g} + \frac{\alpha_1 v_1^2}{2g} + h_1 = \frac{p_2}{\rho g} + \frac{\alpha_2 v_2^2}{2g} + h_2 + h_w \tag{2-17}$$

或写为

$$p_1 + \rho g h_1 + \frac{1}{2}\rho \alpha_1 v_1^2 = p_2 + \rho g h_2 + \frac{1}{2}\rho \alpha_2 v_2^2 + \Delta p_w \tag{2-18}$$

式中，$h_w$、$\Delta p_w$——液体由 1—1 截面流到 2—2 截面时由液体黏性引起的能量损失。

$\alpha_1$、$\alpha_2$——动能修正系数，紊流时取 $\alpha=1$，层流时取 $\alpha=2$。

伯努利方程式在实际中应用很广泛，但必须满足以下条件才可适用：

（1）液体的流动是恒定流动；

（2）所选择的两个过流断面必须是渐变面。所谓渐变面就是流线几乎是互相平行的直线运动；

（3）液体所受的力只是压力和重力（忽略惯性力的影响）；

（4）液体是连续的、不可压缩的，即密度 $\rho$ 等于常数；

（5）所选择的两个通流截面之间的流量应保持不变。

应用伯努利方程时必须注意以下几点：

（1）基准面可选任一水平面，但最好选在两端面之下或穿过低断面的形心，以免使 $h_1$、$h_2$ 出现负值。如果流动是水平的，且基准面取在其中心线上，则 $h = 0$；

（2）断面 1、断面 2 需顺流向选取（否则 $h_w$ 为负值）；

（3）所选两个横断面其中之一的 $p$、$h$、$v$ 已知，而另一个的 $p$、$h$、$v$ 中之一未知待求；

（4）在解伯努利方程时，常需同时运用连续性方程，以减少未知量；

（5）方程中的压力 $p_1$、 $p_2$ 必须取相同的标准；

（6）尽管可对选定的两个断面上的任一点列方程，但为方便起见，在管流中通常取中心点，在明渠中则取自由表面上的点。

### 3．伯努利方程应用举例

【例 2-3】 如图 2-12 所示，设泵的吸油口至油箱液面高度为 $h$，油箱与大气相通，求泵吸油腔的真空度以及泵允许的最大吸油高度。

解：设 1—1、2—2 两截面，并以 1—1 截面为基准列伯努利方程，则有

$$\frac{p_1}{\rho g} + \frac{\alpha_1 v_1^2}{2g} = \frac{p_2}{\rho g} + h + \frac{\alpha_2 v_2^2}{2g} + h_w$$

式中， $p_1 = p_a$ （大气压力）， $v_1 \approx 0 (v_1 \ll v_2)$，将上式整理为

$$\frac{p_a}{\rho g} = \frac{p_2}{\rho g} + h + \frac{\alpha_2 v_2^2}{2g} + h_w$$

吸油口的真空度为

$$p_a - p_2 = \rho g h + \frac{\alpha_2 \rho v_2^2}{2} + \Delta p_w$$

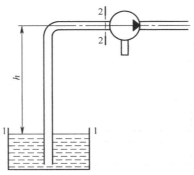

图 2-12 泵的吸油过程简图

由此可知，泵的吸油口真空度由 3 部分组成：将油液提升到高度 $h$ 所需的压力；产生一定流速所需的压力；管内压力损失。由于泵安装在液面上边，3 项均为正值，因而 $p_2 < p_a$，$p_2$ 不足一个大气压力，于是在 2—2 截面处形成的真空度为 $p_a - p_2$。其泵的吸油过程实质上是在油箱液面大气压力作用下把油压入泵内。泵形成真空度能力的大小，即表明泵自吸能力的好坏。但工作时真空度不能太大，因为在常温和大气压力下，液压油中溶解有 5%~6%（体

积）空气，当压力低于大气压力一定数值时，溶解于油中的空气便分离出来形成气泡（称为气穴），造成冲击和振动，影响系统正常工作。要使真空度不至于过高，可采用较大直径的吸油管以减小 $\alpha_2 \rho v_2^2 / 2$ 的数值；缩短吸油管的长度，以降低 $\Delta p$ 压力损失数值；限制泵的安装高度 $h$ 是最有利的，一般泵的安装高度应小于 0.5m。

### 二、液体流动时的压力损失

实际液体具有黏性，流动时会有阻力产生。为了克服阻力，必然要损耗一部分能量，这种能量损失就是实际液体伯努利方程中的 $h_w$ 项，通常称为压力损失。由于管道的结构形式不同，也会造成能量损失，通常称为沿程压力损失和局部压力损失。此外，压力损失还与液体的流动状态有关。

在液压系统中，压力损失不仅表明系统损耗了能量，并且由于液压能转变为热能，将导致系统的温度升高。因此，在设计液压系统时，要尽量减少压力损失。

### （一）液体的流动状态

实验证明，液体流动的压力损失与液体的流动状态有关。液体的流动状态有两种，即层流和紊流。两种流动状态的物理现象可以通过雷诺的实验观察出来。

如图 2-13（a）所示实验装置。水箱 6 通过进水管 2 不断供水，并由溢流管 1 保持水箱水面高度恒定。水杯 3 内盛有红颜色的水，将开关 4 打开后，红色水经细导管 5 流入水平玻璃管 7 中。当调节阀门 8 的开度使玻璃管中流速较小时，红色水在玻璃管 7 中呈一条明显的直线，这条红线和清水不相混杂，如图 2-13（b）所示，这表明管中的水流是分层的，层与层之间互不干扰，液体的这种流动状态称为层流。当调节阀门 8 使玻璃管中的流速逐渐增大至某一值时，可看到红线开始抖动且呈波纹状，如图 2-13（c）所示，这表明层流状态受到破坏，液流开始紊乱。若使管中流速进一步加大，红色水流便和清水完全混和，红线完全消失，如图 2-13（d）所示，表明管中液流完全紊乱，这时的流动状态称为紊流。如果将阀门 8逐渐关小，则会看到相反的过程。

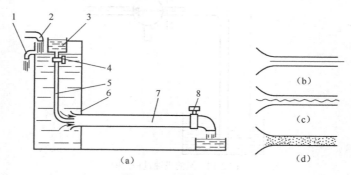

图 2-13 雷诺实验装置
1—溢流管；2—进水管；3—水杯；4—开关；5—细导管；6—水箱；7—玻璃管；8—阀门

实验证明，液体在管中的流动状态不仅与管内液体的平均流速 $v$ 有关，还与管道水力直径 $d_H$ 及液体的运动黏度 $\nu$ 有关，而以上述 3 个因数所组成的一个无量纲数就是雷诺数，用 $Re$ 表示，即

$$Re = \frac{v d_H}{\nu} \qquad (2\text{-}19)$$

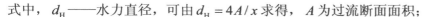

式中，$d_H$——水力直径，可由 $d_H = 4A/x$ 求得，$A$ 为过流断面面积；

$\quad\quad x$——湿周长度，指在过流断面处与液体相接触的固体壁面的周长，如圆管 $d_H = 4 \times \dfrac{\pi d^2}{4} / \pi d = d$。

水力直径的大小对通流能力的影响很大，水力直径大，意味着液流和管壁的接触周长短，管壁对液流的阻力小，通流能力大。

如果液流的雷诺数 $Re$ 相同，则它的流动状态也相同。

实验证明：流体从层流变为紊流时的雷诺数大于由紊流变为层流时的雷诺数，前者称为上临界雷诺数，后者称为下临界雷诺数。工程中是以下临界雷诺数 $Re_c$ 作为液流状态判断依据，简称临界雷诺数，若 $Re < Re_c$ 液流为层流；$Re \geqslant Re_c$ 液流为紊流。常见管道的临界雷诺数，见表2-6。

表 2-6　　　　　　　　　常见管道的临界雷诺数

| 管道的形状 | 临界雷诺数 $Re_c$ | 管道的形状 | 临界雷诺数 $Re_c$ |
|---|---|---|---|
| 光滑的金属圆管 | 2 300 | 带沉割槽的同心环状缝隙 | 700 |
| 橡胶软管 | 1 600~2 000 | 带沉割槽的偏心环状缝隙 | 400 |
| 光滑的同心环状缝隙 | 1 100 | 圆柱形滑阀阀口 | 260 |
| 光滑的偏心环状缝隙 | 1 000 | 锥阀阀口 | 20~100 |

### （二）沿程压力损失

液体在等径直管中流动时因黏性摩擦而产生的压力损失，称为沿程压力损失。它主要决定于液体的流速、黏性和管路的长度以及油管的内径等。图2-14所示为液体在等径水平直管中做层流运动。在液流中取一段与管轴重合的微小圆柱体作为研究对象，设其半径为 $r$，长度为 $l$，作用在两端的压力分别为 $p_1$ 和 $p_2$，作用在侧面的内摩擦力为 $F$。经理论推导液体流经等径 $d$ 的直管时，在管长 $l$ 段上的压力损失计算公式为

$$\Delta p_\lambda = \lambda \frac{l}{d} \frac{\rho v^2}{2} \tag{2-20}$$

式中，$v$——液流的平均流速；

$\quad\quad \rho$——液体的密度；

$\quad\quad \lambda$——沿程阻力系数。它可适用于层流和紊流，只是 $\lambda$ 选取的数值不同。对于圆管层流，理论值 $\lambda = 64/Re$。考虑到实际圆管截面可能有变形以及靠近管壁处的液层可能冷却，阻力略有加大。实际计算时对金属管应取 $\lambda = 75/Re$，橡胶管 $\lambda = 80/Re$。

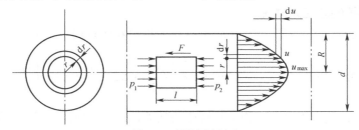

图 2-14　圆管层流运动

紊流时计算沿程压力损失的公式在形式上同于层流，即公式（2-20）。但式中的阻力系数 $\lambda$ 除与雷诺数 $Re$ 有关外，还与管壁的表面粗糙度有关，即 $\lambda = f(Re, \Delta/d)$，这里的 $\Delta$ 为管壁的绝对表面粗糙度，它与管径 $d$ 的比值 $\Delta/d$ 称为相对表面粗糙度。$\lambda$ 的取值可利用经验公

式计算，也可从有关的曲线或图表中查出。圆管紊流时的 $\lambda$ 值见表 2-7。

表 2-7　　　　　　　　　　　圆管紊流时的 $\lambda$ 值

| 雷诺数 Re | | $\lambda$ 值计算公式 |
|---|---|---|
| $Re < 22\left(\dfrac{d}{\Delta}\right)^{\frac{8}{7}}$ | $3\,000 < Re < 10^5$ | $\lambda = 0.3164 / Re^{0.25}$ |
| | $10^5 \leqslant Re \leqslant 10^8$ | $\lambda = 0.308 / (0.842 - \lg Re)^2$ |
| $22\left(\dfrac{d}{\Delta}\right)^{\frac{8}{7}} < Re \leqslant 597\left(\dfrac{d}{\Delta}\right)^{\frac{9}{8}}$ | | $\lambda = \left[1.14 - 2\lg\left(\dfrac{\Delta}{d} + \dfrac{21.25}{Re^{0.9}}\right)\right]^{-2}$ |
| $Re > 597\left(\dfrac{d}{\Delta}\right)^{\frac{9}{7}}$ | | $\lambda = 0.11\left(\dfrac{\Delta}{d}\right)^{0.25}$ |

注：表中 $\Delta$ 为管壁粗糙度，与管的材料有关，钢管 $\Delta = 0.04\text{mm}$，铜管 $\Delta = 0.0015 \sim 0.01\text{mm}$，橡胶软管 $\Delta = 0.03\text{mm}$，铝管 $\Delta = 0.0015 \sim 0.06\text{mm}$，铸铁管 $\Delta = 0.25\text{mm}$。

在计算沿程压力损失时，先判断流态，取正确的沿程阻力系数 $\lambda$ 值，然后按式（2-20）进行计算。

**（三）局部压力损失**

局部压力损失是指液体流经，如阀口、弯管、突变截面等局部阻力处所引起的压力损失。当液体流过上述各种局部装置时，流动状况极为复杂，影响因素较多，局部压力损失值不易从理论上进行分析计算，因此，局部压力损失的阻力系数，一般通过实验来确定。局部压力损失 $\Delta p_\zeta$ 的计算公式为

$$\Delta p_\zeta = \zeta \frac{\rho \upsilon^2}{2} \tag{2-21}$$

式中，$\zeta$ ——局部阻力系数。各种局部装置结构的 $\zeta$ 值可查有关手册。

液体流过各种阀类的局部压力损失也服从公式（2-21），但因阀内的通道结构复杂，按此公式计算比较困难，故阀类元件局部压力损失 $\Delta p_v$ 的实际计算常用下列公式

$$\Delta p_v = \Delta p_n \left(\frac{q_v}{q_{vn}}\right)^2 \tag{2-22}$$

式中，$q_{vn}$ ——阀的额定流量；

$\Delta p_n$ ——阀在额定流量 $q_{vn}$ 下的压力损失（可从阀的产品样本或设计手册中查出）；

$q_v$ ——通过阀的实际流量。

**（四）管路系统的总压力损失**

整个管路系统的总压力损失应为所有沿程压力损失和所有局部压力损失之和，即

$$\Sigma \Delta p = \Sigma \Delta p_\lambda + \Sigma \Delta p_\zeta + \Sigma \Delta p_v = \Sigma \lambda \frac{l}{d} \frac{\rho \upsilon^2}{2} + \Sigma \zeta \frac{\rho \upsilon^2}{2} + \Sigma \Delta p_n \left(\frac{q_v}{q_{vn}}\right)^2 \tag{2-23}$$

在液压系统中，绝大部分压力损失将转变为热能，造成系统温升增高，泄漏增大，以致影响系统的工作性能。因此，应尽可能减少液压系统的压力损失，通常采取以下措施。

（1）油液在管路中流动的速度对压力损失影响最大。因此流速不能太高，但也不能过低，否则会加大管路尺寸和阀类元件的尺寸，这就需要将油液的流速限制在适当的范围内。

（2）管道内壁应光滑。

（3）油液的黏度应适当。

（4）尽量缩短管道长度，减少管道的弯曲和突然变化。

**【例2-4】**　图 2-15 所示的液压系统，已知泵输出的流量 $q = 1.6 \times 10^{-3} \mathrm{m}^3/\mathrm{s}$，液压缸内径 $D = 100\mathrm{mm}$，负载 $F = 30\,000\mathrm{N}$，回油腔压力近似为零，液压缸的进油管是内径 $d = 20\mathrm{mm}$ 的钢管，总长 $l$ 即为管的垂直高度 $H = 5\mathrm{m}$，进油路总系数 $\Sigma\zeta = 7.2$，液压油的密度 $\rho = 900\mathrm{kg/m}^3$，工作温度下的运动黏度 $\nu = 46\mathrm{mm}^2/\mathrm{s}$。试求：

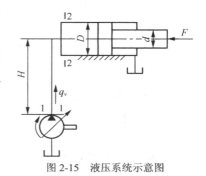

图 2-15　液压系统示意图

（1）进油路的压力损失；（2）泵的供油压力。

**解：**（1）计算压力损失

进油管内流速为

$$\upsilon_1 = \frac{q}{\frac{\pi}{4}d^2} = \frac{1.6 \times 10^{-3}}{\frac{\pi}{4}(20 \times 10^{-3})^2}\,\mathrm{m/s} = 5.09\mathrm{m/s}$$

则

$$Re = \frac{\upsilon_1 d}{\nu} = \frac{5.09 \times 20 \times 10^{-3}}{46 \times 10^{-6}} = 2213 < 2300\ \text{为层流}$$

由于为金属管，则沿程阻力系数为

$$\lambda = \frac{75}{Re} = \frac{75}{2213} = 0.034$$

故进油路的压力损失为

$$\Sigma\Delta p = \lambda\frac{l}{d}\frac{\rho\upsilon_1^2}{2} + \Sigma\zeta\frac{\rho\upsilon_1^2}{2}$$

$$= \left(0.034 \times \frac{5}{20 \times 10^{-3}} + 7.2\right)\frac{900 \times 5.09^2}{2}$$

$$= 0.183 \times 10^6\,(\mathrm{Pa})$$

$$= 0.183\,(\mathrm{MPa})$$

（2）求泵的供油压力

对泵的出口油管断面 1—1 和液压缸进口后的断面 2—2 之间列伯努利方程为

$$p_1 + \rho g h_1 + \frac{1}{2}\rho\alpha_1\upsilon_1^2 = p_2 + \rho g h_2 + \frac{1}{2}\rho\alpha_2\upsilon_2^2 + \Delta p_\mathrm{w}$$

写成 $p_1$ 的表达式为

$$p_1 = p_2 + \rho g(h_2 - h_1) + \frac{1}{2}\rho(\alpha_2\upsilon_2^2 - \alpha_1\upsilon_1^2) + \Delta p_\mathrm{w}$$

式中，$p_2$ 为液压缸的工作压力，有

$$p_2 = \frac{F}{\frac{\pi}{4}D^2} = \frac{30\,000}{\frac{\pi}{4}(100 \times 10^{-3})^2} \approx 3.81 \times 10^6\,(\mathrm{Pa}) = 3.82\,(\mathrm{MPa})$$

$\rho g(h_2 - h_1)$ 为单位体积液体的位能变化量，有

$$\rho g(h_2 - h_1) = \rho g H = 900 \times 9.8 \times 5 = 0.044 \times 10^6 (\text{Pa}) = 0.044 \, (\text{MPa})$$

$\dfrac{1}{2}\rho(\alpha_2 \upsilon_2^2 - \alpha_1 \upsilon_1^2)$ 为单位体积液体的动能变化量，则

$$\upsilon_2 = \frac{q}{\frac{\pi}{4}D^2} = \frac{1.6 \times 10^{-3}}{\frac{\pi}{4}(100 \times 10^{-3})^2} = 0.2 \, (\text{m/s})$$

由于为层流，则 $$\alpha_2 = \alpha_1 = 2$$

则 $$\frac{1}{2}\rho(\alpha_2 \upsilon_2^2 - \alpha_1 \upsilon_1^2) = \frac{1}{2} \times 900(2 \times 0.2^2 - 2 \times 5.09^2) = -0.02 \times 10^6 (\text{Pa}) = -0.02 \, (\text{MPa})$$

$\Delta p_w$ 为进油路总的压力损失，即

$$\Delta p_w = \Sigma \Delta p = 0.183 \, (\text{MPa})$$

故泵的供油压力为

$$p_1 = 3.82 + 0.044 - 0.02 + 0.183 = 4.027 \, (\text{MPa})$$

从本例的 $p_1$ 算式可以看出，在液压传动中，由液体位置高度变化和流速变化引起的压力变化量，相对来说是很小的，一般计算可将 $\rho g(h_2 - h_1)$、$\dfrac{1}{2}\rho(\alpha_2 \upsilon_2^2 - \alpha_1 \upsilon_1^2)$ 两项忽略不计。因此，$p_1$ 的表达式可以简化为如下形式

$$p_1 = p_2 + \Sigma \Delta p \tag{2-24}$$

式（2-24）为一近似公式，虽不便于用来对液流进行精确计算，但在液压系统设计计算中却得到普遍应用。

### 三、液压冲击和气穴现象

在液压传动中，液压冲击和气穴现象会给系统的正常工作带来不利影响，因此需要了解这些现象产生的原因，并采取措施加以防止。

#### （一）液压冲击

在液压系统中，由于某种原因引起油液的压力在某一瞬间突然急剧上升，形成很高的压力峰值，这种现象称为液压冲击。

#### 1. 液压冲击产生的原因

（1）液压冲击多发生在液流突然停止运动的时候。例如，迅速关闭阀门，液体的流动速度突然降为零。这时液体受到挤压，使液体的动能转换为液体的压力能，于是液体的压力急剧升高，从而引起液压冲击。

（2）急速改变运动部件的速度。如液压缸做高速运动突然被制动；油液封闭在两腔中，由于惯性力的作用，液压缸仍继续向前运动，因而压缩回油腔的液体，油液受到挤压，瞬时压力急速升高，从而引起液压冲击。

（3）由于液压系统中某些元件反应动作不够灵敏，也会造成液压冲击。例如，溢流阀在超压时不能迅速打开，形成压力的超调量；限压式变量液压泵在油温升高时，不能及时减少输油量等，都会造成液压冲击。

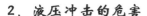

### 2．液压冲击的危害

产生液压冲击时，液压系统的瞬时压力峰值有可能比正常工作压力高好几倍，因此引起设备振动和噪声，影响系统正常工作；液压冲击还会损坏液压元件、密封装置，甚至使管子破裂；由于压力增高，系统中的某些元件（如顺序阀和压力继电器等）也可能产生误动作，因而造成工作中的事故。

### 3．减少液压冲击的措施

（1）延长阀门开、关和运动部件制动换向的时间。

（2）限制管道流速及运动部件速度。

（3）适当加大管道直径，尽量缩短管路长度。必要时还可在冲击区附近安装蓄能器等缓冲装置来达到此目的。

（4）采用软管，以增加系统的弹性。

### （二）气穴现象

在液压系统中，如果某处的压力低于空气分离压时，原先溶解在液体中的空气就会分离出来，导致液体中出现大量气泡的现象，称为气穴现象。如果液体中的压力进一步降低到饱和蒸气压时，液体将迅速气化，产生大量蒸气泡，这时的气穴现象将会愈加严重。

当液压系统中出现气穴现象时，大量的气泡破坏了液流的连续性，造成流量和压力脉动，气泡随液流进入高压区时又急剧破灭，以致引起局部液压冲击，发出噪声并引起振动。当附着在金属表面上的气泡破灭时，它所产生的局部高温和高压会使金属腐蚀，这种由气穴造成的腐蚀作用称为气蚀。气蚀会使液压元件的工作性能变坏，并大大缩短使用寿命。

气穴多发生在阀口和液压泵的进口处。由于阀口的通道狭窄，液流的速度增大，压力则大大下降，以致产生气穴。当泵的安装高度过大，吸油管直径太小，吸油阻力太大；泵的转速过高，造成进口处真空度过大，也会产生气穴。

为减少气穴和气蚀的危害，通常采取下列措施：

（1）液压泵的吸油管管径不能过小，并应限制液压泵吸油管中油液流速，降低吸油高度；

（2）液压泵转速不能过高，以防吸油不充分；

（3）管路尽量平直，避免急转弯及狭窄处；

（4）节流口压力降要小，一般控制节流口前后压差比 $p_1 / p_2 < 3.5$；

（5）管路密封要好，防止空气渗入；

（6）为了提高零件的抗气蚀能力，可采用抗气蚀能力强的金属材料（铸铁的抗气蚀能力较差，青铜较好），降低零件表面粗糙度值。

## |思　考　题|

1. 什么是液体的黏性？常用的黏度表示方法有哪几种？

2. 常见液压千斤顶的应用有哪些？

3. 什么是压力？压力有哪几种表示方法？静止液体内的压力是如何传递的？如何理解压力决定于负载这一基本概念？

4. 阐述层流与紊流的物理现象及其判别方法。

5. 伯努利方程的物理意义是什么？该方程的理论式和实际式有什么区别？

6. 管路中的压力损失有哪几种？各受哪些因素影响？

7. 液压冲击和气穴现象是怎样产生的？有何危害？如何防止？

8. 某液压油的运动黏度为 $32mm^2/s$，密度为 $900kg/m^3$，其动力黏度是多少？

# |习　题|

1. 已知某油液在 20℃ 时的运动黏度 $\nu_{20}$=75mm$^2$/s，在 80℃ 时为 $\nu_{80}$=10mm$^2$/s，试求温度为 60℃ 时的运动黏度。

2. 图 2-16 中，液压缸直径 $D$=150mm，活塞直径 $d$=100mm，负载 $F$=5×10$^4$N。若不计液压油自重及活塞或缸体重量，求（a）、（b）两种情况下的液压缸内的压力。

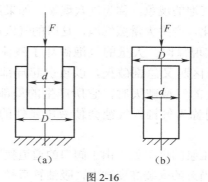

图 2-16

3. 某压力控制阀如图 2-17 所示，当 $p_1$=6MPa 时，阀动作。若 $d_1$=10mm，$d_2$=15mm，$p_2$=0.5MPa，试求：

（1）弹簧的预压力 $F_S$；

（2）当弹簧刚度 $k$=10N/mm 时，弹簧预压缩量 $x$。

4. 在图 2-18 所示液压缸装置中，$d_1$=20mm，$d_2$=40mm，$D_1$=75mm，$D_2$=125mm，$q_{v1}$=25L/min，求 $\upsilon_1$、$\upsilon_2$ 和 $q_{v2}$ 各为多少？

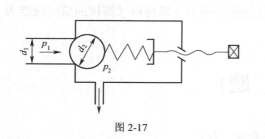

图 2-17

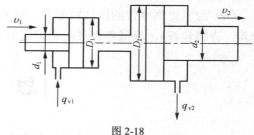

图 2-18

5. 如图 2-19 所示，油管水平放置，截面 1—1、2—2 处的内径分别为 $d_1$=5mm，$d_2$=20mm，在管内流动的油液密度 $\rho$=900 kg/m$^3$，运动黏度 $\nu$=20mm$^2$/s。若不计油液流动的能量损失，试解答：

（1）截面 1—1 和 2—2 哪一处压力较高？为什么？

（2）若管内通过的流量 $q$=30L/min，求两截面间的压力差 $\Delta p$。

6. 液压泵安装如图 2-20 所示，已知泵的输出流量 $q$=25L/min，吸油管直径 $d$=25mm，泵的吸油口距油箱液面的高度 $H$=0.4m。设油的运动黏度 $\nu$=20mm²/s，密度为 $\rho$=900kg/m³。若仅考虑吸油管中的沿程损失，试计算液压泵吸油口处的真空度。

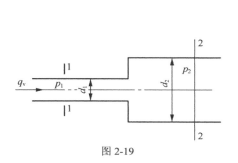

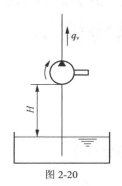

图 2-19 　　　　　　　　　　　　　　　　　图 2-20

7. 如图 2-21 所示液压泵的流量 $q$=60L/min，吸油管的直径 $d$=25mm，管长 $l$=2m，过滤器的压力降 $\Delta P_\zeta$=0.01MPa（不计其他局部损失）。液压油在室温时的运动黏度 $\nu$=142mm²/s，密度 $\rho$=900kg/m³，空气分离压 $p_d$=0.04MPa。求泵的最大安装高度 $H_{max}$。

8. 水平放置的光滑圆管由两段组成（见图 2-22），直径分别为 $d_1$=10mm 和 $d_0$=6mm，每段长度 $l$=3m。液体密度 $\rho$=900kg/m³，运动黏度 $\nu$=0.2×10⁻⁴m²/s，通过流量 $q$=18L/min，管道突然缩小处的局部阻力系数 $\zeta$=0.35。试求管内的总压力损失及两端的压力差（注：局部损失按断面突变后的流速计算）。

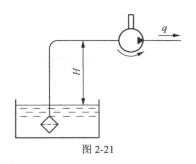

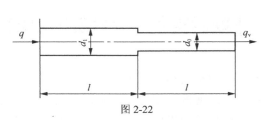

图 2-21 　　　　　　　　　　　　　　　　　图 2-22

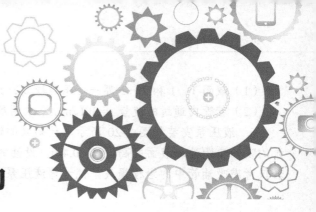

# 项目三 液压压力机液压系统的认识与调试

【学习目标】

1. 知识目标

- 掌握液压泵（容积泵）的工作原理；
- 了解液压泵的分类及结构特点；
- 了解液压泵的主要性能参数。

2. 能力目标

- 正确认识液压泵的结构，通过观察可以独立完成简单的液压泵实体或模型的拆装；
- 通过观察泵的结构和课件演示，总结出液压泵的工作原理及结构特点；
- 掌握简单的液压泵性能参数的计算，能够正确选用液压泵。

## 项目实例 YB32-200 型液压压力机液压系统

液压压力机简称液压机，适用于可塑性材料的压制工艺，如金属冷挤压、板料冲裁、弯曲、翻边以及薄板拉伸等，也可以满足校直、粉末制品的压制成型等工艺要求。液压机是最早应用液压传动的机械之一。目前，液压传动已成为压力加工机械的主要传动形式，在许多工业部门得到了广泛应用。压力机的类型很多，其中以四柱式压力机的结构布局最为典型，应用也最广泛。

四柱式压力机由 4 个导向立柱，上、下横梁和滑块等组成。上滑块应能实现“快速下行→慢速加压→保压延时→快速返回→原位停止”的动作循环，下滑块应能实现“向上顶出→停留→向下退回→原位停止”的动作循环，其动作循环如图 3-1 所示。

YB32-200 型液压机的液压系统如图 3-2 所示，其动作循环见表 3-1。在该系统中，由高压轴向柱塞泵供油，由减压阀调定控制回路的压力，系统的工作原理如下。

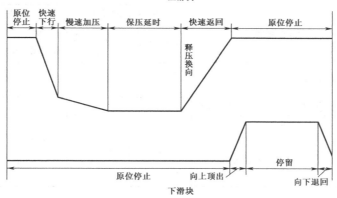

图 3-1 YB32-200 型液压机动作循环图

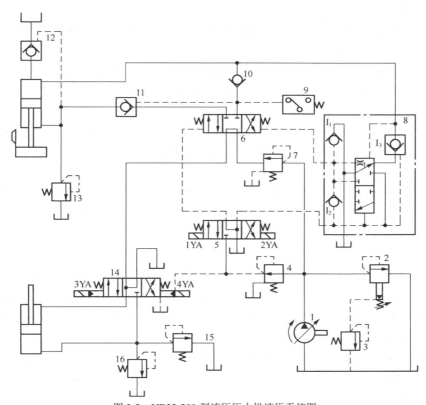

图 3-2 YB32-200 型液压压力机液压系统图

1—液压泵；2、13、16—安全阀；3—远程调压阀；4—减压阀；5—电磁换向阀；6—液动换向阀；7—顺序阀；
8—释压阀；9—压力继电器；10—单向阀；11、12—液控单向阀；14—电液换向阀；15—背压阀

表 3-1 　　　　　　　YB32-200 型液压机液压系统的动作循环

| 动作名称 | | 信号来源 | 电磁铁工作状态 | | | | 液压元件工作状态 | | | |
|---|---|---|---|---|---|---|---|---|---|---|
| | | | 1YA | 2YA | 3YA | 4YA | 电磁换向阀5 | 液动换向阀6 | 电液换向阀14 | 释压阀8 |
| 上滑块 | 快速下行 | 1YA 通电 | + | − | − | − | 左位 | 左位 | 中位 | 上位 |
| | 慢速加压 | 上滑块接触工件 | + | − | − | − | | | | |
| | 保压延时 | 压力继电器使 1YA 断电 | − | − | − | − | 中位 | 中位 | | |

续表

| 动作名称 | | 信号来源 | 电磁铁工作状态 | | | | 液压元件工作状态 | | | |
|---|---|---|---|---|---|---|---|---|---|---|
| | | | 1YA | 2YA | 3YA | 4YA | 电磁换向阀5 | 液动换向阀6 | 电液换向阀14 | 释压阀8 |
| 上滑块 | 释压换向 | 时间继电器使2YA通电 | － | ＋ | － | － | 右位 | 中位 | 中位 | 下位 |
| | 快速返回 | | － | ＋ | － | － | | 右位 | | |
| | 原位停止 | 上滑块压行程开关使2YA断电 | － | － | － | － | | | | |
| 下滑块 | 向上顶出 | 4YA通电 | － | － | － | ＋ | 中位 | 中位 | 右位 | 上位 |
| | 停留 | 下活塞触及液压缸盖 | － | － | － | ＋ | | | | |
| | 向下退回 | 4YA断电、3YA通电 | － | － | ＋ | － | | | 左位 | |
| | 原位停止 | 3YA断电 | － | － | － | － | | | 中位 | |

### 1. 上滑块工作循环

（1）快速下行

当电磁铁1YA通电时，电磁换向阀5和液动换向阀6左位接入系统，液控单向阀10被打开，这时系统中油流线路如下。

进油路：液压泵1→顺序阀7→液动换向阀6（左位）→单向阀10→上液压缸上腔。

回油路：上液压缸下腔→液控单向阀11→液动换向阀6（左位）→电液换向阀14（中位）→油箱。

上滑块在液压力和自重作用下迅速下降。由于液压泵的流量较小，这时压力机顶部充液筒中的油液经液控单向阀（充液阀）12向上液压缸上腔补油。

（2）慢速加压

当上滑块下移到接触工件时，因受阻减速，使上液压缸上腔压力升高，液控单向阀12关闭，其加压速度由液压泵流量决定，油液流动情况与快速下行时相同。

（3）保压延时

当系统中压力升高到使压力继电器9动作时，电磁铁1YA断电，电磁换向阀5和液动换向阀6均处于中位时，保压开始。保压时间由时间继电器（图中未画出）控制，可在0～24min内调节。保压时除了液压泵在较低压力下卸荷外，系统中没有油液流动，其卸荷路径如下：

液压泵1→顺序阀7→液动换向阀6（中位）→电液换向阀14（中位）→油箱。

（4）释压换向

当保压延时结束时，时间继电器使电磁铁2YA通电。为了防止保压状态向快速返回状态转变过快，在系统中引起液压冲击并使上滑块动作不平稳而设置了释压阀8，它的主要功用是使上液压缸上腔释压后，压力油才能进入该液压缸下腔。

其工作原理：在保压阶段，释压阀8以上位接入系统；当电磁铁2YA通电，电磁换向阀5右位接入系统时，控制油路中的压力油虽然已到达释压阀阀芯的下端，但由于其上端的高压油未曾释放，阀芯不动。但是，液控单向阀I₃可以控制压力低于其主油路压力下打开，使上液压缸上腔卸压，其卸压油路如下：

上液压缸上腔→液控单向阀I₃→释压阀（上位）→油箱。

（5）快速返回

上液压缸上腔的油压被卸除后，释压阀8向上移动，其下位接入系统，从减压阀4及电磁换向阀5右位流来控制油液，经释压阀下位流到液动换向阀6阀芯右端，使液动换向阀6

右位接入系统，以便实现上滑块的快速返回。由图 3-2 可知，换向阀 6 在由左位转换到中位时，阀芯右端由油箱经单向阀 I₁ 补油；再由右位转换到中位时，阀芯右端的油经单向阀 I₂ 流回油箱。液动换向阀 6 的右位也接入系统时，液控单向阀 11 被打开，油液流动情况如下。

进油路：液压泵 1→顺序阀 7→液动换向阀 6（右位）→液控单向阀 11→上液压缸下腔。

回油路：上液压缸上腔→液控单向阀 12→充液筒。

充液筒内液面超过预定位置时，多余油液由溢流管流回主油箱（图中未画出）。

（6）原位停止

在上滑块上升至挡块碰着行程开关，使电磁铁 2YA 断电，电磁换向阀 5 和液动换向阀 6 都处于中位时，上滑块停止运动，这时液压泵在较低压力下卸荷。

**2．下滑块工作循环**

（1）向上顶出

当电磁铁 4YA 通电，电液换向阀 14 右位接入系统时，下液压缸活塞杆向上顶出，这时的油流路线如下。

进油路：液压泵 1→顺序阀 7→液动换向阀 6（中位）→电液换向阀 14（右位）→下液压缸下腔。

回油路：下液压缸上腔→电液换向阀 14（右位）→油箱。

（2）停留

当下滑块上移至下液压缸活塞碰上缸盖时，便停留在此位置。这时液压缸下腔的压力由背压阀 15 调定，安全阀 16 为下液压缸安全阀。

（3）向下退回

使电磁铁 4YA 断电、3YA 通电，下液压缸便快速退回，此时油流路线如下。

进油路：液压泵 1→顺序阀 7→液动换向阀 6（中位）→电液换向阀 14（左位）→下液压缸上腔。

回油路：下液压缸下腔→电液换向阀 14（左位）→油箱。

（4）原位停止

原位停止是在电磁铁 3YA、4YA 都断电，电液换向阀 14 处于中位时得到的。

**3．YB32—200 型压力机液压系统特点**

（1）系统采用了高压、大流量的恒功率变量泵供油，既符合工艺要求，又节省能量。根据不同压制工艺所需的流量和压力，由泵来调整供油量，由远程调压阀 3 调定压力（安全阀 2 自身的先导阀起安全保护作用），由充液箱和泵一起供油满足上滑块快速下行的要求，减小了泵的流量，使功率利用更为合理。

（2）系统中设置的顺序阀 7 确保了控制油路的工作压力（2MPa 左右），但是也提高了液压泵的卸荷压力（2.5MPa），从而增大了泵卸荷时的功率损失，这是不利之处。

（3）系统中采用专用的 QF-1 型释压阀来实现上滑块快速回程时，上液压缸上腔先卸压，液动换向阀 6 再换向，保证动作平稳，不会在换向时产生液压冲击和噪声。

（4）系统利用管道和油液的弹性变形来实现保压，方法简单，但对液控单向阀和液压缸等元件的密封性能要求较高。

（5）为了安全，系统中上、下两缸的动作协调由两个换向阀 6 和 14 互锁来保证，一个缸必须在另一个缸静止时才能动作。但是，在拉伸操作中，为了实现"压边"这个工步，上液压缸的活塞必须推着下液压缸的活塞移动，这时上液压缸下腔的油液进入下液压缸的上腔，而下液压缸的下腔回油则经背压阀 15 排回油箱，虽两缸同时动作，但不存在动作不协调的问题。

（6）系统中的两个液压缸各有一个安全阀进行过载保护。

# 相 关 知 识

## 一、液压泵的工作原理

液压泵是液压传动系统中的动力元件。它的作用是将原动机（通常是电动机）输入的机械能转化成液压能，给系统提供具有一定压力和流量的工作液体。液压泵的性能好坏直接影响到液压系统的工作性能和可靠性，在液压传动中占有非常重要的地位。

液压传动系统中使用的液压泵都是容积式液压泵，都是通过密封容积的周期性变化来吸油和压油的。其基本工作原理可通过图 3-3 所示的单柱塞泵来说明。

图中柱塞 2 装在缸体 3 中形成一个密封容积 $a$，柱塞在弹簧 4 的作用下始终压紧在偏心轮 1 上。原动机驱动偏心轮 1 旋转，柱塞 2 就在缸孔中做往复运动，从而使密封容积 $a$ 的大小发生周期性的交替变化。当 $a$ 由小变大时就形成部分真空，使油箱中油液在大气压作用下，经吸油管顶开单向阀 6 进入油腔 $a$ 而实现吸油；反之，当 $a$ 由大变小时，$a$ 腔中吸满的油液将顶开单向阀 5 流入系统而实现压油。这样液压泵就将原动机输入的机械能转换成液体的压力能，原动机驱动偏心轮不断旋转，液压泵就不断地吸油和压油。

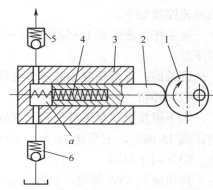

图 3-3  液压泵工作原理
1—偏心轮；2—柱塞；3—缸体；4—弹簧；
5、6—单向阀

根据上述工作过程，液压泵的基本工作原理可归纳如下。

（1）液压泵必须在结构上具有一个或多个密封且又可以随泵的运转而周期性变化的工作空间。工作空间容积增大时形成真空，完成吸油，容积减小时挤压油液完成排油。液压泵的输出流量只与此空间的容积变化量和单位时间内的变化次数成正比，与其他因素无关。

（2）必须具有相应的配流装置。配流装置的作用在于保证液压泵工作空间容积增大（吸油）时只与油箱相通，而工作空间容积减小（排油）时只与排油管道相通，并且保证泵体内吸油腔和排油腔隔开，使液压泵有规律地连续吸排油液。不同结构原理的液压泵的配流装置作用虽然相同，但其结构形式却并不相同。图 3-3 所示的单柱塞泵的配流装置即为单向阀 5 和 6。

（3）油箱内液体的绝对压力必须恒等于或大于大气压力，这是容积式液压泵能够吸入油液的外部条件。因此，为保证液压泵正常吸油，油箱必须与大气相通，或采用密闭的充压油箱。

由此可见，作为容积式液压泵本身，不管其结构和运动形式如何变化，其必须具备以上前两条才可能正常的工作。

单柱塞液压泵的
工作原理

## 二、液压泵的分类

容积式液压泵的类型很多，通常根据以下几种分类方法进行分类。

① 按其结构形式的不同可分为齿轮泵、螺杆泵、叶片泵和柱塞泵等。

② 按其排量能否改变可分为定量泵和变量泵。

③ 按其吸、排油方向能否改变可分为单向泵和双向泵。

④ 按其压力大小分为低压泵（≤2.5MPa）、中压泵（2.5～8 MPa）、中高压泵（8～16 MPa）、高压泵（16～32 MPa）和超高压泵（＞32 MPa）。

液压泵经过组合，可组成双联泵、三联泵等。

## 三、柱塞泵

柱塞泵是靠柱塞在缸体中做往复运动，使密封容积发生变化来实现吸油与压油的。由于柱塞和缸孔均为圆柱表面，因此加工方便，配合精度高，密封性能好，在高压下工作仍有较高的容积效率。同时，柱塞压油时处于受压状态，能使材料的强度性能充分发挥，并且只要改变柱塞的工作行程就能改变排量，所以柱塞泵具有压力高、效率高、结构紧凑、流量调节方便等优点，在需要高压、大流量、大功率的系统中和流量需要调节的场合，如龙门刨床、拉床、液压机、工程机械、矿山冶金机械、船舶上得到广泛的应用。

根据柱塞排列方式不同，柱塞泵可分为径向柱塞泵和轴向柱塞泵。径向柱塞泵径向尺寸大，结构较复杂，自吸能力差，配油轴受到径向不平衡液压力的作用，易于磨损，这些都限制了它的转速和压力的提高，因此目前应用不多。这里只介绍轴向柱塞泵。

### （一）轴向柱塞泵的工作原理

轴向柱塞泵的多个柱塞平行于缸体中心线并均布在缸体的圆周上，根据其结构形式和运动方式的不同又分为直轴式（斜盘式）和斜轴式（摆缸式）两大类。

（1）直轴式轴向柱塞泵

如图 3-4 所示，这种泵主要由缸体 1、配油盘 2、柱塞 3 和斜盘 4 组成。柱塞沿圆周均匀分布在缸体内。斜盘与缸体轴线倾斜一角度 $\gamma$，配油盘 2 和斜盘 4 固定不转，当传动轴带动缸体按如图 3-4 所示方向转动时，在 $\pi \sim 2\pi$ 范围内，柱塞在弹簧的作用下向外伸出，则柱塞底部的密封工作容积增大，并通过配油盘上的吸油窗口吸油，而当柱塞转到 $0 \sim \pi$ 范

直轴式轴向柱塞泵
的工作原理

围内时，柱塞被斜盘推入缸体，使得密封容积减小，此时通过配油盘上的压油窗口压油。缸体每转一周，每个柱塞各完成吸、压油一次。显然，只要改变斜盘倾角 $\gamma$，就能改变柱塞行程的长度，即改变了液压泵的排量。如改变斜盘倾角方向，则吸油和压油的方向也随之改变，泵也就成了双向变量泵。

配油盘上吸油窗口和压油窗口之间的封油区宽度 $l$ 应稍大于柱塞缸体底部通油孔宽度 $l_1$，但不能相差太大，否则会发生困油现象。一般在两配油窗口的两端部开有三角形卸荷槽，以减少冲击和噪声。

（2）斜轴式轴向柱塞泵

图 3-5 所示为斜轴式轴向柱塞泵的结构图。缸体轴线和传动轴轴线不在一条直线上，它

们之间存在一个摆角 $\beta$，柱塞 3 与传动轴 1 之间通过连杆 2 连接，当传动轴旋转时不是通过万向铰，而是通过连杆拨动缸体 4 旋转（故称无铰泵），同时强制带动柱塞在缸体内往复运动，实现吸油和压油。这类泵的优点是变量范围大，泵的强度较高，但和直轴式轴向柱塞泵相比，其结构较复杂，外形尺寸和重量均较大。而其排量公式则与直轴式轴向柱塞泵完全相同，用刚体摆角 $\beta$ 代替斜盘倾角 $\gamma$ 即可。

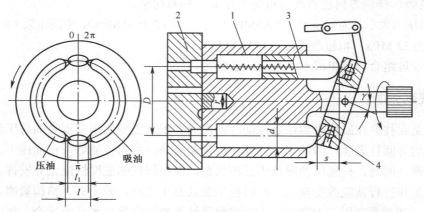

图 3-4　直轴式轴向柱塞泵的工作原理
1—缸体；2—配油盘；3—柱塞；4—斜盘

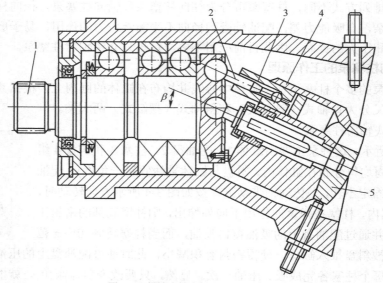

图 3-5　斜轴式轴向柱塞泵的结构图
1—传动轴；2—连杆；3—柱塞；4—缸体；5—配油盘

## （二）轴向柱塞泵的排量和流量计算

由于直轴式和斜轴式轴向柱塞泵的排量计算完全相同，下面仅以图 3-4 为例介绍。

当柱塞的直径为 $d$，柱塞分布圆直径为 $D$，斜盘倾角为 $\gamma$ 时，则柱塞的行程为 $s=D\tan\gamma$，所以，当柱塞数为 $z$ 时，轴向柱塞泵的排量为

$$V_{\mathrm{p}} = \frac{\pi}{4}d^2 Dz\tan\gamma \qquad\qquad (3\text{-}1)$$

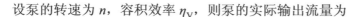

设泵的转速为 $n$，容积效率 $\eta_V$，则泵的实际输出流量为

$$p_p = \frac{\pi}{4} d^2 Dzn\eta_V \tan\gamma \qquad (3\text{-}2)$$

实际上，由于柱塞在缸体孔中的运动不是恒速的，因而输出流量有脉动。当柱塞数为奇数时，脉动较小，且柱塞数越多脉动也越小，因而一般常用的柱塞泵的柱塞个数为 7、9 或 11。

### （三）轴向柱塞泵的结构特点及应用

轴向柱塞泵的优点是结构紧凑、径向尺寸小，惯性小，容积效率高，目前最高压力可达 40.0MPa，甚至更高，但其轴向尺寸较大，轴向作用力也较大，结构比较复杂。

轴向柱塞泵一般用于工程机械、锻压机械、起重机械、矿山机械、冶金机械、船舶、飞机等高压系统中。

## 四、液压泵的主要性能参数

液压泵的主要性能参数有压力、排量、流量、功率和效率等。

### 1．压力

（1）工作压力 $p_p$。液压泵工作时输出油液的实际压力称为工作压力。工作压力取决于外负载的大小和排油管路上的压力损失，而与液压泵的流量无关。

（2）额定压力 $p_H$。液压泵在正常工作条件下，按试验标准规定连续运转的最高压力，称为液压泵的额定压力。

（3）最高允许压力 $p_m$。在超过额定压力的条件下，根据试验标准规定，允许液压泵短暂运行的最高压力值，称为液压泵的最高允许压力。

### 2．排量和流量

（1）排量 $V$。液压泵每转一周其理论上应该排出的油液体积，即其密封工作容积总体变化量称为液压泵的排量，单位为 L/r。可以调节排量的液压泵称为变量泵，不可调节排量的液压泵则称为定量泵。

（2）理论流量 $q_t$。理论流量是指在不考虑液压泵泄漏流量的条件下，在单位时间内所排出的液体体积。如果液压泵的排量为 $V$，其主轴转速为 $n$，则该液压泵的理论流量为

$$q_t = Vn \qquad (3\text{-}3)$$

式中，$q_t$——理论流量，L/min；

　　　$V$——液压泵的排量，L/r；

　　　$n$——主轴转速，r/min。

（3）实际流量 $q_p$。液压泵在某一具体工况下，单位时间内所排出液体的体积称为实际流量。它等于理论流量 $q_t$ 减去泄漏和压缩损失后的流量 $\Delta q$，即

$$q_p = q_t - \Delta q \qquad (3\text{-}4)$$

（4）额定流量 $q_H$。液压泵在正常工作条件下，按试验标准规定（如在额定压力和额定转速下）必须保证的流量。

### 3．功率

（1）输入功率 $P_i$。液压泵的输入功率是指作用在液压泵主轴上的机械功率，其值为

$$P_i = T_i\omega = 2\pi T_i n \qquad (3\text{-}5)$$

式中，$P_i$——输入功率，kW；

    $T_i$——泵主轴上的输入转矩；

    $\omega$——泵主轴的角速度，rad/s；

    $n$——主轴转速，r/s。

（2）理论输出功率 $P_t$。当不考虑液压泵的容积损失时，其输出液体所具有的液压功率，称为液压泵的理论输出功率，其表达式为

$$P_t = \Delta p q_t / 60 \tag{3-6}$$

式中，$P_t$——理论输出功率，kW；

    $\Delta p$——泵吸、排油口间的压差，MPa；

    $q_t$——理论流量，L/min。

（3）实际输出功率 $P_o$。液压泵的实际输出功率是指由于存在容积损失，液压泵实际输出的液压功率，即液压泵在工作过程中吸、排油口间的压差 $\Delta p$ 和实际输出流量 $q_p$ 的乘积，其值为

$$P_o = \Delta p q_p / 60 \tag{3-7}$$

在实际的计算中，若油箱通大气，液压泵吸、排油口的压力差 $\Delta p$ 往往用液压泵的出口压力 $p_p$ 代替，此时，$p_p$ 相应的负载也不再考虑大气压力，即

$$P_o = p_p q_p / 60 \tag{3-8}$$

**4．效率**

液压泵存在 3 种能量损失，即容积损失、摩擦损失和压力损失，分别用容积效率、机械效率和液压效率表示。其中，压力损失很小，通常忽略不计，其相应的液压效率一般都在 0.99 以上，可取为 1。

（1）容积效率 $\eta_V$。容积效率是表征液压泵容积损失的性能参数，它等于泵的实际输出功率与理论输出功率之比，也等于泵的实际流量与理论流量之比。

$$\eta_V = \frac{P_o}{P_t} = \frac{p_p q_p}{p_p q_t} = \frac{q_p}{q_t} = 1 - \frac{\Delta q}{q_t} \tag{3-9}$$

式中，$\Delta q$ 为液压泵的泄漏量，其值为

$$\Delta q = q_t - q_p \tag{3-10}$$

液压泵的容积损失是由于液压泵内部高压腔的泄漏、油液的压缩以及在吸油过程中因吸油阻力太大、油液黏度大以及液压泵转速高等原因而导致油液不能全部充满密封工作腔而产生的。

由于泄漏量 $\Delta q$ 随 $p_p$ 增大而增大，因此，液压泵的容积效率随 $p_p$ 的增大而减少，且随泵的结构类型不同而异。

（2）机械效率 $\eta_m$。机械效率是表征泵的摩擦损失的性能参数，它等于泵的理论输出功率与输入功率之比，也等于液压泵的理论转矩 $T_t$ 与实际输入转矩 $T_i$ 之比，即

$$\eta_m = \frac{P_t}{P_i} = \frac{T_t \omega}{T_i \omega} = \frac{T_t}{T_i} \tag{3-11}$$

摩擦损失主要是由于泵体内相对运动部件之间的机械摩擦以及液体的黏性而引起的。

（3）总效率 $\eta$。液压泵的总效率是指液压泵的实际输出功率与其输出功率的比值，即

$$\eta = \frac{P_{\text{o}}}{P_{\text{i}}} = \frac{P_{\text{t}}\eta_{\text{V}}}{P_{\text{t}}/\eta_{\text{m}}} = \eta_{\text{m}}\eta_{\text{V}} \tag{3-12}$$

由式（3-12）可知，液压泵的总效率等于其容积效率与机械效率的乘积，所以液压泵的输入功率也可以写成

$$P_{\text{i}} = \frac{P_{\text{o}}}{\eta} = \frac{p_{\text{p}}q_{\text{p}}}{60\eta} \tag{3-13}$$

图 3-6（a）所示为液压泵的功率流程图，液压泵的各个参数与压力之间的关系如图 3-6（b）所示。

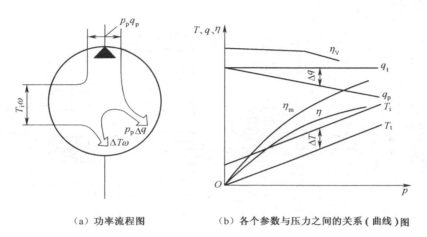

（a）功率流程图　　　　　（b）各个参数与压力之间的关系（曲线）图

图 3-6　液压泵的功率流程图及特性参数曲线

# 项 目 实 施

本项目主要是根据液压压力机的液压系统,进一步掌握液压系统的组成及各部分的作用,初步了解液压缸、各类液压控制阀在系统回路中的调试及应用,着重理解液压泵（容积泵）的工作原理；了解液压泵的分类及结构特点,掌握液压泵简单性能的计算,能根据具体的主机工况,选用合适的液压泵。

因此通过对各类型的液压泵的实物或模型进行拆装,以达到以上效果。

## 一、液压泵拆装注意事项

（1）准备好各种拆装工具,使用完毕后放回原处。

（2）拆卸之前必须分析泵的产品铭牌,了解所选取的泵的型号和基本参数,分析它的结构及特点,制订拆卸工艺过程。然后按照所制订的拆卸工艺过程,进行泵的解体。

（3）拆卸下来的全部零件必须用煤油或柴油清洗,干燥后用不起毛的布擦拭干净,用细锉或油石去除各加工面的毛刺。

（4）泵的装配按拆卸相反顺序进行即可。特别要注意装配主轴时应防止其擦伤内孔,保证密封。

（5）装配后应向液压油泵的进出油口注入机油,用手转动应均匀无过紧感觉。

## 二、柱塞泵的拆装步骤及结构观察

拆装图 3-7 所示的直轴式轴向柱塞泵，观察并记录以下问题。

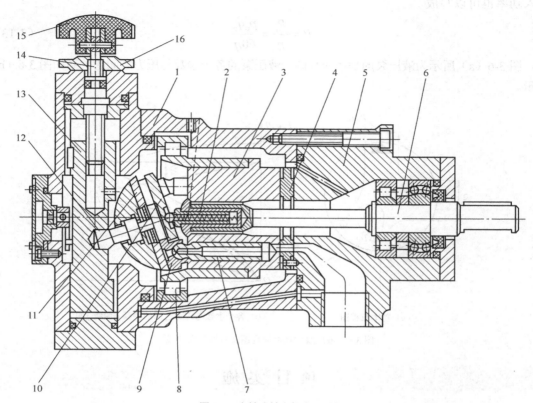

图 3-7　直轴式轴向柱塞泵结构

1—泵体；2—弹簧；3—缸体；4—配油盘；5—前泵体；6—传动轴；7—柱塞；8—轴承；9—滑履；
10—回程盘；11—斜盘；12—销轴；13—变量活塞；14—丝杠；15—手轮；16—螺母

### 1．主要拆装步骤

（1）松开紧固螺母，分开左端的变量机构、中间的泵体和右端的泵盖三大部件。

（2）分解各零部件，观察具体结构部件，不必彻底拆解。

（3）清洗、检验和分析各零部件。

（4）按拆卸的反向顺序进行安装，先部件后总装。

### 2．观察和记录如下要点

（1）结合实体结构，观察缸体 3 和柱塞 7 是如何实现密闭空间的周期性变化的。

（2）仔细观察配油盘 4 结构特点及安装，弄清楚轴向柱塞泵是如何减小困油、噪声等不良因素的。

（3）仔细观察由图 3-7 中的 11、13、14 和 15 等零部件所组成的变量机构，如何调节可以实现泵排量的变化。

（4）正反向转动传动轴 6，观察在斜盘 11 和回程盘 10 的作用下，密闭容积是呈什么规律变化的，泵的吸排油方向有无变化。

### 三、齿轮泵的拆装步骤及结构观察

拆开一台外啮合齿轮泵，如图 3-8 所示，仔细观察其结构，并记录以下问题。

**1．主要拆装步骤**

（1）松开前后端盖的紧固螺母，依次拿掉前端盖、传动轴部件、齿轮和泵体。

（2）清洗、检验和分析各零部件。

（3）按拆卸的反向顺序进行安装，先部件后总装。

**2．观察和记录要点**

（1）结合实体结构，观察泵体 3、齿轮 5、前端盖

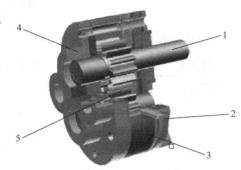

图 3-8　外啮合齿轮泵结构图
1—传动轴；2—前端盖；3—泵体；
4—后端盖；5—齿轮

2 和后端盖 4 是如何实现密闭空间的周期性变化的。

（2）仔细观察泵体和前后端盖之间所形成的进、出油孔径是否相等，有何意义。

（3）仔细观察前后端盖上所开设的卸荷槽对应在哪个区域，该槽的具体位置分布有何特点。

（4）外啮合齿轮泵由于自身的结构特性，使得泵在工作时径向力不平衡，对齿轮泵传动轴承和压力的升高均有影响，因此通过结构改进可以缓解这一问题，仔细观察齿轮泵相关部件，找出是如何改进的。

（5）观察齿轮泵的结构，分析齿轮泵属于变量泵还是定量泵，单向泵还是双向泵。

### 四、叶片泵的拆装步骤及结构观察

拆一台单作用叶片泵和一台双作用叶片泵，结构图参照图 3-15 和图 3-18，仔细观察其结构，并记录以下问题。

**1．主要拆装步骤（单、双作用叶片泵的拆装步骤完全一样）**

（1）松开前后端盖的紧固螺母，依次拿掉前端盖、传动轴部件、定子、转子部件和泵体。

（2）清洗、检验和分析各零部件。

（3）按拆卸的反向顺序进行安装，先部件后总装。

**2．观察和记录要点**

（1）结合实体结构，分析叶片、定子、转子和前后端盖是如何形成周期性变化的密闭空间的，其工作空间的变化与柱塞泵和齿轮泵有无区别。

（2）缓慢转动传动轴，观察叶片泵的吸、排油特点，分析其在工作的过程中有无泄漏，有没有解决的途径。

（3）对比观察单、双作用叶片泵，叶片与转子的安装方式有无区别，叶片槽是怎样开设的，传动轴是单向旋转还是可以正反向均可旋转。

（4）对比观察单、双作用叶片泵的定义结构有无区别，若有区别，分析其结构特点的意义。

（5）仔细观察两种结构的叶片泵的配油盘有何不同。

（6）结合当前所学知识，分析单、双作用叶片泵是单向泵还是双向泵，定量泵还是变量泵。

## 教学实施与项目测评

液压泵拆装教学内容的实施与项目测评见表3-2。

表 3-2　　　　　　　　　　　　教学内容的实施安排与项目测评

| 名称 | 学生活动 | | 教师活动 | 实践拓展 |
|---|---|---|---|---|
| 液压泵的拆装 | 收集资料 | 根据项目实验的具体内容，学生结合课堂知识讲解，查阅相关资料，明确具体工作任务 | 将学生进行分组，提出项目实施的具体工作任务，明确任务要求，讲解拆装要点，指导学生进行拆装 | 通过实践项目实施，学生更进一步掌握液压泵的工作原理及结构性能特点，了解液压泵的应用场合及选用方法 |
| | 制订实施计划 | 带着问题设计出分析方案，即对不同的液压泵分析：①工作原理；②单向还是双向；③定量还是变量；④适用场合；⑤液压泵的选用等，形成报告书 | 提出各类问题引导学生进行学习，教师指导、学生自主分析 | |
| | 项目实施 | 观察、拆装不同液压泵的实物或模型，并对其工作原理、计划中相关问题做好实验记录 | 演示各类液压泵的拆装及工作过程，指导学生自主完成演示内容，给予实时的指导与评价 | |
| | 检验与评价 | 各小组交叉互评 | 在项目开展过程中做好记录，在项目结束时做好评价 | |
| 提交成果 | （1）实验记录清单；（2）实验结果 | | | |

| 考核评价 | 序号 | 考核内容 | 配分 | 评分标准 | 得分 |
|---|---|---|---|---|---|
| | 1 | 团队协作 | 10 | 在小组活动中，能够与他人进行有效合作 | |
| | 2 | 职场安全 | 20 | 在活动，严格遵守安全章程、制度 | |
| | 3 | 液压元件清单 | 30 | 液压元件无损坏、无遗漏，按要求清理、归位 | |
| | 4 | 实验结果 | 40 | 实验结果是否合理、正确 | |
| 指导教师 | | | | 得分合计 | |

# 知 识 拓 展

## 一、齿轮泵

齿轮泵主要结构形式分为外啮合齿轮泵和内啮合齿轮泵两种，由于外啮合齿轮泵结构简单、制造容易、成本低廉、工作可靠、维护方便、自吸性能好、对油液污染不敏感等优点，所以得到了广泛的应用。其缺点是容积效率较低，轴承径向载荷较大，因而使额定压力的提高受到一定限制。但在结构上采取适当措施后，也可达到较高的额定压力。此外还存在着流量脉动和噪声较大等不足之处。内啮合齿轮泵结构紧凑，尺寸小，重量轻，由于齿轮转向相同，相对滑动速度小，磨损小，使用寿命长，流量脉动远小于外啮合齿轮泵，因而压力脉动和噪声都较小。内啮合齿轮泵的缺点是齿形复杂，加工精度要求高，需要专门的制造设备，造价较贵，随着工业技术的发展，它的应用也将会越来越广泛。

### （一）外啮合齿轮泵的结构和工作原理

外啮合齿轮泵由泵体、泵体内两个参数相同并啮合的渐开线齿轮、两侧端盖以及传动轴等零件组成。

图 3-9 所示为外啮合齿轮泵的工作原理图。泵体、两侧端盖和齿轮的各个齿间槽组成了许多密封工作腔，当齿轮按照图示方向啮合时，右侧轮齿逐渐退出啮合，即主、从动齿轮的轮齿从各自对方的齿间槽退出，工作腔容积增大，形成局部真空。此时，油箱里的液体在大气压力的推动下经吸油腔进入工作腔，并被旋转的轮齿带入到左侧排油腔。然后轮齿再依次进入啮合，工作腔容积则不断减少，于是油液被挤出并经压油腔输送到压力管路中。两个齿轮的齿面接触线将左右吸、排油腔分隔开，起到了配油作用。当齿轮连续旋转时，就连续不断地有轮齿在右侧退出啮合和在左侧进入啮合，因此齿轮泵也就能连续的吸油和排油了。

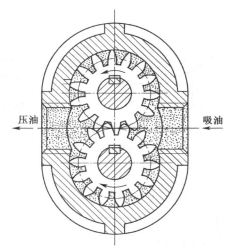

图 3-9　外啮合齿轮泵工作原理

**（二）外啮合齿轮泵的结构特性分析**

外啮合齿轮泵由于其结构原理和运动方式的原因，其泄漏、困油和径向力不平衡一直是设计和选用齿轮泵首先要考虑的三大问题，也是影响齿轮泵性能指标和寿命的关键要素。

（1）泄漏

在形成齿轮泵密封容积的零件中，齿轮为运动件，泵体和前后端盖为固定件。运动件和固定件之间存在两类间隙：齿轮端面与两侧端盖之间的轴向间隙，齿顶圆与泵体之间的径向间隙。此外，还存在齿轮啮合处的啮合间隙。既然存在间隙，且泵的吸、排油腔之间存在压力差，因此必然存在从排油腔到吸油腔的缝隙流动，即泄漏。其中，对泄漏量影响最大的是齿轮端面和端盖间的轴向间隙，通过轴向间隙的泄漏量可占总泄漏量的 75%～80%，由于这里泄漏途径短，泄漏面积大。因此间隙过大，泄漏量多，必然会使容积效率降低；但间隙过小，又会使得齿轮端面和端盖之间的机械摩擦损失增加，即使泵的机械效率降低。因此设计和制造时必须严格控制泵的轴向间隙。

（2）困油现象

齿轮泵要平稳工作，齿轮啮合的重叠系数必须大于 1，也就是说要求在一对轮齿即将脱开啮合前，后面的一对轮齿就要开始啮合。两对轮齿同时啮合的这一小段时间内，留在齿间的油液困在两对轮齿和前后端盖所形成的一个密闭空间中，如图 3-10（a）所示，当齿轮继续旋转时，这个空间的容积逐渐减小，直到两个啮合点 A、B 处于节点两侧的对称位置时，如图 3-10（b）所示，封闭容积减至最小。由于油液的可压缩性小，当封闭空间的容积减小时，被困的油液受挤压，压力急剧上升，油液从零件接合面的缝隙中强行挤出，使齿轮和轴承受到很大的径向力冲击；当齿轮继续旋转，这个封闭容积又逐渐增大到如图 3-10（c）所示的最大位置，容积增大时又会造成局部真空，使油液中溶解的气体分离，产生气穴现象，这些都将使齿轮泵产生强烈的噪声和振动并可能对齿面及泵体结构造成一定的损伤，这就是齿轮泵的困油现象。

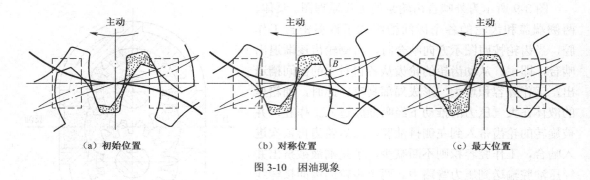

（a）初始位置　　　　　　　　　　（b）对称位置　　　　　　　　　　（c）最大位置

图 3-10　困油现象

由困油现象产生的原因可知，困油现象必须具备两个条件：一是形成密闭空间，二是密闭空间的容积发生较大的变化。因此，只要消除其中一个条件，则困油现象得以解决，通常做法是在齿轮泵的两侧端盖上铣两条卸荷槽（见图 3-10 中虚线），当封闭空间容积减小时，使其与压油腔相通（见图 3-10（a））；而当封闭空间容积增大时，使其与吸油腔相通（见图 3-10（c）），实际上密闭空间已无法密闭。如图 3-11 所示，一般的齿轮泵两卸荷槽是非对称开设的，往往向吸油腔偏移，两槽间的距离 $a$ 必须保证在任何时候都不能使吸油腔和压油腔相互串通。如对于分度圆压力角 $\alpha = 20°$、模数为 $m$ 的标准渐开线齿轮 $a = 2.78m$，当卸荷槽为非对称时，在压油腔一侧必须保证 $b = 0.8m$，另一方面为保证卸荷槽畅通，须保证槽宽 $c > 2.5m$，槽深 $h \geqslant 0.8m$。

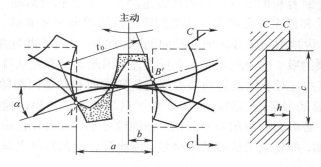

图 3-11　非对称卸荷槽尺寸

（3）径向力不平衡

齿轮泵运转经验表明，轴承承受不平衡的径向力是造成轴承磨损，影响齿轮泵寿命的主要原因。

齿轮泵工作时，因排液腔的压力大于吸液腔的压力，从排液腔到吸液腔，齿轮顶圆圆周径向液压力是线性阶梯式递减的，径向液压力分布如图 3-12 所示。这个径向液压力对主、从动齿轮的作用合力用 $F_y$、$F_y'$ 表示，齿轮泵的工作压力越大，这个合力也越大。此外，齿轮啮合过程中，沿啮合线方向传递啮合力为 $F_h$、$F_h'$，因此，作用在主、从动齿轮轴承上的径向力是液压力和啮合力的合力 $F$ 和 $F'$。从图 3-12 中可看出，由于从动齿轮所受啮合力与主动齿轮的啮合力相反，且与径向液压力方向大体一致，所以从动齿轮轴承所受径向力的合力 $F'$ 要比主动齿轮所受合力 $F$ 大得多，这就是在使用中从动齿轮较主动齿轮轴承磨损得快的原因。主动齿轮和从动齿轮所受径向合力 $F$ 和 $F'$，可分别用下面经验

公式计算

$$F=7.5pDB \tag{3-14}$$
$$F'=8.5pDB \tag{3-15}$$

式中，$F$——主动齿轮所受径向合力，N；

　　　　$F'$——从动齿轮所受径向合力，N；

　　　　$p$——齿轮泵的工作压力，MPa；

　　　　$D$——齿顶圆直径，cm；

　　　　$B$——齿轮宽度，cm。

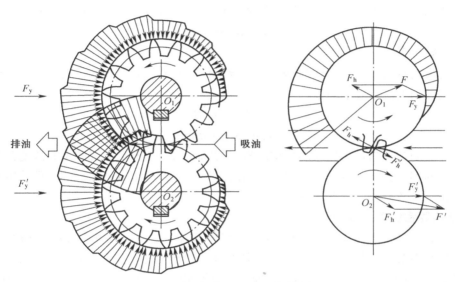

图 3-12　齿轮径向液压力分布及齿轮受力分析

　　由式（3-14）和式（3-15）可知，对于中、高压齿轮泵，其轴承负载是非常大的。因而，齿轮泵的使用期限几乎取决于轴承的使用期限，要延长齿轮泵的寿命，减少机械磨损，必须减小径向不平衡力的影响，为此，在结构上可采取如下措施。

　　（1）缩小排液口尺寸。使高压油液作用在齿轮上的面积缩小，从而减小齿轮上的径向液压力。

　　（2）适当增大径向间隙，增大齿顶圆与泵体内孔的间隙（0.13～0.16mm）。即使齿轮在压力的作用下，只有靠近吸油腔的1～2个齿范围内的泵体与齿顶保持较小的间隙，而其余大部分区间齿顶与泵体保持较大间隙，使该区间的液压力基本上等于液压泵排油腔压力值，从而使大部分径向液压力得到平衡。

　　（3）在端盖上开设平衡槽，如图3-13所示，通过两条平衡槽1、2分别与吸、排油腔相通，使得吸、排油腔的对称位置产生相应大小的液压力，从而起到平衡的作用。

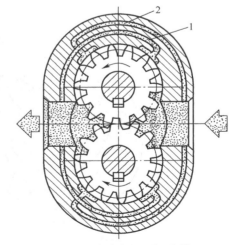

图 3-13　在端盖上开设平衡槽
1、2—平衡槽

### （三）外啮合齿轮泵的排量和流量计算

#### 1．排量计算

齿轮泵的排量可看作两个齿轮的齿间槽容积之和，若当齿轮齿数为 $z$、模数为 $m$、节圆直径为 $D$（其值为 $mz$）、有效齿高为 $2m$，齿宽为 $B$ 时，其计算步骤如下。

（1）假定齿间槽与轮齿的轴向截面积相等，则齿间槽轴向截面积之和 $S$ 为

$$S = (\pi D \times 2m)/2 = (\pi mz \times 2m)/2 = \pi zm^2 \qquad (3\text{-}16)$$

（2）由于主从齿轮的几何参数完全一致，因此，两齿轮齿间槽总容积为

$$V = 2SB = 2\pi zm^2B \qquad (3\text{-}17)$$

（3）考虑到实际上齿间槽容积比轮齿体积稍大些，通常将 $\pi$ 值替换为 3.33 予以修正：

$$V = 6.66z\,m^2B \qquad (3\text{-}18)$$

#### 2．流量计算

设驱动齿轮泵的原动机转速为 $n$，外啮合齿轮泵的容积效率为 $\eta_v$，则外啮合齿轮泵的理论流量和实际输出流量分别为

$$q_t = 6.66z\,m^2Bn \qquad (3\text{-}19)$$

$$q_p = 6.66z\,m^2Bn\eta_v \qquad (3\text{-}20)$$

以上计算的是外啮合齿轮泵的平均流量，实际上随着啮合点位置的不断改变，吸、排油腔每一瞬时的容积变化率也是不均匀的，因此齿轮泵的瞬时流量是脉动的。理论研究表明，外啮合齿轮泵齿数越少，脉动率越大。

### （四）内啮合齿轮泵简介

内啮合齿轮泵有渐开线齿轮泵和摆线齿轮泵（又名转子泵）两种，如图 3-14 所示，它们的工作原理和主要特点与外啮合齿轮泵基本相同。在渐开线齿形的内啮合齿轮泵中，小齿轮和内齿轮之间要装一块月牙形的隔板，以便把吸油腔和压油腔隔开，如图 3-14（a）所示。在摆线齿形的内啮合齿轮泵中，小齿轮和内齿轮只相差一个齿，因而不须设置隔板，如图 3-14（b）所示，内啮合齿轮泵中的小齿轮为主动轮。

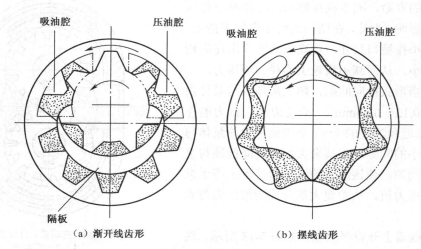

（a）渐开线齿形　　　　　　　　　　　（b）摆线齿形

图 3-14　内啮合齿轮泵

### （五）齿轮泵的特点及应用

啮合齿轮泵结构简单、制造容易、成本低廉、工作可靠、维护方便、自吸性能好、对油液污染不敏感、结构上适当改进后，高压齿轮泵的压力可达到柱塞泵的压力等优点，所以得到了广泛应用。齿轮泵主要应用于各种蒸馏设备、实验室液压系统及一般机械液压系统，尤其适合传输黏稠、高温的液体。

内啮合齿轮泵的工作原理

## 二、叶片泵

叶片泵也是常见的液压泵，它与齿轮泵不同点之一在于有定量泵和变量泵之分。另外，根据各密封工作容积在转子旋转一周吸、排液次数的不同，叶片泵又分为两类不同的结构形式，即只完成一次吸、排油液的单作用叶片泵和完成两次吸、排油液的双作用叶片泵，单作用叶片泵多用于变量泵，工作压力最大为 7.0MPa，双作用叶片泵均为定量泵，一般最大工作压力也为 7.0MPa，结构改进后的高压叶片泵最大工作压力可达 16.0～21.0MPa。

### （一）单作用叶片泵

#### 1．单作用叶片泵的工作原理

图 3-15 所示为单作用叶片泵的工作原理图，它由转子 1、定子 2、叶片 3 以及把它们夹在中间的配油盘等组成。定子内表面为圆柱形，定子和转子间有偏心距 $e$，叶片装在转子槽中，并可在槽内滑动。当转子回转时，由于离心力的作用，将使叶片甩出并紧靠在定子内壁，这样在定子、转子、叶片和两侧配油盘间就形成了若干个密封的工作空间。另外，配油盘上开有吸油和压油窗口，分别与吸、压油腔相通，这样当图 3-15 所示转子按逆时针方向回转时，在图的右边，叶片逐渐伸出，叶片间的工作空间逐渐增大，并通过配油盘从吸油腔吸油。而在左边，叶片被定子内壁逐渐压进转子槽内，工作空间逐渐缩小，即将油液经配油盘从压油腔压出。在吸油腔和压油腔之间，有一段封油区，把吸油腔和压油腔隔开。这种叶片泵转子每转一周，每个工作空间只完成一次吸油和压油，因此称为单作用叶片泵。

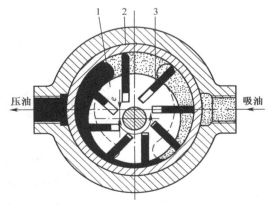

压油　　　　　　　　　　　吸油

单作用叶片泵的工作原理

图 3-15　单作用叶片泵的工作原理
1—转子；2—定子；3—叶片

#### 2．单作用叶片泵的结构特点

（1）单作用叶片泵密封工作空间的容积变化是通过转子和定子的偏心安装来实现的，偏心距 $e$ 越大，则容积变化率越大，排量也就越大，因此只要改变偏心距 $e$，即可改变泵的排量，这也正是单作用叶片泵可以很方便地实现变量的原因。甚至只要偏心反向，吸、压油方向也就同时反向。

（2）存在困油现象。当工作空间从吸油区转移到压油区时，中间会有一小段被完全封闭，由于工作空间封闭的同时，其容积仍然在发生变化，因此会产生困油现象。但由于变化率不大，因此困油现象不十分严重，通过在配油盘压油窗口边缘开三角槽的方法就可以使工作空间提前和压油窗连通，因而消除困油现象。

（3）通常压油腔一侧的叶片底部要通过特殊的沟槽和压油腔相通，吸油腔一侧的叶片底部则要与吸油腔相通，从而使叶片底部和顶部所受的液压力平衡，此时叶片仅靠离心力的作用顶在定子内表面。同时在压油区由于叶片缩进从根部挤出的油液正好补偿了叶片本身所占用的容积，因此叶片的厚度对排量的大小并无影响。

（4）叶片沿着旋转方向后倾安装。由于叶片仅靠离心力即可紧贴定子表面，因此槽的倾斜方向应该与叶片上同时受到的哥氏惯性力、叶片与定子间的摩擦力及叶片的离心力的合力方向相一致，以避免侧向分力增大摩擦力影响叶片伸出，所以转子槽是后倾的。

（5）转子承受径向力。单作用叶片泵的工作原理决定了转子上的径向液压力是不平衡的，因而轴承负荷较大，泵的工作压力的提高也就受到了限制。

### 3. 单作用叶片泵的排量和流量计算

如图 3-16 所示，$V_1$、$V_2$ 分别为一个工作空间在吸油区的最大容积和在压油区的最小容积，显然排量 $V_p$ 有：

$$
\begin{aligned}
V_p &= z(V_1 - V_2) \\
&= z \times \frac{1}{2} B\beta[(R+e)^2 - (R-e)^2] \\
&= z \times \frac{1}{2} B\left(\frac{2\pi}{z}\right)[(R+e)^2 - (R-e)^2] \\
&= 4\pi ReB
\end{aligned}
\tag{3-21}
$$

式中，$R$——为定子的内半径；

$e$——为转子与定子之间的偏心距；

$B$——为定子的宽度；

$\beta$——为相邻两叶片间的夹角；

$z$——为叶片的个数。

故当单作用叶片泵转速为 $n$，泵的容积效率为 $\eta_v$ 时，其理论流量和实际流量分别为

$$q_t = V_p n = 4\pi ReBn \tag{3-22}$$

$$q_p = q_t \eta_v = 4\pi ReBn\eta_v \tag{3-23}$$

式（3-21）～式（3-23）的计算，并未考虑叶片的厚度以及叶片的倾角对单作用叶片泵排量和流量的影响。实际上叶片在槽中伸出和缩进时，叶片槽底部也有

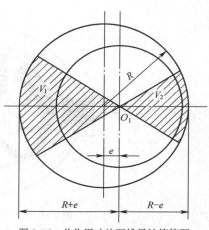

图 3-16  单作用叶片泵排量计算简图

吸油和压油过程，一般在单作用叶片泵中，压油腔和吸油腔的叶片的底部是分别和压油腔及吸油腔相通的，因而叶片槽底部的吸油和压油恰好补偿了叶片厚度及倾角所占据体积而引起

的排量和流量的减小，这就是在计算中不考虑叶片厚度和倾角影响的缘故。

单作用叶片泵的流量是有脉动的，理论分析表明，泵内叶片数越多，流量脉动率越小，此外，叶片数为奇数的泵的脉动率比叶片数为偶数的泵的脉动率小，所以，单作用叶片泵的叶片数均为奇数，一般为 13 或 15 片。

### （二）限压式变量叶片泵

根据前面讲述的单作用叶片泵的结构特点，只要改变定子和转子的偏心距 $e$ 就能改变泵的输出流量。限压式变量叶片泵正是一种特殊结构的单作用叶片泵，它能根据输出压力的变化自动改变偏心距 $e$ 的大小，从而改变输出流量。限压式变量叶片泵有外反馈和内反馈两种形式，这里主要介绍外反馈式变量叶片泵的工作原理。

限压式变量叶片泵的工作原理

如图 3-17 所示，转子 1 的位置是固定不动的，定子 2 则可以在弹簧 9 和活塞 4 的作用下上下移动，从而改变偏心距 $e$，泵的压油腔经通道 7 与柱塞缸 6 相通，从而使得泵的出口压力反馈到活塞 4 上并进而调节定子的上下移动，从而达到改变流量的目的。

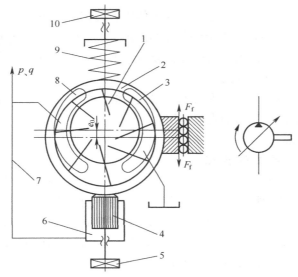

图 3-17　限压式变量叶片泵的工作原理

1—转子；2—定子；3—吸油窗口；4—柱塞；5、10—螺钉；6—活塞腔；7—通道；
8—压油窗口；9—调压弹簧

在泵未运转时，定子在弹簧 9 的作用下，紧靠柱塞 4，并使柱塞 4 靠在螺钉 5 上。这时，定子和转子有一偏心量 $e$。调节螺钉 5 的位置，便可改变 $e$。当泵的出口压力 $p$ 较低时，则作用在活塞 4 上的液压力也较小。若此液压力小于上端的弹簧作用力，即

$$pA < k_s x_0 \tag{3-24}$$

式中，$A$——活塞的面积；

　　　$k_s$——调压弹簧的刚度；

　　　$x_0$——调压弹簧的预压缩量。

此时，定子相对于转子的偏心量最大，输出流量也最大。随着外负载的增大，液压泵的出口压力 $p$ 也将随之提高，当压力升至与弹簧力相平衡的控制压力 $p_B$ 时，即

$$p_B A = k_s x_0 \qquad (3\text{-}25)$$

$p_B$ 称为泵的限定压力，也就是泵处于最大流量时所能达到的最高压力，显然调节调压螺钉 10，即可改变弹簧的预压缩量 $x_0$，也就改变了 $p_B$ 的大小。当压力进一步升高，就有 $pA > k_s x_0$，这时，若不考虑定子移动时的摩擦力，液压作用力就要克服弹簧力推动定子向上移动，随之泵的偏心量减小，其输出流量也减小。

设定子的最大偏心量为 $e_0$，偏心量减小时，弹簧的附加压缩量为 $x$，则定子移动后的偏心量 $e$ 为

$$e = e_0 - x \qquad (3\text{-}26)$$

这时定子上的受力平衡方程式为

$$pA = k_s(x_0 + x) \qquad (3\text{-}27)$$

由式（3-25）、式（3-26）、式（3-27）可得

$$e = e_0 - \frac{A(p - p_B)}{k_s} \qquad (3\text{-}28)$$

其中，$p \geqslant p_B$，式（3-28）表示了泵的工作压力与偏心量的关系，可以看出，泵的工作压力越高，偏心量就越小，泵的输出流量也就越小，且当 $p = k_s(e_0 + x_0)/A$ 时，泵的输出流量为零。由于控制定子移动的作用力是通过将液压泵出口的压力油引到活塞上，然后再加到定子上的，故这种控制方式称为外反馈式。

内反馈式变量叶片泵的工作原理与外反馈式相似，但泵的偏心距的改变不是依靠外反馈液压缸，而是依靠内反馈液压力的直接作用。

### （三）双作用叶片泵

#### 1．双作用叶片泵的工作原理

单作用叶片泵是通过定、转子偏心安装来实现工作空间容积的变化，而双作用叶片泵则是通过将定子内表面设计成特定的曲面来实现这一目的的。其工作原理如图 3-18 所示，它是由定子 1、转子 2、叶片 3 和左右配油盘等组成。转子和定子中心重合，定子内表面轴向曲线近似为椭圆，该曲线由 4 段圆弧和 4 段过渡曲线组成。当转子转动时，叶片在离心力和根部压力油（建压后）的作用下，在转子槽内向外移动而压向定子内表面，由叶片、定子的内表面、转子的外表面和两侧配油盘间形成若干个密封空间，当转子按图 3-18 所示方向顺时针旋转时，处在小圆弧上的密封空间经过渡曲线而运动到大圆弧的过程中，叶片外伸，密封空间的容积增大，此时通过配油盘上的吸油窗口吸入油液；在从大圆弧经过渡曲线运动到小圆弧的过程中，叶片被定子内壁逐渐压进叶片槽内，密封空间容积变小，将油液从配油盘压油窗口压出。由于大小圆弧都有两段，因而转子每转一周，每个工作空间要完成两次吸油和压油，所以称为双作用叶片泵。

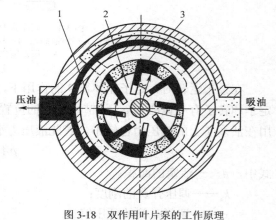

图 3-18　双作用叶片泵的工作原理
1—定子；2—转子；3—叶片

### 2．双作用叶片泵的结构特点

（1）径向力

这种叶片泵由于两个吸油腔和两个压油腔中心对称布置，作用在转子上的液压径向力相互平衡，因此双作用叶片泵基本无径向力不平衡问题，故又称为卸荷式叶片泵。另外，为了使径向力完全平衡，一般还要将密封空间数（即叶片数）设计为偶数。

双作用叶片泵的工作原理

（2）叶片的倾角

双作用叶片泵的叶片在转子槽中一般也不采用径向安装，理由是在压油区，定子内壁对叶片的反作用力在垂直叶片方向的分力过大，增大了叶片和转子槽的摩擦，甚至可能造成叶片弯曲变形，如将叶片顺着转子回转方向前倾一个角度（通常是 13°），则可减小定子内壁对叶片作用的侧向力，使叶片在槽中移动灵活，减少磨损。

（3）定子曲线

由两段大圆弧、两段小圆弧和把它们连接起来的四段过渡曲线组成。其中过渡曲线的设计尤其重要，对泵的流量脉动、噪声等均有直接影响。理想的过渡曲线应能保证叶片贴紧在定子内表面上，保证叶片在转子槽中滑动时速度和加速度的变化均匀，并使得叶片对定子的内表面的冲击尽可能小。

（4）困油现象

由于双作用叶片泵的工作空间在吸、压油区转移并闭死时，定子曲线正好处于大、小圆弧段，因此只要设计合理，就可以保证闭死容积大小不发生变化，则困油现象也就可以避免。

（5）配油盘

双作用叶片泵的配油盘如图 3-19 所示，在盘上有两个吸油窗口 2、4 和两个压油窗口 1、3，窗口之间为封油区。由于双作用叶片泵的工作压力较高，当两个叶片间的密封油液从吸油区过渡到封油区时，其压力基本上与吸油压力相同，但当转子再继续旋转一个微小角度时，该密封腔突然与压油腔相通，使其中油液压力突然升高，油液体积收缩，压油腔中的油液倒流进该腔，使液压泵的瞬时流量突然减小，引起液压泵的流量脉动、压力脉动和噪声。为此，在配油盘的压油窗口靠叶片从封油区进入压油区的一边开有一个截面形状为三角形的减振槽（又称眉毛槽），使两叶片之间的封闭油液在未进入压油区之前就通过该三角槽与压油腔相

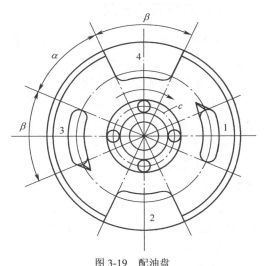

图 3-19　配油盘
1、3—压油窗口；2、4—吸油窗口

通，使其压力逐渐上升，因而缓减了流量和压力脉动并降低了噪声，因此，开有此类减振槽的双作用叶片泵不允许反转。另外，配油盘上还开有槽 c，同时与压油腔和转子叶片槽底部相通，使得压油腔的压力油作用到叶片的底部。

### 3．双作用叶片泵的排量和流量计算

双作用叶片泵由于转子在一周的过程中，每个密封空间完成两次吸油和压油，若不考虑

叶片厚度和倾角的影响，双作用叶片泵的排量为

$$V = 2z \times \left[ \frac{1}{2}\beta(R^2 - r^2)B \right] = 2\pi(R^2 - r^2)B \qquad (3-29)$$

式中，$R$——大圆弧半径；

　　　$r$——小圆弧半径；

　　　$B$——定子宽度；

　　　$\beta$——两叶片间的夹角，$\beta = 2\pi/z$。

当转速为 $n$，容积效率为 $\eta_v$ 时，双作用叶片泵的理论流量和实际输出流量分别为

$$q_t = V_p n = 2\pi(R^2 - r^2)Bn \qquad (3-30)$$

$$q = q_t \eta_v = 2\pi(R^2 - r^2)Bn\eta_v \qquad (3-31)$$

由于叶片底部槽只与压油腔相通，因此，叶片伸缩导致的容积变化得不到补偿，加上大圆弧和小圆弧也不可能完全同心，因此泵的输出流量将出现微小的脉动，但其脉动率较其他形式的泵（螺杆泵除外）小得多，且在叶片数为 4 的整数倍时最小，为此双作用叶片泵的叶片数一般为 12 或 16 片。

### （四）叶片泵的特点及应用

叶片泵的结构较齿轮泵复杂，但其工作压力较高，且流量脉动小，工作平稳，噪声较小，寿命较长。所以，它在中低压液压系统中的应用非常广泛，在机械制造中的专用机床和自动线、工程机械、农业机械、航空、船舶等领域均有应用。其缺点是结构相对复杂，吸油特性不太好，对油液的污染也比较敏感。

## 三、液压泵的选用

合理选用液压泵对于降低液压系统的能耗、提高系统的效率、降低噪声、改善工作性能和保证系统工作的可靠性都十分重要。

### 1．液压泵的选用原则

选择液压泵的原则：根据主机工况、功率大小和系统对工作性能的要求，首先确定液压泵的类型，然后按系统所要求的压力、流量大小确定其规格型号。

通常考虑以下几个方面因素。

（1）是否要求变量。要求变量则必须选择变量泵，其中单作用叶片泵的工作压力较低，通常只适用于机床系统。

（2）工作压力。要根据设计要求选用压力合适的液压泵，目前各类液压泵的额定压力都有所提高，但相对而言，柱塞泵的额定压力最高。

（3）工作环境。齿轮泵的抗污染能力最好，因此特别适于工作环境较差的场合。

（4）噪声指标。属于低噪声的液压泵主要有内啮合齿轮泵、双作用叶片泵和螺杆泵，并且后两种泵的瞬时理论流量均匀。

（5）效率。按结构形式区分，轴向柱塞泵的总效率最高。而同一结构的液压泵，排量大的总效率高。同一排量的液压泵，则在额定工况（额定压力、额定转速、最大排量）时总效率最高。若工作压力低于额定压力或转速低于额定转速、排量小于最大排量，泵的总效率都将下降，甚至下降很多。因此，应该根据额定工况选择相匹配的液压泵。

### 2．确定泵的额定流量

单个液压泵供给多个执行元件同时工作时，泵的流量要大于液压执行元件所需最大流量的总和，并且还要考虑系统泄漏和液压泵磨损后造成容积效率下降等不利因素，据此可求出液压泵的最大供油量 $q_p$

$$q_p \geqslant K\Sigma q_{max} \tag{3-32}$$

式中，$K$—— 系统的泄漏修正系数，一般取 $K=1.1\sim1.3$，大流量取小值，小流量取大值；

$\Sigma q_{max}$ —— 同时动作的各执行元件所需流量之和的最大值（$m^3/s$）。对于工作中始终需要溢流的系统，尚需加上溢流阀的最小溢流量，溢流阀的最小溢流量可取其额定流量的10%。

确定最大供油量 $q_p$ 后，泵的额定流量比 $q_p$ 稍大即可。注意，不要超过得太多，以免造成过大的功率损失。

### 3．确定泵的额定压力

液压泵的最高供油压力 $p_p$ 与执行元件的工作性质有关，求解如下

$$p_p \geqslant p_1 + \Sigma \Delta p \tag{3-33}$$

式中，$p_1$—— 执行元件的最高工作压力，Pa；

$\Sigma \Delta p$ —— 从液压泵出口到执行元件入口之间总的压力损失，Pa。

对夹紧、压制和定位等工况，在执行元件到终点时才出现最高工作压力，则 $\Sigma \Delta p = 0$；其他工况，须对其进行计算。该值较为准确的计算需要管路和元件的布置图确定后才能进行，初算时可按经验数据选取，对简单系统流速较小时，取 $\Sigma \Delta p = (0.2\sim0.5)$ MPa，对复杂系统流速较大时，取 $\Sigma \Delta p = (0.5\sim1.5)$ MPa。

确定了泵的最高供油压力 $p_p$ 后，为使液压泵有一定的压力储备，所选泵的额定压力一般要比最大工作压力大 25%～60%。

### 4．选择泵的结构形式

泵的结构形式的选择必须根据各方面因素综合考虑，一般在轻载小功率的液压设备上，可选用齿轮泵、双作用叶片泵；精度较高的机械设备（如磨床），可用双作用叶片泵、螺杆泵；在负载较大并有快、慢速进给的机械设备（如组合机床）上，可选用限压式变量叶片泵、双联叶片泵；负载大、功率大的设备（如刨床、拉床、压力机），可用柱塞泵；机械设备的辅助装置，如送料、夹紧等不重要的场合，可选用价格低廉的齿轮泵。各类液压泵的性能及应用见表 3-3。

表 3-3　　　　　　　　　　　　各类液压泵的性能及应用

| 性能 ＼ 类型 | 外啮合齿轮泵 | 双作用叶片泵 | 限压式变量叶片泵 | 轴向柱塞泵 | 径向柱塞泵 | 螺杆泵 |
|---|---|---|---|---|---|---|
| 工作压力/MPa | <20 | 6.3～21 | ≤7 | 20～35 | 10～20 | <10 |
| 转速范围/(r/min) | 300～7 000 | 500～4 000 | 500～2 000 | 600～6 000 | 700～1 800 | 1 000～18 000 |
| 容积效率 | 0.70～0.95 | 0.80～0.95 | 0.80～0.90 | 0.90～0.98 | 0.85～0.95 | 0.75～0.95 |
| 总效率 | 0.60～0.85 | 0.75～0.85 | 0.70～0.85 | 0.85～0.95 | 0.75～0.92 | 0.70～0.85 |
| 功率质量比 | 中等 | 中等 | 小 | 大 | 小 | 中等 |

续表

| 性能 ＼ 类型 | 外啮合齿轮泵 | 双作用叶片泵 | 限压式变量叶片泵 | 轴向柱塞泵 | 径向柱塞泵 | 螺杆泵 |
|---|---|---|---|---|---|---|
| 流量脉动率 | 大 | 小 | 中等 | 中等 | 中等 | 很小 |
| 自吸性能 | 好 | 较差 | 较差 | 较差 | 差 | 好 |
| 对油的污染敏感性 | 不敏感 | 敏感 | 敏感 | 敏感 | 敏感 | 不敏感 |
| 噪声 | 大 | 小 | 较大 | 大 | 大 | 很小 |
| 寿命 | 较短 | 较长 | 较短 | 长 | 长 | 很长 |
| 单位功率造价 | 最低 | 中等 | 较高 | 高 | 高 | 较高 |
| 应用范围 | 机床、工程机械、农机、航空、船舶、一般机械 | 机床、注塑机、液压机、起重运输机械、工程机械、飞机 | 机床、注塑机 | 工程机械、锻压机械、起重机械、矿山机械、冶金机械、船舶、飞机 | 机床、液压机、船舶机械 | 精密机床、精密机械、食品、化工、石油、纺织机械 |

拟定了液压泵的结构形式后，根据前面计算所得的额定流量和额定压力值，查阅有关手册或产品样本即可确定液压泵的规格型号。

**5．液压泵所需的电动机功率计算**

液压泵所需电动机的功率应该与液压系统的驱动功率相适应。

（1）在整个工作循环中，若液压泵的压力和流量比较恒定，即工况图 $p—t$ 和 $q—t$ 曲线或 $P—t$ 曲线变化比较平稳时，则驱动泵的电动机功率 $P$ 为

$$P = \frac{p_p q_p}{\eta} \tag{3-34}$$

式中，$p_p$——液压泵的最高供油压力，Pa；

$q_p$——液压泵的最大输出流量，$m^3/s$；

$\eta$——液压泵的总效率，数值可见产品样本，一般有上下限。规格大的取上限，变量泵取下限，定量泵取上限。

（2）限压式变量叶片泵的驱动功率，可按泵的实际压力—流量特性曲线拐点处功率计算。

（3）在工作循环中，泵的压力和流量变化较大时，即工况图 $p—t$ 和 $q—t$ 曲线或 $P—t$ 曲线变化比较大时，可分别计算出工作循环中各个阶段所需的驱动功率，然后求其均方根值 $P_{CP}$，即

$$P_{CP} = \sqrt{\frac{P_1^2 t_1 + P_2^2 t_2 + \cdots P_n^2 t_n}{t_1 + t_2 + \cdots t_n}} \tag{3-35}$$

式中，$P_1$，$P_2$，$\cdots$，$P_n$——一个工作循环中各阶段所需的驱动功率，W；

$t_1$，$t_2$，$\cdots$，$t_n$——一个工作循环中各阶段所需的时间，s。

在选择电动机时，应将求得的 $P_{CP}$ 值与各工作阶段的最大功率值比较，若最大功率符合电动机短时超载 25% 的范围，则按平均功率选择电动机；否则按最大功率选择电动机。

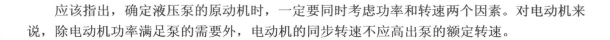

应该指出，确定液压泵的原动机时，一定要同时考虑功率和转速两个因素。对电动机来说，除电动机功率满足泵的需要外，电动机的同步转速不应高出泵的额定转速。

# |思 考 题|

1. 容积式液压泵必须满足的基本条件是什么？为什么油箱的压力必须大于等于一个大气压？

2. 液压泵工作油温发生变化时，对其容积效率发生怎样的影响？

3. 轴向柱塞泵的困油现象是如何消除的？

4. 为什么轴向柱塞泵适用于高压？

5. 齿轮泵困油现象形成的条件是什么？有何危害？如何消除？

6. 一般采用什么措施解决齿轮泵的径向力不平衡问题？

7. 对于叶片非径向安装的叶片泵，单作用叶片泵和双作用叶片泵的安装倾角有何不同，为什么？

8. 叶片厚度对单作用叶片泵和双作用叶片泵的流量影响有何不同，为什么？

9. 齿轮泵、单作用叶片泵、双作用叶片泵各有哪些特点，并说明它们所适用的负载和环境。

# |习　　题|

1. 一斜盘式轴向柱塞泵的柱塞直径为 25mm，柱塞数为 7 个，柱塞分布圆直径为 75mm，斜盘最大倾角为 18°，求泵的最大排量。

2. 某液压泵的工作压力为 10MPa，排量为 12mL/r，理论流量为 24L/min，容积效率为 0.9，机械效率为 0.8，求该泵的转速、输出和输入功率、输入转矩。

3. 某液压泵的排量为 $q=120$mL/r，转速为 1 400r/min，在额定压力 21.5MPa 下，测得实际流量为 180L/min，已知额定工况下的总效率为 0.81，求该泵的理论流量、容积效率、机械效率、输到泵轴上的转矩。

4. 一变量叶片泵的定子内径 $D=89$mm，转子外径 $d=83$mm，叶片宽度 $B=30$mm，求：

（1）叶片泵排量为 16mL/r 时的偏心距 $e$；

（2）叶片泵最大可能的排量 $q_{max}$。

5. 有一齿轮泵，已知顶圆直径 $D_e=48$mm，齿宽 $B=24$mm，齿数 $z=13$，若最大工作压力 $p=10$MPa，电动机转速 $n=980$r/min。求电动机功率？（泵的容积效率 $\eta_v=0.90$，总效率 $\eta=0.8$）

# 项目四
# 汽车起重机液压系统的
# 认识与调试

## |项目实例　汽车起重机液压系统|

### （一）汽车起重机液压系统

图 4-1 所示为 Q2-8 型汽车起重机外形简图。这种液压起重机最大的特点是机动性好，可与装运工具的车队编队行驶，适合野外作业。它的最大起重量为 80kN（幅度 3m 时），最大起重高度为 11.5m，起重装置可连续回转。当装上附加臂后（图中未表示），可用于建筑工地吊装预制件，吊装的最大高度为 6m。液压起重机承载能力大，可在有冲击振动、温度变化大和环境较差的条件下工作。但其执行元件要求完成的动作比较简单，位置精度较低。因此，液压起重机一般采用中、高压手动控制系统。

图 4-2 所示为 Q2-8 型汽车起重机液压系统原理图。该系统的液压泵由汽车发动机通过装在汽车底盘变速箱上的取力箱传动。液压泵工作压力为 21MPa，排量为 40mL，转速为1500r/min。泵通过中心回转接头 9、开关 10 和滤油器 11 从油箱吸油，输出的压力经手动阀组 1 和 2 输送到各个执行元件。安全阀 3 可以防止系统过载，调整压力为 19MPa，其实际工作压力可由压力表 12 读取，这是一个单泵、开式、串联（串联式多路阀）液压系统。

系统中液压泵、过滤器、安全阀、阀组 1 及支腿部分装在下车固定结构上，其他液压元件都装在可回转的上车部分。其中，油箱也在上车部分，兼作配重。上车和下车部分的油路通过中心回转接头 9 连通。

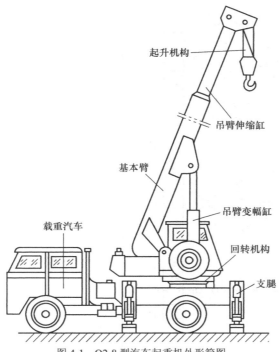

图 4-1　Q2-8 型汽车起重机外形简图

起重液压系统包含支腿收放、回转机构、起升机构、吊臂伸缩和吊臂变幅等 5 个部分，各部分都有相对的独立性。

### 1．支腿收放回路

起重作业时必须放下支腿，使汽车轮胎脱离地面，汽车行驶时必须收起支腿。前后各有两条支腿，每条支腿配有一个液压缸。两条前支腿用一个三位四通手动换向阀 A 控制其收放，而两条后支腿则用另一个三位四通阀 B 控制。换向阀都采用 M 型中位机能，油路上是串联的。每一个油缸都配有一个双向液压锁，以保证支腿被可靠地锁住，防止在起重作业过程中发生"软腿"现象（液压缸上腔油路泄漏引起）或行车过程中液压支腿自行下落（液压缸下腔油路泄漏引起）。

当阀 A 在左位工作时，前支腿放下，其进、回油路线：

进油路：液压泵→阀 A→液控单向阀→前支腿液压缸无杆腔；

回油路：前支腿液压缸有杆腔→液控单向阀→阀 A→阀 B→阀 C→阀 D→阀 E→阀 F→油箱。

后支腿液压缸用阀 B 控制，其油路路线与前支腿支路相同。

### 2．回转机构回路

回转动力采用了一个大扭矩液压马达。液压马达通过齿轮、涡轮减速箱和开式小齿轮（与转盘上的内齿轮啮合）来驱动转盘。转盘回转速度较低，一般为每分钟 1～3 转。驱动转盘的液压马达转速也不高，故不必设置马达制动回路。因此，回转机构回路比较简单，通过三位四通手动换向阀 C 就可获得左转、停转、右转 3 种不同的工况。其进、回油路线：

进油路：液压泵→阀 A→阀 B→阀 C→回转液压马达；

回油路：回转液压马达→阀 C→阀 D→阀 E→阀 F→油箱。

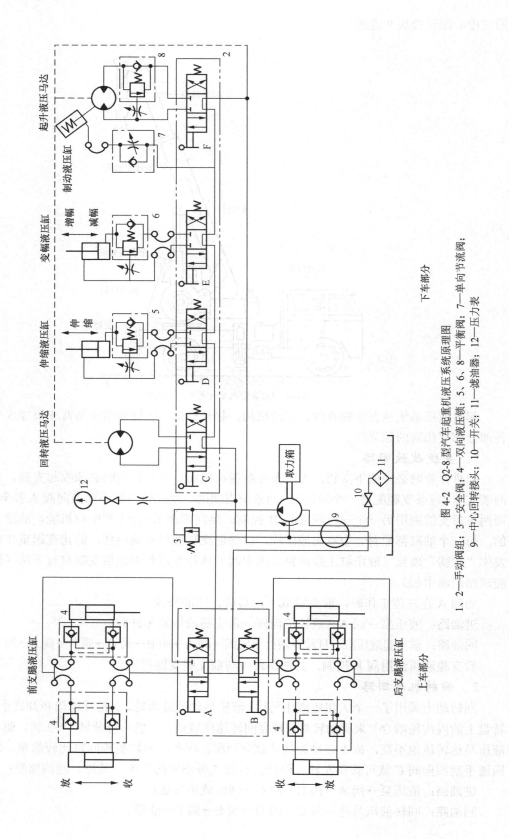

图 4-2  Q2-8 型汽车起重机液压系统原理图

1、2—手动阀组；3—安全阀；4—双向液压锁；5、6、8—平衡阀；7—单向节流阀；
9—中心回转接头；10—开关；11—滤油器；12—压力表

### 3．起升机构回路

起升机构也是一个大扭矩液压马达带动的卷扬机。马达的正、反转由一个三位四通阀 F 控制。马达的转速，即起吊速度，可通过改变发动机的转速来调节。在马达下降的回路中有平衡阀 8，用以防止重物自由下落。平衡阀 8 是由经过改进的液控顺序阀和单向阀组成。由于设置了平衡阀，使得液压马达只有在进油路中有压力时才能旋转。改进后在平衡阀使重物下降时不会产生"点头"现象。由于液压马达的泄漏量比液压缸大得多，当负载吊在空中时，尽管油路中设有平衡阀，仍有可能产生"溜车"现象。为此，在大液压马达上设有制动器，以便在马达停转时，用制动器锁住起升液压马达。单向节流阀 7 的作用是使制动器上闸快、松闸慢。前者是使马达迅速制动，重物迅速停止下降；而后者则是避免当负载在半空中再次起升时，将液压马达拖动反转而产生滑降现象。

### 4．吊臂伸缩回路

吊臂由基本臂和伸缩臂组成，伸缩臂套装在基本臂内，由吊臂伸缩液压缸带动做伸缩运动。为防止吊臂在停止阶段因自重作用而向下滑移，油路中设置了平衡阀 5（外控式单向顺序阀）。吊臂的伸缩由换向阀 D 控制，使伸缩臂具有伸出、缩回和停止 3 种工况。例如，当阀 D 在右位工作时，吊臂伸出，其油路路线：

进油路：液压泵→阀 A→阀 B →阀 C→阀 D→阀 5 中的单向阀→伸缩液压缸的无杆腔；

回油路：伸缩液压缸有杆腔→阀 D→阀 E→阀 F→油箱。

### 5．吊臂变幅回路

变幅就是用一液压缸改变起重臂的起落角度。变幅作业要求平稳可靠，因此吊臂回路中装有平衡阀 6。增幅和减幅运动由换向阀 E 控制，其油流路线类同伸缩支路。

Q2-8 型汽车起重机是一种中小型起重机，为简化结构，常用一个液压泵串联各执行元件供油。在执行元件不满载的情况下，各串联的元件可任意组合，使一个或几个执行元件同时运动。如使起升同变幅或回转同时动作；又如在起升回路工作的同时，也可操纵回转回路和吊臂回路等。大型汽车起重机中多数采用多泵供油。

Q2-8 型汽车起重机液压系统的动作原理见表 4-1。

表 4-1　　　　　　　　　　Q2-8 型汽车起重机液压系统的动作原理

| 手动阀位置 | | | | | | 系统工作情况 | | | | | | |
|---|---|---|---|---|---|---|---|---|---|---|---|---|
| A | B | C | D | E | F | 前支腿液压缸 | 后支腿液压缸 | 回转液压马达 | 伸缩液压缸 | 变幅液压缸 | 起升液压马达 | 制动液压缸 |
| 左 | 中 | 中 | 中 | 中 | 中 | 放下 | 不动 | 不动 | 不动 | 不动 | 不动 | 制动 |
| 右 | 中 | 中 | 中 | 中 | 中 | 收起 | 不动 | 不动 | 不动 | 不动 | 不动 | 制动 |
| 中 | 左 | 中 | 中 | 中 | 中 | 不动 | 放下 | 不动 | 不动 | 不动 | 不动 | 制动 |
| 中 | 右 | 中 | 中 | 中 | 中 | 不动 | 收起 | 不动 | 不动 | 不动 | 不动 | 制动 |
| 中 | 中 | 左 | 中 | 中 | 中 | 不动 | 不动 | 正转 | 不动 | 不动 | 不动 | 制动 |
| 中 | 中 | 右 | 中 | 中 | 中 | 不动 | 不动 | 反转 | 不动 | 不动 | 不动 | 制动 |
| 中 | 中 | 中 | 左 | 中 | 中 | 不动 | 不动 | 不动 | 缩回 | 不动 | 不动 | 制动 |
| 中 | 中 | 中 | 右 | 中 | 中 | 不动 | 不动 | 不动 | 伸出 | 不动 | 不动 | 制动 |
| 中 | 中 | 中 | 中 | 左 | 中 | 不动 | 不动 | 不动 | 不动 | 减幅 | 不动 | 制动 |
| 中 | 中 | 中 | 中 | 右 | 中 | 不动 | 不动 | 不动 | 不动 | 增幅 | 不动 | 制动 |
| 中 | 中 | 中 | 中 | 中 | 左 | 不动 | 不动 | 不动 | 不动 | 不动 | 正转 | 松开 |
| 中 | 中 | 中 | 中 | 中 | 右 | 不动 | 不动 | 不动 | 不动 | 不动 | 反转 | 松开 |

### （二）汽车液压系统的主要特点

（1）系统中采用了平衡回路、锁紧回路和制动回路，能保证起重机工作可靠、操作安全。

（2）采用了三位四通手动换向阀，不仅可以灵活方便地控制换向动作，还可以通过手柄操作来控制流量，以实现节流调速。在起升工作中，将此节流调速方法与控制发动机转速的方法结合使用，可以实现各个工作部件迅速动作。

（3）换向阀串联组合，各机构的动作既可独立进行，又可在轻载作业时实现起升和回转复合动作，以提高工作效率。

（4）各换向阀处于中位时系统卸荷，能减少功率损耗，适于起重机间歇性工作。

## 相 关 知 识

液压缸属于液压执行元件，液压执行元件也是一种能量转换装置，其转换过程和液压泵正好相反，是将系统提供的液压能转变为机械能输出，从而驱动工作机构做功。液压执行元件包括液压马达和液压缸两大类，其中液压马达实现旋转运动，液压缸实现往复直线运动或摆动。液压缸结构简单，工作可靠，制造容易，做直线往复运动时，省去了减速机构，且没有传动间隙，传动平稳，反应快，因此在液压系统中被广泛应用。

## 一、液压缸

液压缸根据其结构特点可分为活塞式液压缸、柱塞式液压缸和摆动式液压缸三大类。其中活塞缸和柱塞缸用以实现直线运动，而摆动缸用以实现小于 360°的转动。液压缸根据其作用方式可分为单作用液压缸和双作用液压缸两大类。单作用液压缸只有一个方向的运动由液压力推动，而反向运动靠外力（弹簧力、重力等）实现。双作用液压缸则正反两方向的运动都是利用液压力推动的。

### 1. 活塞式液压缸

活塞式液压缸可分为双杆式和单杆式两种结构，其固定方式有缸体固定和活塞杆固定两种。

（1）双杆活塞式液压缸

双杆活塞式液压缸的活塞两端都有活塞杆伸出，其结构如图 4-3 所示。当两活塞杆直径相同，缸两腔的供油压力和流量都相等时，活塞（或缸体）两个方向的运动速度和推力也都相等。因此，这种液压缸常用于要求往复运动速度和负载都相同的场合。

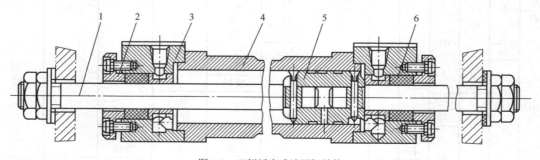

图 4-3　双杆活塞式液压缸结构
1—活塞杆；2—压盖；3—缸盖；4—缸体；5—活塞；6—密封圈

图4-4（a）所示为缸体固定的液压缸结构原理图。当缸的左腔进压力油，右腔回油时，活塞带动工作台向右移动；反之，右腔进压力油，左腔回油时，活塞带动工作台向左移动。其工作台的运动范围略大于缸有效行程的3倍，因此占地面积较大，一般用于小型设备的液压系统。

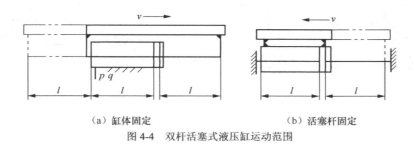

（a）缸体固定　　　　　　　（b）活塞杆固定
图4-4　双杆活塞式液压缸运动范围

图4-4（b）所示为活塞杆固定的液压缸结构原理图。液压油经空心活塞杆的中心孔及靠近活塞处的径向孔进、出液压缸。当缸的左腔进压力油，右腔回油时，缸体带动工作台向左移动；反之，右腔进压力油，左腔回油时，缸体带动工作台向右移动。其运动范围略大于缸有效行程的两倍。在有效行程相同的情况下，其所占空间比缸体固定的要小。活塞杆固定的液压缸常用于行程较长的大、中型设备的液压系统。

双杆活塞式液压缸的推动力 $F$ 和速度 $v$ 按下式计算（设回油压力为零），即

$$F=Ap=\frac{\pi}{4}(D^2-d^2)p \tag{4-1}$$

$$v=\frac{q}{A}=\frac{4q}{\pi(D^2-d^2)} \tag{4-2}$$

式中，$A$——液压缸有效工作面积；

　　　$F$——液压缸的推力；

　　　$v$——活塞或缸体的运动速度；

　　　$p$——进油压力；

　　　$q$——进入液压缸的流量；

　　　$D$——液压缸内径；

　　　$d$——活塞杆直径。

双作用液压缸的
工作原理

（2）单杆活塞式液压缸

单杆活塞式液压缸只有一端有活塞杆伸出，其结构如图4-5所示。显然，活塞左右两腔的有效工作面积不相等。当向缸的两腔分别供油，且供油压力和流量都相同时，活塞（或缸体）在正反两个方向的推力和运动速度都不相等。

单杆活塞缸无论是缸体固定，还是活塞固定，它所驱动的工作台的运动范围都略大于缸有效行程的两倍。

如图4-6所示，单杆活塞式液压缸的压力油供油方式共分3种情况，分别为无杆腔供油、有杆腔供油和两腔同时供油（差动连接）。设 $A_1$ 为无杆腔有效工作面积，$A_2$ 为有杆腔有效工作面积，活塞和活塞杆直径分别为 $D$、$d$，压力油输入压力和流量分别为 $p$、$q$，不计回油压力。则不同的供油方式液压缸输出的推力和速度都将有所不同，下面分别予以分析。

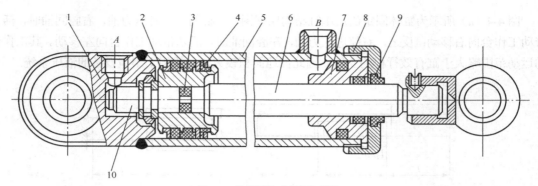

图 4-5　单杆活塞式液压缸结构

1—缸底；2—活塞；3—O 形密封圈；4—Y 形密封圈；5— 缸筒；6—活塞杆；7—导向套；
8—缸盖；9—防尘圈；10—缓冲柱塞

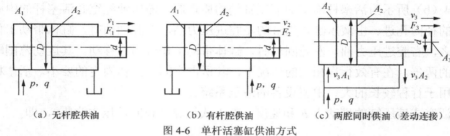

（a）无杆腔供油　　　　　（b）有杆腔供油　　　　（c）两腔同时供油（差动连接）

图 4-6　单杆活塞缸供油方式

当无杆腔通压力油，有杆腔回油（见图 4-6（a））时，活塞推力 $F_1$ 和运动速度 $v_1$ 分别为

单作用液压缸的
工作原理

$$F_1 = A_1 p = \frac{\pi}{4} D^2 p \qquad (4\text{-}3)$$

$$v_1 = \frac{q}{A_1} = \frac{4q}{\pi D^2} \qquad (4\text{-}4)$$

当有杆腔通压力油，无杆腔回油（见图 4-6（b））时，活塞推力 $F_2$ 和运动速度 $v_2$ 分别为

$$F_2 = A_2 p = \frac{\pi}{4}\ (D^2 - d^2)\ p \qquad (4\text{-}5)$$

$$v_2 = \frac{q}{A_2} = \frac{4q}{\pi(D^2 - d^2)} \qquad (4\text{-}6)$$

比较上面公式可知：$v_1 < v_2$；$F_1 > F_2$。即无杆腔进压力油工作时，推力大、速度低；有杆腔进压力油工作时，推力小、速度高。因此，单杆活塞缸常用于一个方向有较大负载但运行速度较低，另一方向为空载快速退回运动的设备。例如，各种金属切削机床、压力机、注塑机、起重机的液压系统常用单杆活塞缸。

工程上将上述速度 $v_1$ 和 $v_2$ 的比值称为往返速比，记为 $\varphi$，即

$$\varphi = \frac{v_2}{v_1} = \frac{D^2}{D^2 - d^2}$$

因此，确定了速比 $\varphi$ 及活塞直径 $D$ 后可计算得出活塞杆直径 $d$，即

$$d = D\sqrt{\frac{\varphi - 1}{\varphi}} \qquad (4\text{-}7)$$

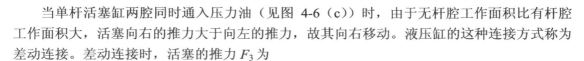

当单杆活塞缸两腔同时通入压力油（见图 4-6（c））时，由于无杆腔工作面积比有杆腔工作面积大，活塞向右的推力大于向左的推力，故其向右移动。液压缸的这种连接方式称为差动连接。差动连接时，活塞的推力 $F_3$ 为

$$F_3 = A_1 p - A_2 p = A_3 p = \frac{\pi}{4} d^2 p \qquad (4\text{-}8)$$

设活塞的速度为 $v_3$，则无杆腔的进油量为 $v_3 A_1$，有杆腔的出油量为 $v_3 A_2$，显然二者的差值即为液压缸的进油量 $q$，因而有

$$v_3 A_1 = q + v_3 A_2$$

即

$$v_3 = \frac{q}{A_1 - A_2} = \frac{q}{A_3} = \frac{4q}{\pi d^2} \qquad (4\text{-}9)$$

式中，$A_3$——活塞杆的截面积。

比较式（4-4）和式（4-9）可知，$v_3 > v_1$；比较式（4-3）和式（4-8）可知，$F_3 < F_1$。说明在输入流量和工作压力相同的情况下，单杆活塞差动连接时能使其速度提高，同时使其推力下降。在组合机床等设备的液压系统中，上述 3 种供油方式都常使用到，其工作循环"快进（差动连接）→工进（无杆腔供压力油）→快退（有杆腔供压力油）"可以很方便地实现。如果要求"快进"和"快退"运动速度相等，即 $v_3 = v_2$，由式（4-6）和式（4-9）可知，只要保证 $A_3 = A_2$，即

$$D = \sqrt{2}\, d \qquad (4\text{-}10)$$

### 2．柱塞式液压缸

在活塞式液压缸中，缸的内孔在全行程范围内都和活塞有较高的配合精度要求，由于内孔加工本来就难于外圆，因此当缸体较长（即运动行程长）时，其加工困难的问题就更为突出，为了解决这个矛盾，可采用柱塞式液压缸。

如图 4-7 所示，柱塞缸内壁不与柱塞直接接触，因此缸体内壁可以粗加工或不加工，只要求柱塞精加工即可。柱塞式液压缸由缸体 1、柱塞 2、导向套 3、弹簧卡圈 4 等组成。其特点如下：

（1）柱塞和缸体内壁不接触，具有加工工艺性好、成本低的优点，适用于行程较长的场合；

（2）柱塞缸是单作用缸，即只能实现一个方向的运动，回程要靠外力（如弹簧力、重力）或成对配合使用；

（3）柱塞工作时端面受压，为了输出较大的推力，柱塞通常都较粗、较重。水平安置时因自重会下垂，引起密封件和导向套单边磨损，故多垂直使用，如需水平使用多制成空心柱塞并设置支承套和托架。

柱塞缸输出的推力和速度分别为

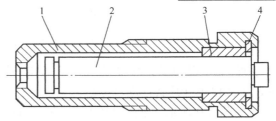

图 4-7　柱塞式液压缸
1—缸体；2—柱塞；3—导向套；4—弹簧卡圈

$$F = pA = p\frac{\pi}{4} d^2 \qquad (4\text{-}11)$$

$$v = \frac{q}{A} = \frac{4q}{\pi d^2} \qquad (4\text{-}12)$$

式中，$d$——柱塞直径；

$\quad\quad A$——有效工作面积；

$\quad\quad p$——输入压力；

$\quad\quad q$——输入流量。

根据上述特点，柱塞缸通常应用于龙门刨床、导轨磨床、大型拉床等大行程设备的液压系统中。

### 3. 摆动式液压缸

摆动式液压缸是输出转矩并实现往复摆动的执行元件，也称为摆动式液压马达，分为单叶片和双叶片两种。图4-8（a）所示为单叶片式摆动液压缸原理图，它主要由定子块、缸体、转子、叶片、左右支承盘等主要零件组成。定子块固定在缸体上，叶片和转子连接在一起，当油口相继通压力油时，叶片受到进油端和出油端的不平衡液压力作用，从而带动转子做往复摆动。单叶片摆动缸结构简单，摆动角度可达 280°。但它有两个缺点：一是输出的转矩相对较小；二是转轴径向不平衡液压力大。图4-8（b）所示为双叶片式摆动液压缸原理图。转子上对称固定着两个叶片，所以径向液压力得到了平衡。另外，在同样的结构尺寸和液压油输入的情况下，输出的转矩是单叶片缸的两倍，但角速度却是单叶片缸的一半，并且摆动角度不超过150°。

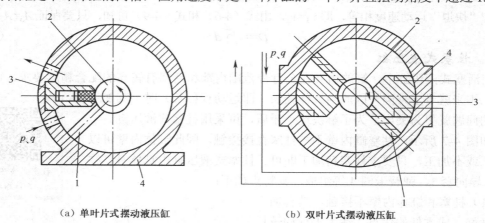

| （a）单叶片式摆动液压缸 | （b）双叶片式摆动液压缸 |
| --- | --- |

图 4-8　摆动式液压缸原理图

1—叶片；2—摆动轴；3—定子块；4—缸体（转子）；$p$—工作压力；$q$—输入流量

摆动式液压缸的性能参数主要有输出转矩 $T$ 和角速度 $\omega$，下面以单叶片式摆动液压缸为例进行分析。

如图4-9所示，缸的内径为 $D$，转轴直径为 $d$，叶片宽度为 $b$，进油压力为 $p$、流量为 $q$，不计回油腔压力，则有

$$T = Fr$$

式中，$F$——压力油作用于叶片上的合力：$F = \dfrac{(D-d)}{2} bp$；

$\quad\quad r$——叶片中点到轴心的距离：$r = \dfrac{D+d}{4}$。

整理上式得

$$T = \frac{b(D^2 - d^2)}{8} p\eta_{cM} \quad\quad (4\text{-}13)$$

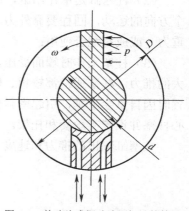

图4-9　单叶片式摆动液压缸计算简图

$$\omega = \frac{pq}{T}\eta_{cV} = \frac{8q\eta_{cV}}{b(D^2 - d^2)} \qquad (4\text{-}14)$$

式中，$\eta_{cM}$——摆动缸机械效率；

　　　　$\eta_{cV}$——摆动缸容积效率。

摆动缸具有结构紧凑、输出转矩大的特点，但密封困难。常应用于机床的送料装置、间歇进给机构、回转夹具、工业机器人手臂和手腕的回转装置及工程机械回转机构等的液压系统中。

摆动式液压缸的
工作原理

#### 4．其他液压缸

（1）增压缸（增压器）

图 4-10 所示的增压缸实际上是由活塞缸和柱塞缸组合而成的复合缸。但它不是将液压能转变为机械能，而仅仅是传递液压能并使其增压。由于活塞缸的有效面积大于柱塞缸的有效面积，所以向活塞缸无杆腔输入低压油时，即可以在柱塞缸得到高压油，根据力学平衡关系有

$$\frac{\pi}{4}D^2 p_1 = \frac{\pi}{4}d^2 p_2$$

$$p_2 = \left(\frac{D}{d}\right)^2 p_1 \qquad (4\text{-}15)$$

式中，$(D/d)^2$——增压比；

　　　　$p_1$，$p_2$——分别为输入和输出压力。

（2）齿条活塞缸

齿条活塞缸是由带有齿条杆的双活塞缸和齿轮、齿条机构所组成。如图 4-11 所示，活塞的往复运动经齿条带动齿轮变成齿轮轴的往复转动。这种活塞缸常用于组合机床上的回转工作台、回转夹具、分度机构、机械手及磨床进给系统等转位机构的驱动。

增压缸的工作原理

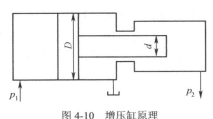

图 4-10　增压缸原理

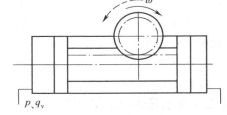

图 4-11　齿条活塞缸

（3）伸缩缸

伸缩缸又称多级缸，由两级或多级活塞缸套装而成，如图 4-12 所示。它的前一级活塞缸的活塞就是后一级的缸体，这种伸缩缸的各级活塞依次伸出，可获得很长的行程。活塞伸出的顺序从大到小，相应的推力也是由大变小，而伸出速度则由慢变快。空载缩回的顺序一般从小到大，缩回后缸的总长较短、结构紧凑，常用在工程机械上。

## 二、液压马达及主要性能参数

### （一）液压马达的分类和应用

液压马达和液压泵在结构形式上的分类完全一样，都有齿轮式、叶片式、柱塞式和螺杆式等。

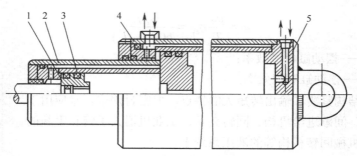

图 4-12　伸缩缸结构示意图

1—活塞；2—套筒；3—O 形密封圈；4—缸体；5—缸盖

按照工作特性液压马达可分为两大类：额定转速在 500r/min 以上的高速液压马达和额定转速低于 500r/min 的低速液压马达。高速液压马达的基本形式有齿轮式、螺杆式、叶片式和轴向柱塞式等。它们的主要特点：转速较高，转动惯量小，便于启动和制动，调节（调速和换向）灵敏度高。通常高速液压马达的输出扭矩不大，仅几十牛·米到几百牛·米，所以又称为高速小扭矩液压马达。低速液压马达的基本形式是径向柱塞式，又可分为多作用内曲线式、单作用曲轴连杆式和静压平衡式等。低速液压马达的主要特点：排量大，体积大，转速低，有的可低到每分钟几转甚至不到一转。因此，低速液压马达可以直接与工作机构连接，不需要减速装置。通常低速液压马达的输出扭矩较大，可达几千牛·米到几万牛·米，所以又称为低速大扭矩液压马达。

另外液压马达同样有单向和双向、定量和变量之分。

由于结构上的差异，不同的马达其基本特性和适用范围也有所不同。一般来讲，齿轮马达密封性差，容积效率低，油压也不能太高，但其结构简单，价格便宜。齿轮马达常用于高转速、低扭矩和运动平稳性要求不高的场合。例如，驱动研磨机、风扇以及一些农业机械等。叶片马达体积小、转动惯量小，动作灵敏，但同样容积效率不高，且机械特性偏软，低速不稳定，因此适用于中速以上，扭矩不大，要求启动、换向频繁的场合。例如，磨床工作台的驱动、机床操纵系统等。轴向柱塞马达容积效率高，调速范围大，且低速稳定性好，但耐冲击性能稍差，常用于要求较高的高压系统，如内燃机主传动、起重机械、工程机械、采掘机械和某些回转液压系统等。而低速大扭矩径向柱塞马达，则不需要减速箱，可直接用于驱动起重机绞盘，行走机械车轮等。

**（二）液压马达的工作原理**

**1．液压马达的基本工作原理**

液压马达和液压泵的工作原理是一致的，都是通过密封工作腔的容积变化来实现能量转换。液压马达在输入的高压液体作用下，进液腔由小变大，直接或间接对转动部件施加压力并产生扭矩，以克服负载阻力矩，实现转动；同时，马达的回液腔由大变小，向油箱（开式系统）或泵的吸液口（闭式系统）回液，并降低压力。对于不同结构类型的液压马达，其主要的差别也正是在于其扭矩产生的方式不一样。

从原理上讲，除阀式配流的液压泵外（具有单向性），其他形式的液压泵和液压马达可以通用。只是由于各自的工作要求不一样，为了更好地发挥其相应的工作性能，同形式的马达和泵在结构上往往又存在某些差别，因此除少数泵可当作马达使用外，一般情况下，马达和泵还不能直接互换。

### 2．高速小扭矩液压马达

高速小扭矩液压马达有齿轮式、螺杆式、叶片式和轴向柱塞式等多种形式。下面仅以齿轮式和叶片式液压马达为例对其工作原理进行简单介绍。

（1）齿轮式液压马达

齿轮式液压马达的工作原理如图 4-13 所示，$c$ 为Ⅰ、Ⅱ两个齿轮的啮合点，$h$ 为齿轮全齿高。啮合点 $c$ 到两个齿轮Ⅰ、Ⅱ的齿根距离分别为 $a$ 和 $b$。当压力为 $p$ 的高压油进入马达的高压腔时，处于高压腔的所有轮齿均受到压力油的作用，其中相互啮合的两个轮齿则只有部分齿面受到了高压油的作用。由于 $a$ 和 $b$ 均小于齿高 $h$，所以在两个齿轮Ⅰ、Ⅱ上受到的液压力并不平衡（见图 4-13），其合力大小分别为 $pB(h-a)$ 和 $pB(h-b)$，此处 $B$ 为轮齿宽度。在这两个力的作用下，齿轮就可以按图 4-13 所示方向输出转矩。而进入马达的油液则被带到低压腔排出。齿轮式液压马达的排量公式与齿轮泵相同。

齿轮式液压马达
的工作原理

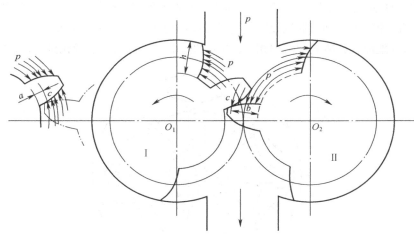

图 4-13　齿轮式液压马达的工作原理

齿轮式液压马达在结构上为了适应正反转要求，进出油口大小相同、具有对称性；有单独的外泄油口将轴承部分的泄漏油引出壳体；为了减少启动摩擦力矩，一般采用滚动轴承；为了减少转矩脉动，齿数也比相应的液压泵更多。

（2）叶片式液压马达

叶片式液压马达分为单作用和双作用两种类型。单作用叶片式液压马达如图 4-14（a）所示，位于进液腔的叶片两侧，所受的液压力相同，其作用力相互平衡；而位于过渡密封区的叶片 1，一侧承受进液腔高压液体的作用，而另一侧为低压，因此产生扭矩，同时叶片 2 也将产生反向扭矩。但由于叶片 1 的承压面积大，所以使转子逆时针转动，输出扭矩和转速。双作用叶片式液压马达如图 4-14（b）所示，其工作原理与单作用相同。单作用叶片式液压马达可以制作成变量马达，而双作用只能为定量马达。

为适应马达正反转要求，叶片均径向安放，为防止马达启动时（离心力尚未建立）高低压腔串通，必须考虑径向间隙的初始密封问题，即应采用可靠措施（常用弹簧）使叶片始终伸出贴紧定子，另外在向叶片底槽通入压力液的方式也与叶片泵不同。

叶片式液压马达
的工作原理

### 3．低速大扭矩液压马达

常见的低速大扭矩液压马达都是属于不可调节的或者是有级调节的径向柱塞马达，一般又可分为曲轴连杆式、静力平衡式和多作用内曲线式等不同结构形式。

以图 4-15 所示的内曲线液压马达为例，说明其工作原理。内曲线液压马达由柱塞、滚轮、定子（凸轮环）、转子（缸体）、配流轴等组成。定子内壁

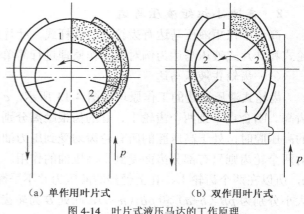

(a) 单作用叶片式　　　　(b) 双作用叶片式

图 4-14　叶片式液压马达的工作原理

是由若干段相同曲面组成的导轨，每段曲面凹部顶点将曲面分成对称的两个区段，一侧为进液区段（工作区段），另一侧为回液区段（空载区段），它们分别与配流轴进、回液孔相对应，而外侧顶点（称外死点）b 和内侧顶点（称内死点）a 为对应配流轴进、回液的过渡区。转子沿圆周均布有多个径向柱塞缸孔，内含柱塞，缸孔底部有通液口与配流轴相应的配流口相通。柱塞通过端部滚轮与定子导轨接触，配流轴固定不动。

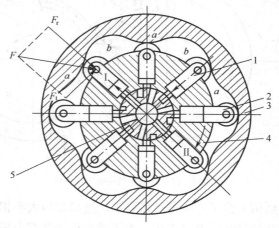

图 4-15　内曲线液压马达工作原理
1—柱塞；2—滚轮；3—定子；4—转子（缸体）；5—配流轴

高压液体经配流轴进入对应于定子进液区段的柱塞（Ⅰ、Ⅱ）缸孔，在液压力作用下柱塞伸出经滚轮压紧定子。进液区段的反作用力 $F$ 沿曲线法线方向通过滚轮中心，$F$ 力的径向分为 $F_r$ 与柱塞底部液压力平衡，其切向分力 $F_t$ 对转子中心产生扭矩，通过柱塞（或传力机构）推动转子旋转。当柱塞转至外死点 b 时，缸孔内液体封闭，进入回液区段时，缩回排液（此时转子在其他进入进液区段柱塞作用下旋转）；到达内死点 a 时，柱塞完全缩回。由以上分析可知，每个柱塞经过一个定子曲面时完成一个伸缩循环，其缸孔内工作容积进回液各一次，转子每旋转一周，每个柱塞将完成多次工作循环，因而大大地增加了马达的排量，柱塞作用次数等于定子曲面段数，所以内曲线液压马达属于多作用液压马达。

上述讨论的是缸体（转子）旋转的马达，称轴转型内曲线液压马达。若令缸体不动，则切向力 $F_t$ 将推动定子逆时针旋转（配流轴同步转动）变为壳转型内曲线马达，当前我国已形成 3 个标准系列产品，即轴转型（NJM 系列）、壳转型（NKM 系列）和车轮马达（CNM 系列）。

### （三）液压马达的主要性能参数

对于液压马达来说，其主要的性能参数是转矩、转速、排量和效率等，所有这些参数与液压泵所用的含义相同，只是输入输出正好相反。

#### 1．液压马达的容积效率和转速

和液压泵一样，液压马达也存在泄漏，不同的是输入马达的实际流量 $q_M$ 总是大于理论流量 $q_{tM}$，故液压马达的容积效率为

$$\eta_{VM} = \frac{q_{tM}}{q_M} \tag{4-16}$$

由于 $q_{tM} = Vn$，其中，$V$ 为排量，$n$ 为转速，代入式（4-16），则可得液压马达的转速公式为

$$n = \frac{q_M}{V} \eta_{VM} \tag{4-17}$$

由式（4-17）可知，当容积效率一定时，液压马达的转速只取决于流量和排量的比值，或者说在一定排量下，流量越大则转速越高。

衡量液压马达转速性能的另一个重要指标是最低稳定转速，它是指液压马达在额定负载下不出现爬行（抖动或时转时停）现象的最低转速，液压马达的结构形式不同，最低稳定转速也不同。一般是越小越好，这样能扩大马达的变速范围。

#### 2．液压马达机械效率和转矩

液压马达工作输出的转矩称为实际输出转矩 $T_M$，由于各零件之间的摩擦以及流体与零件间的相互作用所造成的能量损失，使得马达的实际输出转矩 $T_M$ 必然小于理论转矩 $T_{tM}$，故液压马达的机械效率为

$$\eta_{mM} = \frac{T_M}{T_{tM}} \tag{4-18}$$

设马达进、出口间的工作压差为 $\Delta p$，则马达的理论功率 $P_{tM}$（当忽略能量损失时）表达式为

$$P_{tM} = 2\pi n T_{tM} = \Delta p q_{tM} = \Delta p V n \tag{4-19}$$

因而有

$$T_{tM} = \frac{\Delta p V}{2\pi} \tag{4-20}$$

将式（4-20）代入式（4-18），可得液压马达的输出转矩公式为

$$T_M = \frac{\Delta p V}{2\pi} \eta_{mM} \tag{4-21}$$

从式（4-21）可知，在机械效率一定的情况下，提高输出转矩的主要途径就是提高工作压力和增加排量。但由于工作压力的提高受到结构形式、强度、磨损泄漏等因素的限制，因此，在压力一定的情况下，要求液压马达具有较大的输出转矩，只有增大排量。

#### 3．液压马达的总效率

马达的输入功率为 $P_{iM} = p q_M$，输出功率为 $P_{oM} = 2\pi n T_M$，马达的总效率 $\eta_M$ 为输出功率 $P_{oM}$ 与输入功率 $P_{iM}$ 的比值，即

$$\eta_M = \frac{P_{oM}}{P_{iM}} = \frac{2\pi n T_M}{\Delta p q_M} = \frac{2\pi n T_M}{\Delta p \dfrac{Vn}{\eta_{VM}}} = \frac{T_M}{\dfrac{\Delta p V}{2\pi}}\eta_{VM} = \eta_{mM}\eta_{VM} \qquad (4\text{-}22)$$

由式（4-22）可见，液压马达的总效率与液压泵的总效率一样，等于机械效率与容积效率的乘积。不过液压马达的机械效率直接影响的是马达的启动性能，如果机械效率低，则启动转矩小；而其容积效率直接影响的是制动性能，如果容积效率低，即泄漏大，则马达的制动性能就差。

另外，液压马达的作用是驱动各种工作机构，因此，其最重要的性能参数是输出转矩和转速。从式（4-17）和式（4-21）可以看出，对于定量马达，$V$ 为定值，在 $q$ 和 $\Delta p$ 不变的情况下，输出转矩 $T$ 和转速 $n$ 皆不可变；对于变量马达，$V$ 的大小可以调节，因而其输出转速 $n$ 和转矩 $T$ 是可以改变的，在 $q$ 和 $\Delta p$ 不变的情况下，若使 $V$ 增大，则 $n$ 减小，$T$ 增大。

# 项 目 实 施

本项目主要是在了解汽车起重机的液压系统的基础上，着重理解液压缸和液压马达的工作原理、结构特点、性能参数及具体应用，掌握液压缸基本结构参数的确定，掌握各辅助元件在液压系统中的具体作用。

为了进一步明确液压系统中多个执行元件的动作控制，根据图 4-16 所示回路在液压实验台上连接此液压回路，并进行调试，通过观察回路的工作状况，以进一步掌握液压系统中多个执行元件顺序动作的控制。操作主要步骤如下所述。

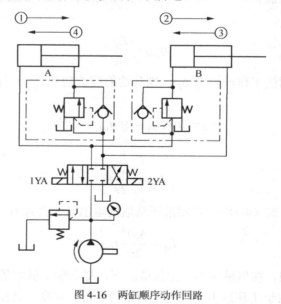

图 4-16　两缸顺序动作回路

## 1. 液压元件的准备

根据图 4-16 所示的液压系统图，确定所需要使用的所有液压元件并准备好。本项目所需要的液压元件清单如下：

（1）齿轮泵、油箱、滤油器各 1 个（一般这 3 个元件已固定安装在液压试验台操作面板上）；

（2）直动式溢流阀 1 个；

（3）O 型三位四通电磁换向阀 1 个；

（4）单向阀 2 个；

（5）直动式顺序阀 2 个；

（6）单杆活塞式液压缸 2 个；

（7）压力表 1 只；

（8）电磁阀连接线 2 根；

（9）油管、管接头若干。

**2．回路的安装**

（1）元件布局。先将直动式溢流阀、三位四通电磁换向阀、单向阀、直动式顺序阀、单杆活塞式液压缸和压力表按合适的布局位置安装固定在回路液压试验台操作面板上，注意液压缸的进出油孔尽量避免朝下（朝上或侧向均可），其他元件的油孔接头必须方便油管的连接。通过弹性插脚进行快速安装时，应将所有的插脚对准插孔，然后平行推入，并轻轻摇动确保安装稳固。

（2）油路连接。参照图 4-16，按油路逻辑顺序完成油管的连接，注意各液压元件的油孔标志字母及其含义，尤其是进出油口不能接反、接错。如 O 型三位四通电磁阀 P 孔为进油孔，O 孔为回油孔，应接回油箱，A、B 油孔接工作回路；溢流阀的 P 孔为进油孔，O 孔为回油孔；单向阀的 $P_1$ 为进油孔，$P_2$ 为出油孔；顺序阀的 $P_1$ 为进油孔，$P_2$ 为出油孔，L 为泄油孔。油管全部连接完毕后必须对照原理图仔细检查并确保无误。油管和管接头必须确保准确连接，不能出现泄漏。

（3）电路连接。将三位四通电磁阀和电气控制面板的换向阀插座Ⅰ用电磁阀连接线接好，然后接好输入电源。

**3．试验操作（现象观察）**

（1）将电动机调速器逆时针旋到底，起动齿轮泵电动机，然后慢慢调节旋钮并注意观察压力表，直到达到工作压力（0.3MPa 左右）。如果一直不能达到，则要通过溢流阀进行相应的压力调节。

（2）按换向Ⅰ按钮，电磁铁 1YA 通电，电磁换向阀左位工作，注意观察 A、B 液压缸的动作顺序并记录。同时注意观察相应的单向阀、顺序阀的阀芯位置变化并根据其结构原理进行分析（包括液压油的流动方向及压力变化情况）。如果液压缸 A 不动作，检查电磁换向阀线路是否接好并确认其阀芯已经移动到位；如果液压缸 A 动作后液压缸 B 不动作，则可能右边顺序阀调定压力过高，及时调低压力即可。

（3）等液压缸 B 顶杆完全伸出后按换向Ⅱ按钮，则电磁铁 2YA 通电，电磁换向阀右位工作，此时，观察 A、B 液压缸的动作顺序并记录。如果液压缸 B 动作后 A 不动作，则可能左边顺序阀调定压力过高，及时调低该阀压力即可。

（4）等液压缸 A 顶杆完全缩回后按换向停止按钮或按换向Ⅰ按钮进行新一轮的工作循环。

**4．回路拆除**

（1）将齿轮泵调至回油模式运转几分钟，使各液压元件和油管中滞留的油液尽可能退回油箱。

（2）关闭齿轮泵电动机，断开电源并拆除所有电气连接。

（3）从顶部开始依次拆除所有可拆卸元件及油管，注意尽可能避免油液泄漏。拔出阀体时，注意顺着插孔方向，禁止倾斜扳动，以防损坏插脚。元件拆下后应倒出其内部油液，塞上橡皮塞，清洁外表油渍后放回原处。

### 5.总结及实验报告

对实验项目进行总结，按要求完成实验报告和总结。

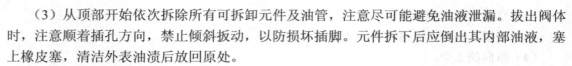

## 教学实施与项目测评

液压执行元件顺序动作控制教学内容的实施与项目测评见表 4-2。

表 4-2                          教学内容的实施与项目测评

| 名称 | | 学生活动 | 教师活动 | 实践拓展 |
|---|---|---|---|---|
| 液压泵的拆装 | 收集资料 | 根据项目实验的具体内容，学生结合课堂知识讲解，查阅相关资料，明确具体工作任务 | 将学生进行分组，提出项目实施的具体工作任务和可能出现的相关问题引导学生进行学习，教师指导、学生自主分析 | 通过项目实施，让学生更进一步掌握液压执行元件的工作原理及性能参数的调试，了解多个执行元件工作过程中如何实现顺序动作控制 |
| | 制订实施计划 | 理解该顺序动作回路的基本原理，弄清楚多个执行元件的顺序动作如何实施正确控制 | 讲解回路连接要点，指导学生进行回路的正确连接 | |
| | 项目实施 | 根据回路图正确连接相关元件，调试回路，并对其相关问题做好实验记录 | 演示回路操作及调试要点，针对学生操作中出现的典型问题给予实时的指导 | |
| | 检验与评价 | 针对回路调试中出现的问题，想办法自行解决，鼓励小组互助，发扬团队意识 | 在项目开展过程中做好记录，在项目结束时做好评价 | |

| 提交成果 | （1）实验记录清单；<br>（2）实验结果 | | | | | |
|---|---|---|---|---|---|---|
| | 序号 | 考核内容 | 配分 | 评分标准 | | 得分 |
| 考核评价 | 1 | 团队协作 | 10 | 在小组活动中，能够与他人进行有效合作 | | |
| | 2 | 职场安全 | 20 | 在活动中，严格遵守安全章程、制度 | | |
| | 3 | 液压元件清单 | 30 | 液压元件无损坏、无遗漏，按要求清理、归位 | | |
| | 4 | 实验结果 | 40 | 实验结果是否合理、正确 | | |
| 指导教师 | | | 得分合计 | | | |

## 知 识 拓 展

## 一、液压缸主要结构参数的计算及其安装与使用

### （一）液压缸主要尺寸的确定

液压缸的主要尺寸包括缸体的内径 $D$、活塞杆直径 $d$ 及杆长 $l$、液压缸的长度 $L$ 等。

液压缸的设计计算是对整个液压系统进行工况分析，计算最大负载力和选定了液压缸的工作压力以后进行的。

（1）选定液压缸的工作压力

当有了最大负载 $F$ 和选定了工作压力 $p$ 后，即可根据公式 $F=pA$ 计算活塞的有效面积 $A$。因此，工作压力要选择合适，选小了，活塞面积大，结构尺寸要增大，相应输入的流量也大，

因而不可取。压力选大了，活塞面积小些，会使结构紧凑，但密封性能要相应提高。因此，缸的工作压力可以根据工作负载或者设备的类型采用类比法选取，参见表 4-3 和表 4-4。

表 4-3　　　　　　　　　各类液压设备常用的工作压力

| 设备类型 | 磨床 | 组合机床 | 车床、铣床、镗床 | 拉床 | 龙门刨床 | 农业机械和工程机械 |
|---|---|---|---|---|---|---|
| 工作压力 $p$/MPa | 0.8～2 | 3～5 | 2～4 | 8～10 | 2～8 | 10～16 |

表 4-4　　　　　　　　　液压缸推力与工作压力的关系

| 液压缸推力 $F$/kN | <5 | 5～10 | 10～20 | 20～30 | 30～50 | >50 |
|---|---|---|---|---|---|---|
| 工作压力 $p$/MPa | <0.8～1 | 1.5～2 | 2.5～3 | 3～4 | 4～5 | ≥5～7 |

（2）液压缸内径 $D$ 和活塞杆直径 $d$

选定了缸的工作压力 $p$，即可确定缸径 $D$，由公式

$$A=\frac{F}{p}$$

对无杆腔

$$A=\frac{\pi}{4}D^2$$

对有杆腔

$$A=\frac{\pi}{4}(D^2-d^2)$$

式中，$A$——液压缸的工作面积。

整理后可得

对无杆腔

$$D=\sqrt{\frac{4F}{\pi p}} \qquad\qquad （4-23）$$

对有杆腔

$$D=\sqrt{\frac{4F}{\pi p}+d^2} \qquad\qquad （4-24）$$

对式（4-24）中的活塞杆直径 $d$，可根据其压力选取，见表 4-5；然后代回（4-24）即可计算液压缸缸径 $D$。

表 4-5　　　　　　　　　活塞杆直径的选取

| 活塞杆受力情况 | 工作压力 $p$/MPa | 活塞杆直径 $d$/mm |
|---|---|---|
| 受拉 | — | $d=(0.3～0.5)D$ |
| 受压及拉 | $p\leq5$ | $d=(0.5～0.55)D$ |
| 受压及拉 | $5<p\leq7$ | $d=(0.6～0.7)D$ |
| 受压及拉 | $p>7$ | $d=0.7D$ |

当液压缸的往复速度比有一定要求时，还可以由式（4-7）计算活塞杆直径 $d$，即

$$d=D\sqrt{\frac{\varphi-1}{\varphi}}$$

液压缸往复速度比推荐值见表 4-6。

表 4-6　　　　　　　　　　　　　　液压缸往复速度比推荐值

| 工作压力 $p$/MPa | <10 | 12.5～20 | >20 |
|---|---|---|---|
| 往复速度比 $\varphi$ | 1.33 | 1.46，2 | 2 |

计算出的液压缸内径 $D$ 和活塞杆直径 $d$ 应该按标准进行圆整。

（3）液压缸长度 $L$ 及其他尺寸的确定

液压缸长度 $L$ 要综合考虑活塞长度、活塞最大行程、导向套长度、活塞杆密封长度及其他装置（如缓冲装置）长度后才能得出。

其中，活塞长度为 $B=(0.6～1)D$，导向套长度为 $C$：当 $D<80$mm 时，$C=(0.6～1.5)D$；当 $D\geqslant80$mm 时，$C=(0.6～1)d$。

一般液压缸缸体长度 $L$ 不大于缸内径 $D$ 的 20 倍。

### （二）液压缸的安装与使用

#### 1．液压缸的安装

（1）液压缸与工作机构的连接

液压缸与工作机构常见的连接方式如图 4-17 所示。图 4-17（a）所示为固定连接，常用于底座式和法兰式。图 4-17（b）所示为摆动连接，可用耳轴或耳环安装。图 4-17（c）所示为带间隙连接，适用于液压缸存在振动或横向微动时，要求连接处应有适当的间隙。图 4-17（d）所示为带导向装置连接，用于液压缸活塞杆有侧向力或偏心载荷时，即在连接处应设置导向装置。图 4-17（e）所示为带角位变化的连接，如液压缸与连杆机构连接时，除考虑外载荷合力与活塞杆轴线重合外，还必须注意液压缸的角位变化，此种场合采用带角位变化的连接方式，以适应液压缸有一定摆动量的要求。

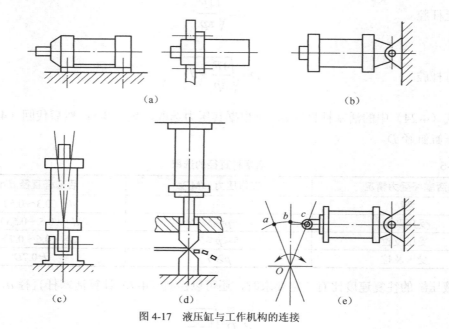

图 4-17　液压缸与工作机构的连接

（2）连接时的注意事项

① 液压缸与被带动机构（工作台）连接时，要保证液压缸的轴线与移动机构（工作台）

导轨面的平行度，其允许误差为 0.1mm，保持往复运动灵活。

② 用底座安装时，前端底座须用定位螺钉或定位销，后端底座则用较松的螺孔，以允许液压缸受热时，缸筒能伸缩。底座安装平面尽可能与液压缸轴线平行；如果液压缸的轴线较高，离开支撑面较大时，底座螺钉及底座刚性应能承受倾覆力矩的作用。

③ 用法兰安装时，法兰与支承座的连接应使法兰面承受作用力，而不应使固定螺钉承受拉力。例如，前端法兰安装，若作用力是推力，应采用如图 4-18（a）所示安装方式，避免采用如图 4-18（b）所示安装方式；若作用力是拉力，则相反。后端法兰安装，若作用力是推力，应采用如图 4-19（a）所示安装方式，避免采用如图 4-19（b）所示安装方式；若作用力是拉力，则相反。

④ 有排气阀或排气螺塞的液压缸，必须将排气阀或排气螺塞安装在最高点，以便排除空气。

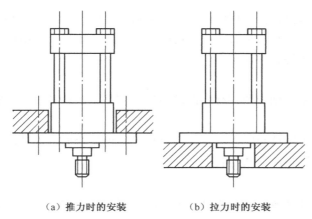

（a）推力时的安装　　　　（b）拉力时的安装

图 4-18 前端法兰安装方式

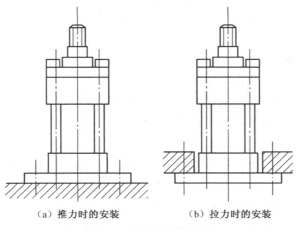

（a）推力时的安装　　　　（b）拉力时的安装

图 4-19 后端法兰安装方式

## 2．液压缸的试验

液压缸装配完成后，应通过鉴定试验来证明其性能符合设计要求，试验的项目主要包括以下各项。

（1）试运转

被试液压缸在空载工况下，全程往复运动 5 次以上，要求运转正常。

（2）最低启动压力

空载工况下，向被试液压缸无杆腔通入液压油，逐渐升压，记录活塞杆启动时的最低启动压力，符合其质量分等规定。

（3）内泄漏

将被试液压缸的活塞分别固定在行程的两端，使被试液压缸试验腔压力为额定压力，测量另一腔出油口处泄漏量，要求达到有关质量分等规定。

（4）负载效率

逐渐提高进入被试液压缸液压油的压力，测出不同压力下的活塞杆推力（拉力），计算负载效率，应符合有关质量分等规定。

（5）耐压试验

将被试液压缸活塞停留在行程两端不接触缸盖处。使试验腔压力为额定压力的 1.5 倍（当额定压力为 16MPa 时）或 1.25 倍（当额定压力 $p_H$ >16MPa 时），保压 5min，要求全部零件不得有破坏或永久变形等异常现象。

（6）全行程检查

使被试液压缸活塞分别停留在行程两端位置，测量全行程长度，应符合设计要求。

（7）外渗漏

在进行内泄漏和耐压试验时，观察活塞杆处及其他结合面渗油情况；在进行耐久性试验中，测量活塞杆处渗漏量，要求符合有关质量分等规定。

（8）高温试验

满载工况下，向被试液压缸通入 90℃的油液，连续运转 1h 以上，要求运转正常。

（9）耐久性试验

满载工况下，使被试液压缸以不低于 100mm/s 的活塞速度，以及不小于全行程 90%的行程连续运转 6h 以上。试验完毕进行拆检，累计行程应符合规定；全部零件不允许有损坏和异常现象。

### 3. 液压缸的调整

（1）装配前用汽油或煤油将零件清洗干净。

（2）装配后应保证各部件运动灵活，无卡阻现象。

（3）装配前注意检查各零件的尺寸精度、几何误差、表面粗糙度是否在规定范围之内，然后才能组装。

（4）注意调整端盖与缸体、活塞的同轴度，在活塞（或缸体）全行程往复运动中，不得有卡阻现象。

（5）活塞与活塞杆的连接不得有松动现象。

（6）注意调整密封装置的变形量。活塞与缸筒、活塞杆与端盖之间的密封阻力不应太大，在保证不漏油的前提下，使其摩擦阻力最小。

（7）在设备上安装液压缸时，应注意调整液压缸与负载间的同轴度，或活塞杆与负载基座间的平行度。

（8）调整排气装置。用排气塞将液压缸内的气体排除，空气排尽时喷出的油液呈澄清色（用肉眼可以观察到）。

## 二、液压辅助元件

液压传动系统的辅助装置，包括油管、管接头、油箱、滤油器、蓄能器、密封元件、冷却器和热交换器等，从液压传动的工作原理来看，这些元件是起辅助作用的，不直接参与能量转换，也不直接参与方向、压力、流量等的控制，但从保证液压系统正常工作看，它们却是必不可少的。

### （一）油管和管接头

油管和管接头用于连接液压元件，保证工作液体的循环流动和能量的传递。对它们的基本要求：能量损失小、有足够的强度、良好的密封和装拆使用方便。

#### 1．油管

油管分硬管和软管两类。

（1）硬管用于连接无相对运动的液压元件，常用的种类为无缝钢管和紫铜管。

① 无缝钢管承受压力高，价格便宜，但装配时弯曲不易，主要用于中、高压系统。无缝钢管有冷拔和热轧两种。冷拔管几何尺寸准确，质地均匀，易与卡套式管接头配合。压力管路常用 10 号和 15 号冷拔无缝钢管，其中 10 号用于压力小于 8MPa 的条件，15 号用于压力大于 8MPa 的场合。

② 紫铜管弯曲容易，装配方便，而且管壁光滑，摩擦阻力小，但耐压能力低，不超过 10 MPa，其抗振能力也比较弱，价格较贵，在高温工作时油液容易氧化变质。紫铜管主要用于中低压系统，机床中应用较多，常配以扩口管接头。

（2）软管主要用于连接有相对运动的液压元件。通常为耐油橡胶软管，可分为高压和低压两种。

① 高压橡胶软管大量用于液压支架和外挂式单体液压支柱管路系统。它由内胶层、钢丝编织层、中间胶层和外胶层组成。常用高压软管的钢丝编织层为单层和双层，有多种通径规格，单层软管可承受 6～20MPa 的压力，双层软管可承受 11～60MPa 的压力，软管通径越小，承压越高。

② 低压橡胶软管是由夹有帆布层的耐油橡胶制成，适于压力小于 1.5MPa 的低压管路。

软管装配方便，能吸收液压系统的冲击和振动，但高压软管制造工艺复杂，寿命短，成本高，刚性差。因此，在固定元件的连接中，一般不采用高压软管。

#### 2．管接头

管接头是油管与油管、油管与液压元件之间的可拆装的连接件。管接头的品种、规格较多，常用的有以下几种。

（1）焊接式管接头

焊接式管接头的结构如图 4-20 所示，由接头体、螺母和接管组成。连接时，将管接头的接管与被连接管焊接在一起，接头体用螺纹固定在液压元件上，用螺母将接管和接头体相连接。在接触面上，有多种密封形式，图 4-20（a）所示为采用密封垫圈密封，图 4-20（b）所示为依靠球面与锥面的环形接触线实现密封。

这种管接头制造简单，工作可靠，适用于管壁较厚和压力较高的系统，承受压力可达 31.5MPa，应用较多。其缺点是对焊接质量要求较高。

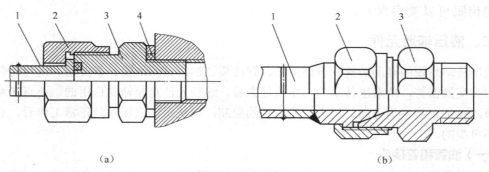

图 4-20　焊接管接头
1—接头体；2—接管；3—螺母；4—密封圈

（2）卡套式管接头

卡套式管接头的种类很多，但基本原理相同，其结构如图 4-21（a）所示。它由接头体、压紧螺母、卡套 3 个基本零件组成，利用卡套的变形卡住油管并进行密封。卡套式管接头的工作原理如图 4-21（c）所示，卡套 3 是一个在内圆一端带有锋利刃口的金属环，其形状如图 4-21（b）所示。旋紧螺母 2 时，卡套 3 被推进并随之变形，使卡套前端外表面与接头体内锥面形成球面接触密封；同时，卡套的内刃口嵌入液压油管 4 的外壁，在外壁上压出一个环形凹槽而密封。国产卡套多用 10 号钢，经表面氮化或氰化处理制成。

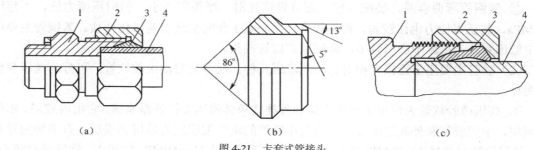

图 4-21　卡套式管接头
1—接头体；2—螺母；3—卡套；4—金属液压油管

卡套式管接头工作比较可靠，拆装方便，其工作压力可达 31.5MPa。它的缺点是卡套的制造工艺要求高，对连接的油管外径的几何精度要求也较高。

（3）扩口式管接头

扩口式管接头的结构如图 4-22 所示，将油管一端扩成喇叭口（74°～90°），再用螺母将套管连同油管一起压紧在接头体上形成密封。其结构简单，制造安装方便，适于紫铜管和薄壁钢管的连接，也可用来连接尼龙管和塑料管，工作压力一般不超过 8MPa。

（4）铰接式管接头

这种管接头用于液流成直角形的连接，如泵、马达的油口。其结构如图 4-23 所示，接头体两侧各用一个组合密封圈，再由一中空并具有径向孔的连接螺栓固定在液压元件上，接头体与管路可采用焊接式或卡套式连接。这种管接头使用压力可达 31.5MPa。

（5）螺纹连接的软管接头

这类管接头利用螺纹将接头芯管与液压元件或其他油管相连接，而软管与接头之间的连接有扣压式和可拆式两种。

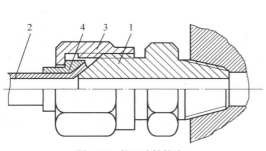

图 4-22　扩口式管接头
1—接头体；2—金属油管；3—螺母；4—套管

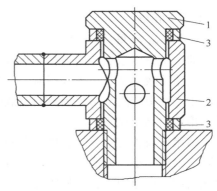

图 4-23　铰接式管接头
1—连接螺栓；2—接头体；3—组合密封圈

如图 4-24（a）所示，扣压式软管接头在装配时先将与外套配合处的软管外胶层剥除，接头芯管插入软管内，外套通过加压收缩使软管陷入接头芯管与外套间的环形槽中，以达到压紧软管防止拔脱的目的。这种接头工作可靠，适于高压管路。

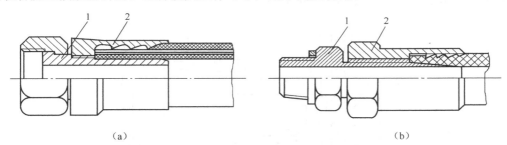

（a）　　　　　　　　　　　　　　（b）

图 4-24　螺纹连接的软管接头
1—接头芯管；2—外套

如图 4-24（b）所示，可拆式软管接头在装配时也是先剥除软管的外胶层，再将外套装在软管上，然后将接头芯管慢慢旋入管内，压紧软管。这种接头装配简单，不需要专用设备（扣管机），装配后可拆开，但是可靠性较差，只适于中低压管路。

（6）快速接头

快速接头全称快速装拆管接头，无需装拆工具，适用于经常装拆处。图 4-25 所示为油路接通的工作位置，需要断开油路时，可用力把外套 4 向左推，再拉出接头体 5，钢球 3（有 6～12 个）即从接头体槽中退出，与此同时，单向阀的锥形阀芯 2 和 6 分别在弹簧 1 和 7 的作用下将两个阀口关闭，油路即断开。这种管接头结构复杂，压力损失大。

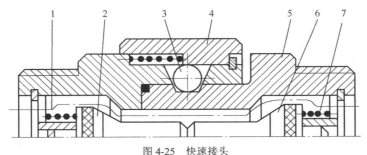

图 4-25　快速接头
1、7—弹簧；2、6—阀芯；3—钢球；4—外套；5—接头体

### （二）油箱

#### 1．油箱的用途与结构

油箱是液压系统中用来存储油液、散热、沉淀油中固体杂质，溢出油中气泡的容器。

油箱按液面是否与大气相通，分为开式油箱和闭式油箱。开式油箱的液面与大气相通，在液压系统中广泛应用，闭式油箱液面与大气隔离，有隔离式和充气式，用于水下设备或气压不稳定的高空设备。

油箱按布置方式分为总体式和分离式。总体式是利用机械设备的机体空腔作为油箱，结构紧凑，体积小，但维修不便，油液不易散热，液压系统振动影响设备精度。分离式油箱是独立结构，广泛用于精密机床设备。

油箱通常用钢板焊接而成。采用不锈钢板最好，但成本高，大多数情况下采用镀锌钢板或普通钢板内涂防锈的耐油涂料。图 4-26 所示为油箱的简图，1 为吸油管，4 为回油管，中间有两个隔板 7 和 9，隔板 7 用作阻挡沉淀杂物进入吸油管，隔板 9 用来阻挡泡沫进入吸油管，脏物可以从放油阀 8 放出，空气过滤器 3 设在回油管一侧的上部，兼有加油和通气的作用，6 是油面指示器，当彻底清洗油箱时可将上盖 5 卸开。

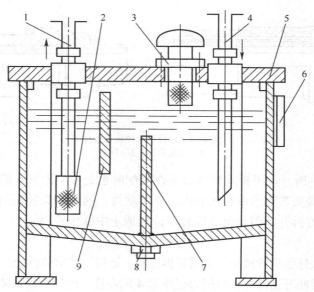

图 4-26　油箱简图

1—吸油管；2—过滤器；3—空气过滤器；4—回油管；5—上盖；
6—油面指示器；7、9—隔板；8—放油阀

如果将压力不高的压缩空气引入油箱，使油箱中的压力大于外部压力，这就是所谓压力油箱，压力油箱中通气压力一般为 0.05MPa 左右，这时外部空气和灰尘绝无渗入的可能，这对提高液压系统的抗污染能力，改善吸入条件都是有益的。

#### 2．油箱的容量

油箱要有足够的有效容积。油箱的有效容积（油面高度为油箱高度 80% 时的容积）应根据液压系统发热、散热平衡的原则计算，但这只是在系统负载较大、长期连续工作时才有必要进行，一般只需按液压泵的额定流量来估计。一般低压系统油箱的有效容积为液压泵每分钟排油量的 2～4 倍，中压系统为 5～7 倍，高压系统为 10～12 倍。若油箱容积受限制，不能

满足散热要求时，需要安装冷却装置。

**（三）滤油器**

**1. 滤油器的作用和过滤精度**

油液中含有杂质是造成液压系统故障的重要原因。因为杂质的存在会引起相对运动零件的急剧磨损、划伤、破坏配合表面的精度和表面粗糙度，颗粒过大时会使阀芯卡死，节流阀节流口以及各阻尼小孔堵塞，造成元件动作失灵，影响液压系统的工作性能，甚至使液压系统不能工作。在液压系统中，约有 75% 的故障与油液中的杂质有关，因此，保持液压油的清洁是液压系统能正常工作的必要条件。过滤器可净化油液中的杂质，控制油液的污染。

过滤精度是指过滤器能够过滤污垢颗粒直径 $d$ 的大小。对于相对运动部件，污垢颗粒应小于滑动面的配合间隙或油膜厚度，以免引起磨损；对于节流阀应使污垢颗粒小于系统中节流小孔的最小截面积，以免堵塞小孔。按所能过滤污垢颗粒尺寸的大小，过滤器可分 4 种，见表 4-7。

表 4-7　　　　　　　　　　　　过滤器的分类及过滤精度

| 过滤器 | 粗滤器 | 普通过滤器 | 精滤器 | 特精过滤器 |
|---|---|---|---|---|
| 过滤精度/μm | $d>100$ | $d=10\sim100$ | $d=5\sim10$ | $d=1\sim5$ |

不同的液压元件或不同的系统工况对过滤精度要求也不同，一般要求工作液体中的杂质颗粒尺寸应小于元件运动副间隙的一半，通常高压元件的运动副间隙相对要小一些，所以过滤精度相对要求高。液体中允许的杂质颗粒尺寸可大致折算成与工作压力的关系：当液压系统压力 $p\leqslant7$ MPa 时，允许的杂质颗粒直径 $d_0\leqslant25\sim50\mu m$；当 $p\geqslant7$ MPa 时，$d_0\leqslant25\mu m$；当 $p\geqslant35$ MPa 时，$d_0\leqslant5\mu m$。对于液压伺服系统，$p\leqslant21MPa$ 时，$d_0\leqslant5\mu m$；对于润滑系统，通常 $p\leqslant2.5MPa$，则 $d_0\leqslant100\mu m$。根据以上关系，可以选择不同过滤精度的滤油器。

**2. 滤油器的类型及应用**

按滤芯材质和结构形式的不同，过滤器可分为网式、线隙式、纸芯式、烧结式和磁性等。

（1）网式滤油器

网式滤油器如图 4-27 所示。由一、二层铜丝网围在开孔的金属圆筒或圆形的支架上组成。过滤精度一般为 0.08～0.18mm。它的特点是结构简单，压力损失小（0.01～0.025MPa）。多在系统的吸油路上作粗滤用。也有用较细的 2～3 层金属网做成精度较高的网式滤油器，用于调速阀前的过滤。

（2）线隙式滤油器

线隙式滤油器如图 4-28 所示。滤芯是由金属线密绕在多角形或圆筒形金属骨架上构成，利用线间的缝隙过滤油液。

线隙式过滤器结构简单，过滤效果好，通过能力强，耐高温高压，但过滤精度较低，多用于吸液管路和回液管路过滤。

（3）纸芯式滤油器

纸芯式滤油器如图 4-29 所示。由滤纸围绕在酚醛树脂或木浆微孔滤纸制成的芯架上，为增大过滤面积，纸芯做成折叠形。这种滤油器适于精过滤，精度可达 0.005mm，工作压力可达 38MPa，压力损失为 0.05～0.12MPa。但这种滤油器易堵塞，且无法清洗，故使用时纸芯应定期更换，多用于压力管路和回液管路。

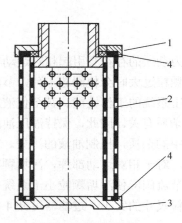

图 4-27　网式滤油器
1—盖板；2—金属网；3—底板；4—密封圈

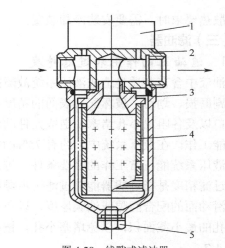

图 4-28　线隙式滤油器
1—发讯装置；2—上盖；3—壳体；4—滤芯；5—排污螺塞

（4）烧结式滤油器

烧结式滤油器的结构如图 4-30 所示。其滤芯由青铜等金属烧结而成，它是利用金属颗粒间的缝隙进行过滤的。构成滤芯的金属粉末颗粒度不同，过滤精度也就不同，精度范围为0.007～0.1mm。这种滤油器的特点是结构简单、强度高、抗腐蚀、过滤精度高，适于用精滤器，但颗粒易脱落，压力损失大（0.03～0.2MPa），难以清洗。

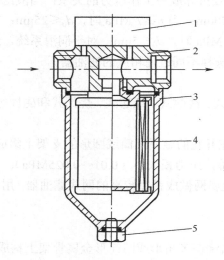

图 4-29　纸芯式滤油器
1—发讯装置；2—上盖；3—壳体；4—滤芯；5—排污螺塞

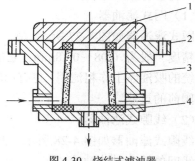

图 4-30　烧结式滤油器
1—上盖；2—外壳；3—滤芯；4—密封圈

（5）磁性滤油器

磁性滤油器滤芯由永久磁铁做成。它用于清除油液中的铁屑、铸铁粉末等铁磁性物质。

**3．滤油器的安装**

滤油器在液压系统中的安装位置由滤油精度和阻力损失所决定。

（1）安装在液压泵吸油管路上

图 4-31（a）所示为过滤器装在泵的吸油管路上，并把过滤器直接插在油箱内。这种安

装方式要求滤油器有较大的通油能力和较小的阻力（阻力不大于 0.004～0.1 MPa），否则将造成液压泵吸油不畅或出现气穴现象，所以，一般都采用过滤精度较低的网式过滤器。这种安装方式可使系统中所有液压元件都得到保护，但通过过滤器的较小的颗粒会进入液压系统。

（2）装在压力油路上

如图 4-31（b）所示，可把各种滤油器装在压力油路上，用以保护系统中的控制元件。由于滤油器在高压下工作，因此要求具有一定的强度，以保证耐压性能，过滤器的压力降不应超过 0.35MPa；一般，过滤器安装在溢流阀的分支油路之后，以免过滤器堵塞时引起液压泵过载；或者采用顺序阀与精滤器并联的油路（见图 4-31（c）），顺序阀的开启压力应略高于过滤器所允许的最大压力差。

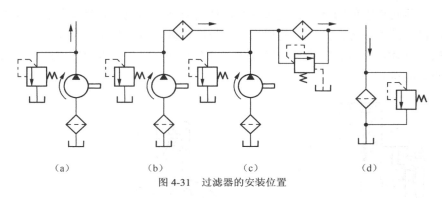

（a）　　　　　　（b）　　　　　　（c）　　　　　　（d）

图 4-31　过滤器的安装位置

（3）安装在回油路上

为了保证油箱的油液清洁，可将过滤器装在回油路上，以滤掉系统中产生的污垢，使油液流回油箱前先过滤，如图 4-31（d）所示。这种安装方式，由于是在低压回路上，故可用强度较低、刚度较小、体积和重量也较小的过滤器，它对液压系统起间接保护作用。为防止过滤器堵塞，造成系统阻力增加，也要并联一个安全阀，并且此阀的开启压力应略高于过滤器的最大允许压力差。

（4）独立的过滤系统

这是将过滤器和泵组成一个独立于液压系统之外的过滤回路。它的作用也是不断净化系统中的油液，与将过滤器安装在旁油路上的情况相似。不过，在独立的过滤系统中，通过过滤器的流量是稳定不变的，这更有利于控制系统中油液的污染程度。但它需要增加设备（泵），适用于大型机械的液压系统。

此外，对于一些重要的液压元件，如伺服阀、微量流量阀等，其入口处也应安装精密过滤器。

**（四）蓄能器**

液压蓄能器是能量存储装置，在适当的时候把系统的压力油储存起来，在需要时又释放出来供给系统，此外能缓和液压冲击及吸收压力脉动等。

**1．蓄能器的类型及结构特点**

蓄能器有重力式、弹簧式和充气式 3 类。常用的蓄能器是充气式，它又可分为活塞式、气囊式和隔膜式 3 种。在此主要介绍活塞式及气囊式两种蓄能器。

（1）活塞式蓄能器

图 4-32（a）所示为活塞式蓄能器，它利用缸筒 2 中浮动的活塞 1 把缸中液压油和气体隔开。这种蓄能器的活塞上装有密封圈，活塞的凹部面向气体，以增加气体室的容积。这种蓄能器结构简单，易安装，维修方便。但活塞的密封问题不能完全解决，压力气体容易漏入液压系统中，而且由于活塞的惯性和密封件的摩擦力，使活塞动作不够灵敏。它的最高工作压力为 17MPa，总容量为 1～39L，温度适用范围为−4～80℃。

（2）气囊式蓄能器

图 4-32（b）所示为 NXQ 型气囊折合式蓄能器，它由壳体 1、气囊 2、充气阀 3，限位阀 4 等组成，工作压力为 3.5～35MPa，容量范围为 0.6～200L，温度适用范围为−10～65℃。工作前，从充气阀向气囊内充进一定压力的气体，然后将充气阀关闭，使气体封闭在气囊内。压力液体从壳体底部限位阀处引到气囊外腔，使气囊受压缩而储存液压能。当系统需要时，气囊膨胀，输出压力液体，其优点是惯性小，反应灵敏，且结构小、重量轻，一次充气后能长时间的保存气体，充气也较方便，故在液压系统中得到广泛的应用。图 4-32（c）为充气式蓄能器的职能符号。

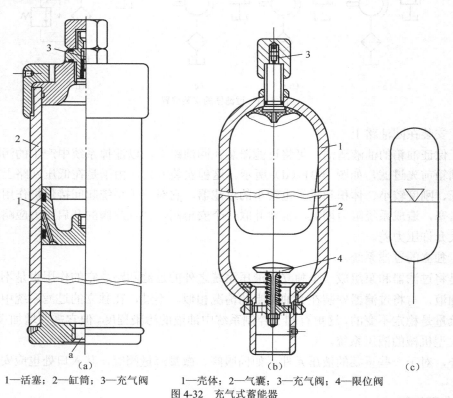

1—活塞；2—缸筒；3—充气阀　　　1—壳体；2—气囊；3—充气阀；4—限位阀
图 4-32　充气式蓄能器

## 2．蓄能器的功用

（1）积蓄能量

对于间歇负荷，如系统在短时期内需要大量的压力油，以满足执行机构快速运动的要求，而用量又超过液压泵的流量时，可采用蓄能器。当系统在小流量工作状态时，液压泵将多余的压力油储存在蓄能器内，以便系统在大流量状态时，同液压泵一起给系统供油。这种液压系统可采用较小流量的液压泵，减少了电机功率消耗，降低了系统温升。

（2）保持系统压力

有的系统要求液压缸不运动时保持一定的系统工作压力，例如，夹紧装置。此时可使液压泵卸荷，由蓄能器补偿泄漏并保持系统一定的工作压力，从而节省传动功率并减少系统的发热。当蓄能器压力降至要求的最低工作压力时，可再次启动液压泵供油。

（3）缓和冲击、吸收压力脉动

当阀门突然关闭或换向时，系统中产生的冲击压力，可由安装在产生冲击处的蓄能器来吸收，使液压冲击的峰值降低，若将蓄能器安装在液压泵的出口处，可降低液压泵压力脉动的峰值。

（4）作为应急能源

有的系统，因停电或液压泵发生故障不能供油时，可增设蓄能器作为应急能源。

### 3．蓄能器安装与使用的注意事项

蓄能器的安装和使用中主要应注意以下几点：

（1）气囊式蓄能器应垂直安装，油口向下；

（2）用于吸收液压冲击和压力脉动的蓄能器应尽可能安装在振源附近；

（3）装在管路上的蓄能器须用支板或支架固定；

（4）蓄能器与液压泵之间应安装单向阀，防止液压泵停止时，蓄能器储存的压力油倒流而使泵反转。蓄能器与管路之间也应安装截止阀，供充气和检修用；

（5）在使用中要经常检查，防止从充气阀或皮囊的微小孔处漏气，造成气体消耗量增多；

（6）防止因气体压力过高或过低而造成皮囊破损；

（7）注意皮囊材质的耐油性，使之与工作油相容。

### （五）密封装置

#### 1．密封装置的作用

密封装置的可靠性和寿命是评价液压传动的重要指标。密封不良会引起泄漏，这是在液压传动中普遍存在的问题。密封装置各部分的尺寸与参数、制造工艺（特别是密封元件的工艺）、装配、使用等都与泄漏有很大关系。

在液压系统中，密封与密封装置是用来防止工作介质的泄漏和外界灰尘、气体等的侵入。

油液外漏会造成工作油液的浪费，而且也会脏污机器，污染环境，甚至引起火灾。泄漏严重时会引起液压系统容积效率急剧下降，达不到需要的工作压力；另外使空气和灰尘进入液压系统中。空气混入会使液压系统工作时产生冲击、噪声、气蚀等不良后果。即使是极其微小的灰尘颗粒侵入液压系统中也会引起元件精密工作副磨损而损坏。

一般来讲，液压系统的密封性只是相对的，而不是绝对的。内漏不可能完全避免，特别是那些有相对运动的零件之间，既要保证有良好的密封性，又要减少因密封装置而引起的摩擦力。因此，不同的工作状态对密封装置的形式和材料有不同的要求，从而出现了各种不同形式的密封装置。

#### 2．密封装置的种类

常用橡胶密封圈主要有以下几种。

（1）O形密封圈

O形密封圈如图4-33所示，一般用耐油橡胶制成，其横截面呈圆形，它具有良好的密封性能，内外侧和端面都能起密封作用，结构紧凑，运动件的摩擦阻力小，制造容易，装拆方便，成本低，在液压系统中得到广泛的应用。

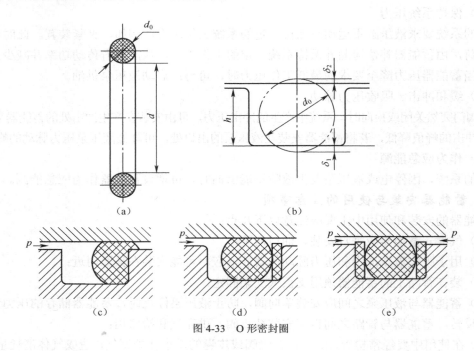

图 4-33　O 形密封圈

（2）唇形密封圈

唇形密封圈根据截面的形状可分为 Y 形、V 形、U 形、L 形等，其工作原理如图 4-34 所示。液压力将密封圈的两唇边压向形成间隙的两个零件的表面。这种密封作用的特点是能随着工作压力的变化自动调整密封性能,压力越高则唇边被压得越紧,密封性能越好。当压力降低时唇边压紧程度也随之降低，从而减小了摩擦阻力和功率消耗。除此之外，还能自动补偿唇边的磨损，保持密封性能不降低。

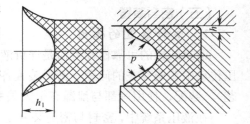

图 4-34　唇形密封圈的工作原理

（3）组合式密封装置

随着液压技术的应用日益广泛，系统对密封的要求越来越高，普通的密封圈单独使用已不能很好地满足密封性能，特别是使用寿命和可靠性方面的要求，因此，研究和开发了由包括密封圈在内的两个以上元件组成的组合式密封装置。

图 4-35（a）所示为 O 形密封圈与截面为矩形的聚四氟乙烯塑料滑环组成的组合密封装置。其中，滑环 2 紧贴密封面，O 形圈 1 为滑环提供弹性预压力，在介质压力等于零时构成密封，由于密封间隙靠的是滑环，而不是 O 形圈，因此摩擦阻力小而且稳定，可以用于 40MPa 的高压；往复运动密封时，速度可达 15m/s；往复摆动与螺旋运动密封时，速度可达 5m/s。矩形滑环组合密封的缺点是抗侧倾能力稍差，在高低压交变的场合下工作容易漏油。图 4-35（b）为由滑环 2 和 O 形圈 1 组成的轴用组合密封，由于滑环与被密封件 3 之间为线密封，其工作原理类似唇边密封。滑环采用一种经特别处理的化合物，具有极佳的耐磨性、低摩擦和保形性，不存在橡胶密封低速时易产生的"爬行"现象。工作压力可达 80MPa。

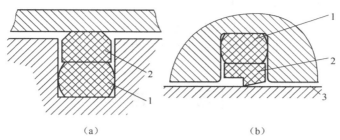

图 4-35　组合式密封装置
1—O 形圈；2—滑环（支持环）；3—被密封件

组合式密封装置由于充分发挥了橡胶密封圈和滑环（支持环）的长处，因此不仅工作可靠，摩擦力低而稳定，而且使用寿命比普通橡胶密封性提高近百倍，在工程上的应用日益广泛。

（4）回转轴的密封装置

回转轴的密封装置形式很多。图 4-36 所示为耐油橡胶制成的回转轴用密封圈，它的内部有直角形圆环铁骨架支撑着，密封圈的内边围着一条螺旋弹簧，把内边收紧在轴上来增强密封效果。这种密封圈主要用作液压泵、液压马达和回转式液压缸伸出轴的密封，以防止油液漏到壳体外部，它一般适用于油液压力不超过 0.2MPa，回转轴线速度不超过 12m/s，且有润滑的场合。

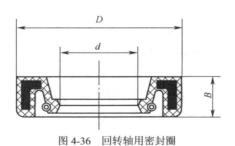

图 4-36　回转轴用密封圈

# | 思 考 题 |

1. 试比较液压泵与液压马达的基本工作原理。
2. 常用的液压马达有哪些类型？结构上各有何特点？各用于什么场合？
3. 液压马达的主要性能参数有哪些？它们之间的关系如何？
4. 常用的液压缸有哪些类型？结构上有何特点？
5. 单杆活塞式液压缸差动连接时有何特点？
6. 辅助元件有哪些类型？各有何作用？
7. 常用油管有哪几种？各适用于什么场合？
8. 常用管接头有哪几种？各有何特点？
9. 油箱有哪些作用？容量如何确定？

10. 过滤器有何作用？通常安装在系统的什么位置上？

11. 蓄能器有哪些类型？在液压系统中起什么作用？

12. 密封装置有什么作用？密封方式有哪些种类？

# 习　题

1. 某一减速机要求液压马达的实际输出转矩 $T=52.5\text{N·m}$，转速 $n=30\text{r/min}$。设液压马达的排量 $V_M=12.5\,\text{cm}^3/\text{r}$，液压马达的容积效率 $\eta_{VM}=0.9$，机械效率 $\eta_{mM}=0.9$，求所需的流量和压力各为多少？

2. 设有一双杆活塞缸，缸内径 $D=10\text{cm}$，活塞杆直径 $d=0.7D$，若要求活塞杆运动速度 $v=8\text{cm/s}$，求液压缸所需的流量 $q$？

3. 某液压马达的排量 $V_M=40\text{mL/r}$，当马达在 $p=6.3\text{MPa}$ 和 $n=1450\text{r/min}$ 时，马达输入的实际流量 $q_M=63\text{L/min}$，马达实际输出转矩 $T_M=37.5\,\text{N·m}$，求液压马达的容积效率 $\eta_{VM}$、机械效率 $\eta_{mM}$ 和总效率 $\eta_M$。

4. 若要求某差动液压缸快进速度 $v_1$ 是快退速度 $v_2$ 的 3 倍，试确定活塞面积 $A_1$ 和活塞杆截面积 $A_2$ 之比 $A_1/A_2$ 为多少？

5. 有一单叶片摆动缸，叶片轴半径为 40mm，缸体内半径为 100mm，叶片宽度为 10mm，若负载为 600N·m，求输入油液的压力为多少？

6. 如图 4-37 所示，两结构尺寸相同的液压缸，$A_1=100\text{cm}^2$，$A_2=80\text{cm}^2$，$p_1=0.9\text{MPa}$，$q_1=12\text{L/min}$，若不计摩擦损失和泄漏，试问：

（1）两缸负载相同（$F_1=F_2$）时，两缸的负载和速度各位多少？

（2）缸 1 的负载为零时，缸 2 能承受多少负载？

（3）缸 2 的负载为零时，缸 1 能承受多少负载？

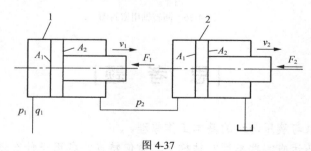

图 4-37

# 项目五
# 工业机械手液压系统的认识与分析

## | 项目实例　JS01 工业机械手液压系统的认识与分析 |

### 1. JS01 工业机械手概述

机械手是模仿人的手部动作，按给定的程序实现自动抓取、搬运和操作的自动装置。它在高温、高压、多粉尘、易燃、易爆、放射性等恶劣环境中，以及笨重、单调、频繁的操作中能代替人进行作业，因此获得日益广泛的应用。

机械手一般由执行机构、驱动系统、控制系统与检测装置三大部分组成，智能机械手还具有感觉系统和智能系统。驱动系统多采用电、液、气联合驱动。

JS01 工业机械手是圆柱坐标式、全液压驱动机械手，具有手臂升降、伸缩、回转和手腕回转 4 个自由度。执行机构由手部伸缩、手腕伸缩、手臂伸缩、手臂升降、手臂回转和回转定位等机构组成，每一部分均由液压缸驱动与控制。它完成的动作循环：插定位销→手臂前伸→手指张开→手指夹紧抓料→手臂上升→手臂缩回→手腕回转 180°→拔定位销→手臂回转 95°→插定位销→

手臂前伸→手臂中停（此时主机的夹头下降夹料）→手指松开（此时主机夹头夹着料上升）→手指闭合→手臂缩回→手臂下降→手腕回转定位复位→拔定位销→手臂回转复位→泵卸载待料。

### 2．JS01 工业机械手液压系统的工作原理

JS01 工业机械手液压系统如图 5-1 所示。各执行机构的动作均由电控系统发出信号控制相应的电磁换向阀，按程序依次步进动作。电磁铁动作顺序如表 5-1 所示，其动作顺序如下。

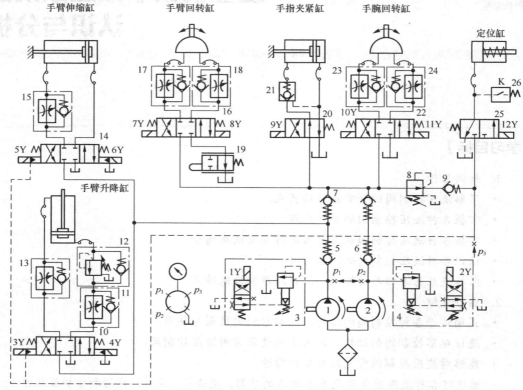

图 5-1　JS01 工业机械手液压系统图

1—大流量泵；2—小流量泵；3、4—溢流阀；5、6、7、9—单向阀；8—减压阀；10、14、16、22—电液换向阀；
11、13、15、17、18、23、24—单向调速阀；12—单向顺序阀；19—行程节流阀；
20、25—电磁换向阀；21—液控单向阀；26—压力继电器

表 5-1　　　　　　　　　　　JS01 工业机械手电磁铁动作顺序表

| 动作顺序表 | 1Y | 2Y | 3Y | 4Y | 5Y | 6Y | 7Y | 8Y | 9Y | 10Y | 11Y | 12Y | K26 |
|---|---|---|---|---|---|---|---|---|---|---|---|---|---|
| 插定位销 | + | | | | | | | | | | | + | + |
| 手臂前伸 | | | | | + | | | | | | | + | + |
| 手指张开 | + | | | | | | | | + | | | + | + |
| 手指抓料 | + | | | | | | | | | | | + | + |
| 手臂上升 | | | + | | | | | | | | | + | + |
| 手臂缩回 | | | | | | + | | | | | | + | + |
| 手腕回转 | + | | | | | | | | | + | | + | + |
| 拔定位销 | + | | | | | | | | | | | + | + |
| 手臂回转 | + | | | | | | + | | | | | + | + |
| 插定位销 | + | | | | | | | | | | | + | + |
| 手臂前伸 | | | | + | | | | | | | | + | + |
| 手臂中停 | | | | | | | | | | | | + | + |

续表

| 动作顺序表 | 1Y | 2Y | 3Y | 4Y | 5Y | 6Y | 7Y | 8Y | 9Y | 10Y | 11Y | 12Y | K26 |
|---|---|---|---|---|---|---|---|---|---|---|---|---|---|
| 手指松开 | + | | | | | | | | + | | | + | + |
| 手指闭合 | + | | | | | | | | | | | + | + |
| 手臂缩回 | | | | | | + | | | | | | + | + |
| 手臂下降 | | | | + | | | | | | | | + | + |
| 手腕回转 | + | | | | | | | | | | + | + | + |
| 拔定位销 | + | | | | | | | | | | | | |
| 手臂回转 | + | | | | | | | + | | | | | |
| 待料卸载 | + | + | | | | | | | | | | | |

（1）插销定位（1Y+、12Y+）

按下液压泵起动按钮后，双联叶片泵 1、2 同时供油，电磁铁 1Y、2Y 通电，油液经溢流阀 3 和 4 回油箱，机械手处于待料卸荷状态。当棒料到达待上料位置，起动程序动作。电磁铁 1Y 通电，2Y 不通电，使泵 1 继续卸荷，而泵 2 停止卸荷，同时 12Y 通电。油路如下。

进油路：泵 2→阀 6→减压阀 8→阀 9→阀 25（右）→定位缸左腔。

此时，插定位销以保证初始位置准确。注意，定位缸没有回油路，它是依靠弹簧复位的。

（2）手臂前伸（5Y+、12Y+）

插定位销后，此支路系统油压升高，使继电器 K26 动作，接通电磁铁 5Y，泵 1 和泵 2 输出的油液经相应的单向阀汇流到电液换向阀 14 左位，进入手臂伸缩缸右腔，油路如下。

进油路：泵 1→单向阀 5→阀 14（左）→手臂伸缩缸右腔；泵 2→阀 6→阀 7→阀 14。

回油路：手臂伸缩缸左腔→单向调速阀 15→阀 14（左）→油箱。

（3）手指张开（1Y+、9Y+、12Y+）

手臂前伸至适当位置，行程开关动作，电磁铁 1Y、9Y 带电，泵 1 卸载，泵 2 供油，经单向阀 6、电磁阀 20 左位，进入手指夹紧缸右腔。回油路从缸左腔通过液控单向阀 21 及阀 20 左位进入油箱。

（4）手指抓料（1Y+、12Y+）

手指张开后，时间继电器延时。待棒料由送料机构送到手指区域时，继电器动作使 9Y 断电，泵 2 的压力油通过阀 20 的右位进入缸的左腔，使手指夹紧棒料，其油路如下。

进油路：泵 2→阀 6→阀 20（右）→阀 21→手指夹紧缸左腔。

回油路：手指夹紧缸右腔→阀 20（右）→油箱。

（5）手臂上升（3Y+、12Y+）

当手指抓料后，手臂上升。此时，泵 1 和泵 2 同时供油到手臂升降缸，主油路如下。

进油路：泵 1→单向阀 5→阀 10（左）→阀 11→阀 12→手臂升降缸下腔；泵 2→阀 6→阀 7→阀 10。

回油路：手臂升降缸上腔→阀 13→阀 10（左）→油箱。

（6）手臂缩回（6Y+、12Y+）

手臂上升至预定位置，碰到行程开关，3Y 断电，电液换向阀 10 复位，6Y 通电。泵 1 和泵 2 一起供油至电液换向阀 14 右端，压力油通过单向调速阀 15 进入伸缩缸左腔，而右腔油液经阀 14 右端回油箱。

（7）手腕回转（1Y+、10Y+、12Y+）

当手臂上的碰块碰到行程开关时，6Y 断电，阀 14 复位，1Y、10Y 通电。此时，泵 2 单独供油至阀 22 左端，通过阀 24 进入手腕回转油缸，使手腕回转 180°。

（8）拔定位销（1Y+）

当手腕上的碰块碰到行程开关时，10Y、12Y 断电，阀 22、25 复位，定位缸油液经阀 25 左端回油箱，在弹簧力作用下，拔定位销。

（9）手臂回转（1Y+、7Y+）

定位缸支路无油压后，压力继电器 26 动作，接通 7Y。泵 2 的压力油→阀 6→换向阀 15 左端→单向调速阀 18→手臂回转缸，使手臂回转 95°。

（10）插定位销（1Y+、12Y+）

当手臂回转碰到行程开关时，7Y 断电，12Y 重新通电，重复步骤 1 插定位销。

（11）手臂前伸（5Y+、12Y+）

此时的动作顺序同步骤（2）。

（12）手臂中停（12Y+）

当手臂前伸碰行程开关后，5Y 断电，伸缩缸停止动作，确保手臂将棒料送到准确位置。"手臂中停"等待主机夹头夹紧棒料，夹头夹紧棒料后，时间继电器动作。

（13）手指松开（1Y+、9Y+、12Y+）

接到继电器信号后，1Y、9Y 通电，手指张开（同步骤（3）），并启动时间继电器延时，主机夹头移走棒料后，继电器动作。

（14）手指闭合（1Y+、12Y+）

接继电器信号，9Y 断电，手指闭合，油路动作同步骤（4）。

（15）手臂缩回（6Y+，12Y+）

当手指闭合后，1Y 断电，使泵 1 和泵 2 一起供油，同时 6Y 通电，其他动作同步骤（6）。

（16）手臂下降（4Y+、12Y+）

手臂缩回碰到行程开关，6Y 断电。4Y 得电。此时，电液换向阀 10 右端动作，压力油经阀 10 和单向调速阀 13 进入升降缸上腔，主油路如下。

进油路：泵 1→单向阀 5→阀 10（右）→阀 13→手臂升降缸上腔；泵 2→阀 6→阀 7→阀 10。

回油路：手臂升降下腔→阀 12→阀 11→阀 10（右）→油箱。

（17）手腕回转（1Y+、11Y+、12Y+）

当升降导套上的挡块碰到行程开关时，4Y 断电，1Y、11Y 通电。泵 2 供油至阀 22 右端，压力油通过单向调速阀 23 进入手腕回转缸的另一腔，并使手腕反转 180°。

（18）拔定位销（1Y+）

手腕反转行程开关后，11Y、12Y 断电。动作顺序同步骤（8）。

（19）手臂回转（1Y+、8Y+）

拔定位销，压力继电器发信号，8Y 通电，换向阀 16 切换至右位动作，压力油进入手臂回转缸的另一腔，手臂反转 95°，机械手复位。

（20）待料卸载（1Y+、2Y+）

手臂反转到位后，起动行程开关，8Y 断电，2Y 接通。此时，两液压泵同时卸荷。机械手的动作循环结束，等待下一个循环。

机械手的动作也可由计算机程序控制，与相关主机连为一体，其执行动作顺序和油路相同。

### 3．机械手液压系统的特点

系统采用了双联泵供油，额定压力为 6.3MPa，手臂升降及伸缩时由两个泵同时供油，流量为（35+18）L/min。手臂及手腕回转、手指松紧及定位缸工作时，只由小流量泵 2 供油，大流量泵 1 自动卸载。由于定位缸和控制油路所需压力较低，在定位缸支路上串联有减压阀 8，使之获得稳定的 1.5～1.8MPa 压力。

手臂的伸缩和升降采用双作用单杆活塞液压缸驱动。手臂的伸出和升降速度分别由单向调速阀 15、13 和 11 实现回油节流调速；手臂和手腕的回转由摆动液压缸驱动，其正反向运动也采用单向调速阀 17 和 18、23 和 24 回油节流调速。

执行机构的定位和缓冲是机械手工作平稳可靠的关键。从提高生产效率来说，希望机械手正常工作速度越快越好，但工作速度越高，启动和停止时的惯性力就越大，振动和冲击也越大，这不仅影响机械手的定位精度，严重时还会损伤到机件。因此，为达到机械手的定位精度和运动平稳性的要求，一般在定位前要求采取缓冲措施。

该机械手手臂伸出、手腕回转由挡铁定位保证精度，端点到达前发信号切断油路，滑行缓冲，手臂缩回和手臂上升由行程开关适时发信号，提前切断油路滑行缓冲并定位。此外，手臂伸缩缸和升降缸采用了电液换向阀换向，调节换向时间，可增加缓冲效果。由于手臂的回转部分质量较大，转速较高，运动惯性矩较大，系统的手臂回转缸采用单向调速阀回油节流调速外，还在回油路上安装有行程节流阀 19 进行缓冲，最后由定位缸插销定位，满足定位精度要求。

为使手指夹紧工件后不受系统压力波动的影响，保证牢固地夹紧工件，采用了液控单向阀 21 的锁紧回路。

手臂升降缸为立式液压缸，为支撑平衡手臂运动部件自重，采用了单向顺序阀 12 的平衡回路。

# 相 关 知 识

## 一、液压控制阀概述

在液压系统中，除了需要液压泵提供动力和液压执行元件来驱动工作装置外，还要对执行元件的启动、停止、速度大小、运动方向、压力等，以及力、转矩大小和动作顺序等进行控制，这就需要控制元件（简称控制阀）。

液压控制阀在液压系统元件总量中占有很大比重，它的性能好坏直接影响液压系统的工作过程和工作特性，因此，液压控制阀是确保液压系统正常工作的重要元件。

### （一）液压控制阀的分类

#### 1．按用途分

液压控制阀按用途可分为 3 类：方向控制阀，简称方向阀，如单向阀、换向阀等；压力控制阀，简称压力阀，如溢流阀、顺序阀、减压阀和压力继电器等；流量控制阀，简称流量阀，如节流阀、调速阀等。这 3 类阀还可根据需要互相组合成组合阀，如单向顺序阀、单向减压阀、卸荷阀和单向节流阀等。

#### 2．按安装连接形式分

（1）管式连接

阀的进、出油口直接与油管连接或其他元件连接，并由此固定在管路上。阀的油口用螺

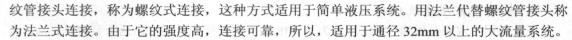

纹管接头连接，称为螺纹式连接，这种方式适用于简单液压系统。用法兰代替螺纹管接头称为法兰式连接。由于它的强度高，连接可靠，所以，适用于通径 32mm 以上的大流量系统。

（2）板式连接

阀的各油口均布置在同一安装面上，并用螺钉固定在与阀有对应油口的连接板上，再用管接头和管道与其他元件连接。其特点是元件集中，排列整齐、美观，还便于操纵、调整和维修。

（3）叠加式连接

阀的上、下面为连接结合面，各油口分别在这两个面上，且同规格阀的油口连接尺寸相同。每个阀除自身功能外，还起油路通道作用，阀相互叠装便成回路，无须管道连接。其特点是结构紧凑，压力损失小，体积小，便于放置。

（4）插装式连接

这类阀是由阀芯、阀套等组成，单元体插装在插装块体的预制孔中，用螺钉或盖板固定，并通过块内通道把各个插装阀连通组成回路。插装块体起到阀体和管路的作用，因此结构紧凑，是一种适应液压系统集成化发展的新型安装连接方式。

**3．按工作压力等级分**

液压控制阀按工作压力等级可分为低压阀、中压阀和高压阀。

**4．按控制原理分**

液压阀按控制原理通常可分为开关阀、比例阀、伺服阀和数字阀。开关阀调定后只能在调定状态下工作。比例阀和伺服阀能根据输入信号连续或按比例控制系统的参数。数字阀则用数字信息直接控制阀的动作。

**（二）液压控制阀的结构特点**

控制阀安装在液压泵和执行元件之间，在系统中不做功，只对动力元件、执行元件和性能参数起控制作用。它们的结构都是由阀体（阀座）、阀芯和阀的操纵机构三大部分组成。阀的操纵机构可以是手动、机动、电动、液动等。虽然各类阀的工作原理不完全相同，但它们不外乎是通过阀芯的移动或控制油口的开闭或限制、改变油液的流动工作，而且只要液体流过阀孔都会产生压力降及温度升高等现象。

**（三）对液压控制阀的基本要求**

（1）动作灵敏，工作平稳可靠，冲击、振动和噪声尽可能小。

（2）一般情况下油液流经阀时的阻力损失小。

（3）密封性要好，内泄漏量小，无外泄漏。

（4）结构简单、紧凑，安装、维护、调整方便，通用性大，寿命长。

## 二、方向控制阀及其方向控制回路

方向控制阀在液压系统中，主要用来连通油路或切换油流的方向，从而控制执行元件的启动、停止或改变运动方向。方向控制阀按其用途可分为单向阀和换向阀。

**（一）单向阀的原理及应用**

**1．普通单向阀**

普通单向阀控制油液只能按一个方向流动反向截止，故简称单向阀。它由阀体 1、阀芯 2、弹簧 3 等零件组成，如图 5-2 所示。阀芯 2 分锥阀式和钢球式两种，图 5-2（a）所示为锥阀式。钢球式阀芯结构简单，但密封性不如锥阀式。当压力油从进油口 $P_1$ 输入时，油液克服弹簧 3 的作用力，顶开阀芯 2，并经阀芯 2 上 4 个径向孔 a 及轴向孔 b，从出油口 $P_2$ 输出。

普通单向阀的工作
原理

当液流反向流动时，在弹簧和压力油的作用下，阀芯锥面紧压在阀体 1 的阀座上，油液不能通过。图 5-2（b）所示为板式连接单向阀，其进、出油口开在底平面上，用螺钉将阀体固定在连接板上，其工作原理和管式连接单向阀相同。

图 5-2（c）所示为单向阀的图形符号。

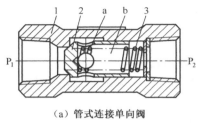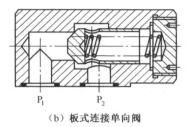

（a）管式连接单向阀　　　　（b）板式连接单向阀　　　　（c）图形符号

图 5-2　单向阀
1—阀体；2—阀芯；3—弹簧

### 2．普通单向阀的特点及应用

普通单向阀的弹簧主要用来克服阀芯运动时的摩擦力和惯性力。为了使单向阀工作灵敏可靠，弹簧力量应较小，以免液流产生过大的压力降。一般单向阀的开启压力为 0.035～0.05MPa，额定流量通过时的压力损失不超过 0.1MPa。当利用单向阀作背压阀时应换成较硬的弹簧，使回油保持一定的背压。

对单向阀的主要性能要求：当油液从单向阀正向通过时阻力要小（压力降小）；而反向截止时无泄漏，阀芯动作灵敏，工作时无撞击和噪声。

普通单向阀常与某些阀组合成一体，称为组合阀或称复合阀，如单向顺序阀（平衡阀）、可调单向节流阀、单向调速阀等；或安装在执行元件的回油路上，作背压阀使用。作背压阀用时开启压力一般在 0.2～0.6MPa。

### 3．液控单向阀

液控单向阀的结构如图 5-3（a）所示，它与普通单向阀相比，增加了一个控制油口 X。当控制油口 X 处无压力油通入时，液控单向阀起普通单向阀的作用，主油路上的压力油经 $P_1$ 口输入，$P_2$ 口输出，不能反向流动。当控制油口 X 通入压力油时，活塞 1 的左侧受压力油的作用，右侧 a 腔与泄油口相通，于是活塞 1 向右移动，通过顶杆 2 将阀芯 3 打开，使进、出油口接通，油液可以反向流动，不起单向阀的作用。控制油口 X 处的油液与进、出油口不通。通入控制油口 X 的油液的最小压力不应低于主油路压力的 30%。

液控单向阀的
工作原理

### 4．液控单向阀的特点及应用

液控单向阀具有良好的单向密封性，常用于执行元件需长时间保压、锁紧的情况下，也常用于防止立式液压缸停止运动时因自重而下滑的锁紧回路中，这种阀也称液压锁，广泛应用于保压和同步回路。

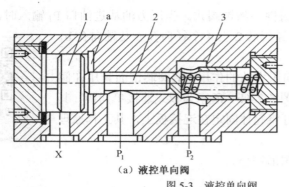

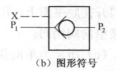

（a）液控单向阀 　　　　　　（b）图形符号

图 5-3　液控单向阀

1—控制活塞；2—顶杆；3—阀芯

使用液控单向阀应注意以下几点。

（1）保证有足够的控制压力，否则不能打开液控单向阀。

（2）液控单向阀阀芯复位时，控制活塞的控制油腔中油液必须流回油箱。

（3）防止空气侵入到液控单向阀控制油路。

（4）作充油阀使用时，应保证开启压力低、流量大。

（5）在回路和配管设计时，采用内泄式液控单向阀，必须保证逆流出口侧不能产生影响控制活塞动作的高压，否则控制活塞容易反向误动作。如果不能避免这种高压，则采用外泄式液控单向阀。

**（二）换向阀的原理及应用**

换向阀的作用是利用阀芯相对于阀体的运动（位置的改变）控制液流方向，接通或断开油路，从而改变执行机构的运动方向、启动或停止。

**1．换向阀分类**

换向阀种类很多，一般按换向阀阀芯的运动方式、操纵方式、工作位置数和通路数等特征进行分类，见表 5-2。由于滑阀式换向阀在液压系统中应用广泛，因此，本项目主要介绍滑阀式换向阀。

表 5-2　　　　　　　　　　　　　　　　换向阀的类型

| 分类方式 | 名称 |
|---|---|
| 按阀芯运动方式 | 滑阀、转阀 |
| 按操纵阀芯的方式 | 手动、机动、电动、液动、电液动 |
| 按阀的工作位置数 | 二位、三位、四位 |
| 按阀的通路数 | 二通、三通、四通、五通 |
| 按阀的安装方式 | 管式、板式、法兰式 |

对换向阀的主要性能要求：换向动作灵敏、可靠、平稳、无撞击；能获得准确的终止位置；内部泄漏和压力损失要小。

**2．滑阀工作原理及图形符号**

（1）工作原理

滑阀的工作原理如图 5-4 所示。在图示位置，液压缸两腔不通压力油，液压缸停止运动。当阀芯 1 左移时，阀体 2 上的油口 P 和 A 连通，B 和 T 连通。压力油经 P、A 进入液压缸左腔，其活塞右移，右腔油液经 B、T 回油箱。反之，若阀芯右移，则 P 和 B 连通、A 和 T 连通，油缸活塞左移。

（2）图形符号

一个换向阀完整的图形符号包括工作位置数、通路数、在各个位置上油口连通关系、操纵方式、复位方式和定位方式等。

换向阀图形符号的含义如下。

① 用方框表示阀的工作位置，有几个方框就表示有几"位"。

② 方框内的箭头表示在这一位置上油路处于接通状态，但箭头方向并不一定表示油流的实际流向。

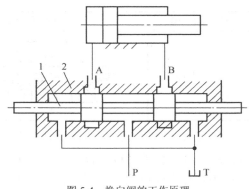

图 5-4　换向阀的工作原理
1—阀芯；2—阀体

③ 方框内符号"⊤"或"⊥"表示此通路被阀芯封闭，即该油路不通。

④ 一个方框的上边和下边与外部连接的接口（油口）数是几个，就表示几"通"。

⑤ 一般，阀与系统供油路连接的进油口用字母 P 表示；阀与系统回油路连接的回油口用字母 T 表示（有时用字母 O）；而阀与执行元件连接的工作油口则用字母 A、B 等表示。有时在图形符号上还表示出泄漏油口，用字母 L 表示。

常用换向阀的结构原理图和图形符号见表 5-3。

表 5-3　　　　　　　　　　　常用换向阀的结构原理图和图形符号

| 位　和　通 | 结构原理图 | 图　形　符　号 |
|---|---|---|
| 二位二通 | | |
| 二位三通 | | |
| 二位四通 | | |
| 二位五通 | | |
| 三位四通 （二维码）三位四通换向阀 的工作原理 | | |

续表

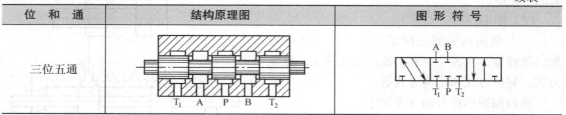

| 位 和 通 | 结 构 原 理 图 | 图 形 符 号 |
|---|---|---|
| 三位五通 | $T_1$ A P B $T_2$ | A B<br>$T_1$ P $T_2$ |

由表 5-3 可知：二位二通阀是一个开关，用于控制油路 A、B 的通与断。二位四通或三位四通阀及二位五通或三位五通阀用于使执行元件换向。其中，二位阀和三位阀的区别在于，三位阀具有中间位置，中间位置可使执行元件停止运动或实现其他功能，而二位阀无中间位置。四通阀和五通阀的区别在于：五通阀具有 P、A、B、$T_1$ 和 $T_2$ 5 个油口，而四通阀的 $T_1$ 和 $T_2$ 油口在阀体内连通，故外部只有 P、A、B 和 T 4 个油口。

换向阀都有两个或两个以上的工作位置，其中有一个是常态位，即阀芯未受到外部作用时所处的位置。图形符号中的中位是三位阀的常态位。利用弹簧复位的二位阀则以靠近弹簧符号的一个方框内的通路状态为其常态位。在绘制液压系统图时，油路一般应连接在换向阀的常态位。换向阀的操纵方式用图形符号表示，常见图形符号见附录 A。

### 3．滑阀的中位机能

对于各种操纵方式的三位换向阀，可以根据系统不同的使用要求，使阀芯处于中间（常态）位置时，各油口间有不同的连通情况，这种连通方式称为换向阀的中位机能或称滑阀机能。换向阀的阀体通用，改变阀芯台肩的结构、尺寸及内部通孔情况，可得到不同机能的阀。表 5-4 所示为三位换向阀的滑阀中位机能。

表 5-4                    三位换向阀的滑阀中位机能

| 中间位置时的滑阀状态 | 中间位置符号 | | 中间位置时的性能特点 |
|---|---|---|---|
| | 三位四通 | 三位五通 | |
| $T(T_1)$ A P B $T(T_2)$ | A B<br>P T | A B<br>$T_1$ P $T_2$ | 各油口全部关闭，系统保持压力，液压缸封闭 |
| $T(T_1)$ A P B $T(T_2)$ | A B<br>P T | A B<br>$T_1$ P $T_2$ | 各油口 A、B、P、T 全部连通，液压泵卸荷，液压缸两腔连通，成浮动状态 |
| $T(T_1)$ A P B $T(T_2)$ | A B<br>P T | A B<br>$T_1$ P $T_2$ | A、B、T 连通，P 口保持压力，液压缸两腔连通，成浮动状态 |
| $T(T_1)$ A P B $T(T_2)$ | A B<br>P T | A B<br>$T_1$ P $T_2$ | P 口保持压力，液压缸 A 口封闭，B 口和回油口 T 连通 |

续表

| 中间位置时的滑阀状态 | 中间位置符号 | | 中间位置时的性能特点 |
|---|---|---|---|
| | 三位四通 | 三位五通 | |
| T(T₁) A P B T(T₂) | A B / P T | A B / T₁ P T₂ | 液压缸 A 口通压力油，B 口与回油口 T 不通 |
| T(T₁) A P B T(T₂) | A B / P T | A B / T₁ P T₂ | P 和 A、B 口都连通，回油口封闭，液压缸实现差动连接 |
| T(T₁) A P B T(T₂) | A B / P T | A B / T₁ P T₂ | A、B、P、T 半开启接通，P 口保持一定压力 |
| T(T₁) A P B T(T₂) | A B / P T | A B / T₁ P T₂ | P、A、T 连通，液压泵卸荷，液压缸 B 口封闭 |
| T(T₁) A P B T(T₂) | A B / P T | A B / T₁ P T₂ | P、T 连通，液压泵卸荷，液压缸 A、B 两油口都封闭 |
| T(T₁) A P B T(T₂) | A B / P T | A B / T₁ P T₂ | A、B 连通，液压缸两腔连通成浮动状态，P、T 封闭 |

对中位机能的选用应从执行元件的换向平稳性要求、换向位置精度要求、重新启动时的平稳性、是否有卸荷和保压要求等方面考虑。现就常用形式举例说明如下。

O 型：油口全封，P、A、B、T 互不通。执行元件可在任一位置上被锁紧，换向位置精度高。但运动部件因惯性引起换向冲击较大，重新启动时因两腔充满油液，故启动平稳。泵不能卸荷，系统能保压。

H 型：油口全通，P、A、B、T 互通。换向平稳，但换向时冲击量大，因而换向位置精度低。执行元件浮动，重新启动时有冲击。泵能卸荷，系统不能保压。

表 5-3 所列滑阀机能型号依次为 O 型、H 型、Y 型、J 型、C 型、P 型、X 型、K 型、M 型、U 型。

### 4．几种常见的换向阀

换向阀的换向原理均相同，按阀芯所受操纵外力的方式不同，主要有如下几种。

（1）手动换向阀

① 手动换向阀的工作原理

图 5-5（a）所示为三位四通自动复位手动换向阀的结构原理图。该阀借助于手柄 1 操纵阀芯 3 对阀体 2 的相对位置，以改变阀的内部通路，从而改变液流方向。从图 5-5（a）可看

出，这种阀在阀体上有 4 条沉割槽，P 口通液压泵，A、B 口通液压缸或液压马达，T 口通油箱。因此，外部接口有 4 个，所以叫四通阀。如图 5-5（a）所示位置，P、T、A 和 B 口互不相通；当手柄 1 顺时针旋转时，拉动阀芯 3 左移，使 P 口与 A 口接通、B 口与 T 口接通。当手柄 1 逆时针转动时，推动阀芯 3 右移，使 P 口与 B 口接通、A 口与 T 口接通。当加在手柄 1 上的力去掉时，阀芯 3 在弹簧 4 的作用下，恢复其原来位置（中间位置），所以图 5-5（a）所示为自动复位手动换向阀，转动手柄时，阀芯移动，松开手柄时，阀芯在右端弹簧的作用下自动恢复到中间位置。图 5-5（b）所示为钢球定位式，当用手柄拨动阀芯移动时，阀芯右边的两个定位钢球在弹簧作用下，可定位在左、中、右任何一个位置。图 5-5（c）和（d）所示为其图形符号。

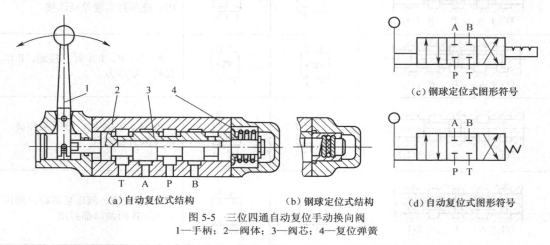

（a）自动复位式结构　　　（b）钢球定位式结构　　　（c）钢球定位式图形符号

（d）自动复位式图形符号

图 5-5　三位四通自动复位手动换向阀

1—手柄；2—阀体；3—阀芯；4—复位弹簧

② 手动换向阀的特点及应用

手动换向阀是用手动杠杆操纵阀芯换位的方向控制阀。手动换向阀有钢球定位式和弹簧复位式两种。弹簧复位式手动换向阀适用于动作频繁、工作持续时间短的场合。手动换向阀结构简单、动作可靠，但需人力操纵，故只适用于间歇动作且要求人力控制的场合。注意，使用时必须将定位装置或弹簧腔的泄漏油单独用油管接入油箱。

（2）机动换向阀

① 机动换向阀工作原理

图 5-6（a）所示为二位三通机动换向阀结构原理图。图示位置阀芯 2 在弹簧 3 作用下处于左端位置，使 P 与 A 相通，油口 B 被堵死。当挡铁压迫滚轮 1 使阀芯 2 右移到右端位置时，使油口 P 和 B 相通，这时油口 A 被堵死。图 5-6（b）所示为其图形符号。

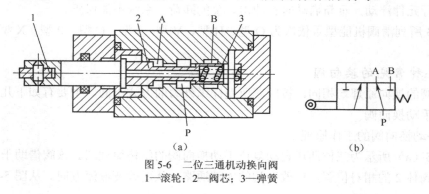

（a）　　　　　　　　　　（b）

图 5-6　二位三通机动换向阀

1—滚轮；2—阀芯；3—弹簧

② 机动换向阀的特点及应用

机动换向阀也称行程阀，它是用安装在工作台上的挡铁或凸轮使阀芯移动，从而控制液流方向。机动换向阀结构简单，动作可靠，换向位置精度高，通过改变挡块或凸轮外形，使阀芯有不同的换位速度，以减小换向冲击。机动换向阀通常为二位阀，它有二通、三通、四通等几种。机动换向阀常用于要求换向性能好，控制运动部件的行程，或快、慢速度的转换。但这种换向阀必须安装在运动部件附近，一般油管较长，使整个液压装置不够紧凑。

（3）电磁换向阀

① 电磁换向阀的工作原理

电动换向阀也称电磁换向阀，是利用电磁铁吸力使阀芯移动来控制液流方向的阀类。图5-7（a）所示为二位三通电磁换向阀的结构原理图。在图示位置，即电磁铁断电时，阀芯2在弹簧3的作用下推向左端，使油口P与A相通，油口B被断开。当电磁铁通电时，衔铁通过推杆1将阀芯2推向右端，使油口P与B相通，油口A被断开。当电磁铁断电时，弹簧3推动阀芯复位。图5-7（b）所示为其图形符号。

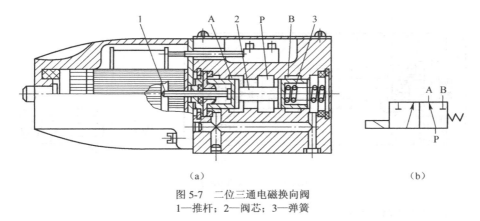

（a）　　　　　　　　　　　　　　　（b）

图 5-7　二位三通电磁换向阀
1—推杆；2—阀芯；3—弹簧

图 5-8 所示为三位四通电磁换向阀的结构原理图和图形符号。阀的两端各有一个电磁铁和一个对中弹簧，阀芯在常态时，即两端电磁铁均断电处于中位，使油口P、A、B和T互不通。当右端电磁铁通电吸合时，衔铁通过推杆将阀芯推至左端，使油口P与B相通、A与T相通。当左端电磁铁通电吸合时，衔铁通过推杆将阀芯推至右端，使油口P与A相通、B与T相通。

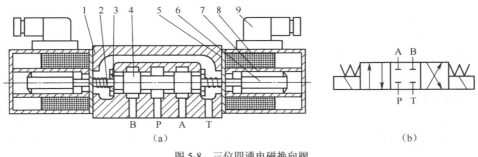

（a）　　　　　　　　　　　　　　　（b）

图 5-8　三位四通电磁换向阀
1—阀体；2—弹簧；3—弹簧座；4—阀芯；5—线圈；
6—衔铁；7—隔套；8—壳体；9—插头组件

② 电磁换向阀的特点及应用

电磁换向阀操作方便，便于布局，有利于提高设备的自动化程度。它是由液压设备上的按钮开关、限位开关、行程开关或其他电气元件发出电信号，来控制电磁铁的通电与断电，从而方便地实现各种操作及顺序动作。但由于电磁换向阀受到电磁铁尺寸和推力的限制，因而只适用于小流量的场合。

（4）液动换向阀

① 液动换向阀的工作原理

图 5-9（a）所示为液动换向阀的结构原理图。在中位时，P、A、B、T 互不相通，为 O 型机能的液动换向阀。当控制油路的压力油从控制油口 $X_1$ 进入滑阀的左腔时，阀芯被推向右端，右端油腔的油液经控制油口 $X_2$ 流向油箱。这时油口 P 与 A、B 与 T 分别相通。当控制油路的压力油从阀的控制油口 $X_2$ 进入滑阀右腔时，阀芯左移，左端油腔的油液经控制油口 $X_1$ 流回油箱。使 P 与 B、A 与 T 相通，实现了油路换向。当两个控制油口 $X_1$、$X_2$ 都不通压力油时，阀芯在两端弹簧的作用下，恢复到中间位置。图 5-9（b）所示为其图形符号。

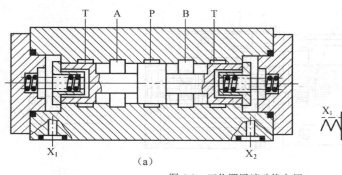

（a）　　　　　　　　　　　　（b）

图 5-9　三位四通液动换向阀

② 液动换向阀的特点及应用

由于电磁换向阀由电信号操纵，不论操纵位置远近，控制起来都很方便，但当通过滑阀流量较大、阀芯行程较长、换向速度要求可调时，采用电磁换向阀就不适宜了，这时可采用液动换向阀。液动换向阀结构简单，动作可靠、平稳，换向速度易于控制，由于液压驱动力大，因而可用于大流量的液压系统。液动换向阀的阀芯换位需要利用另一个小换向阀改变控制油的流向，故经常与其他控制方式的换向阀结合使用。对液动换向阀控制油实行换向时可用手动阀、机动阀或电磁阀完成。

（5）电液换向阀

① 电液换向阀的工作原理

电液换向阀由电磁阀和液动换向阀两部分组成。电磁阀起先导阀作用，通过它改变控制油路的液流方向，从而控制液动换向阀，实现其换向要求，因此，液动换向阀为主阀。

图 5-10（a）所示为三位四通电液换向阀的结构原理图。当左电磁铁通电时，控制油路的压力油由通道 a 经左单向阀进入主阀阀芯左端，阀芯右端油液经右端节流阀的三角槽、通道 b 和电磁换向阀的回油口流回油箱，所以主阀阀芯向右移动的速度受右端节流口的控制。这时，主油路 P 与 A 相通、B 与 T 相通。当右电磁铁通电时，控制油路的压力油就将主阀阀芯推向左端，这时油口 P 与 B 相通，油口 A 通过主阀阀芯上的内孔与回油口 T 相通，使得主

油路换向。

当电磁换向阀的两个电磁铁都断电时，弹簧 1 和弹簧 2 使主阀阀芯处于中间位置，主阀阀芯移动的速度分别由两端节流阀的节流调节螺钉来调节节流口大小，从而控制液压缸的换向时间，使换向平稳、无冲击。图 5-10（b）所示为该阀的图形符号，图 5-10（c）所示为简化图形符号。

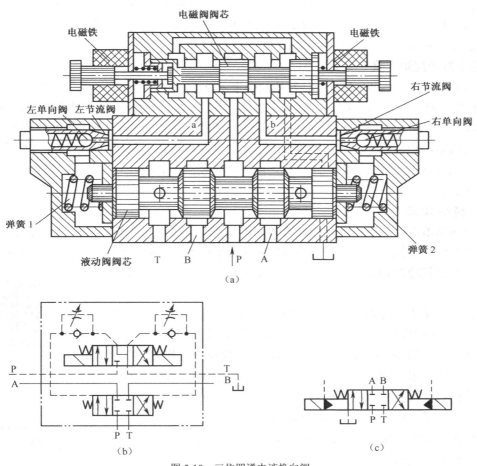

图 5-10 三位四通电液换向阀

② 电液换向阀的特点及应用

电液换向阀既能实现换向的缓冲（换向时间可调），又能使电液换向阀的流量不受电磁铁限制，因此，可用较小的电磁换向阀控制较大流量的液动换向阀的换向，可使换向平稳而无冲击，换向性能好。所以，电液换向阀特别适用于高压大流量以及换向精度要求较高的液压系统。

**（三）方向控制阀的选用**

方向控制阀实质上就是一个开关阀，其型号、规格、种类繁多，也是液压传动系统的主要控制阀类。选用时可根据液压系统的性能参数、控制方式，以及设备液压系统的自动化程度、经济效果等选择合适的方向控制阀。具体要考虑以下几点。

① 额定压力。必须使所选方向阀的额定压力高于系统工作压力。

② 额定流量。必须使所选方向阀的额定流量高于方向控制阀的最大流量。

③ 滑阀机能。换向滑阀处于中位时的通路形式要能适用负载需要并使换向时冲击尽可能小。

④ 操作方式。根据需要，选择合适的操纵方式。对于换向频繁、没有自动化要求，但要求使用安全、可靠时，可选用手动换向阀；对要求动作迅速、操作方便、远距离控制、自动化程度较高时，可选用机动换向阀或电磁换向阀；对流量大、换向时间需要调节的液压设备，可选用液动换向阀或电液换向阀；对某些有特殊要求的液压设备，可设计专用换向阀，如脚踏换向阀或转阀等。

### （四）方向控制回路

液压基本回路是由若干液压元件组成的用来完成特定功能的典型回路，按功能的不同可分为方向控制回路、压力控制回路、速度控制回路、多缸工作控制回路等。熟悉和掌握这些回路的结构组成、工作原理和性能特点，对分析、设计、使用和维护液压系统都具有很重要的作用。

在液压系统中，利用方向阀控制油液通断和换向，使执行元件启动、停止或变换运动方向，这样的回路称为方向控制回路。常用的方向控制回路有换向回路、执行元件的启停回路和锁紧回路。

#### 1．换向回路

换向回路用于控制液压系统的油流方向，从而改变执行元件的运动方向。为此，要求换向回路具有较高的换向精度、换向灵敏度和换向平稳性。运动部件的换向多采用电磁换向阀实现；在容积调速的闭式回路中，利用变量泵控制油流方向实现液压缸换向。

工程中常采用二位四通、三位四通（五通）电磁换向阀进行换向。尤其在自动化程度要求较高的组合机床液压系统中应用更为广泛。图 5-11 所示是利用限位开关控制三位四通电磁换向阀动作的换向回路。

按下启动按钮，1YA 通电，液压缸活塞向右运动，当碰上限位开关 2 时，2YA 通电、1YA 断电，换向阀切换到右位工作，液压缸右腔进油，活塞向左运动。当碰上限位开关 1 时，1YA 通电、2YA 断电，换向阀切换到左位工作，液压缸左腔进油，活塞又向右运动。这样往复变换换向阀的工作位置，就可自动变换活塞的运动方向。当 1YA 和 2YA 都断电时，换向阀处于中位，活塞停止运动。

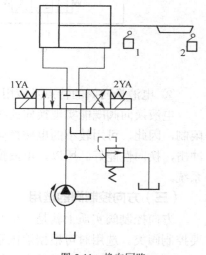

图 5-11 换向回路

这种换向回路使用方便、价格便宜，但是电磁阀动作快，换向时冲击力大，换向精度低，一般不宜进行频繁换向。因此，采用电磁换向阀的换向回路适用于低速、轻载和换向精度要求不高的场合。

#### 2．启停回路

在执行元件需要频繁地启动或停止的液压系统中，一般不采用启动或停止液压泵电动机的方法来使执行元件启、停，因为这对泵、电机和电网都是不利的。在液压系统中经常采用启停回路实现这一要求。

图 5-12（a）、（b）中分别用二位二通电磁阀和二位三通电磁阀切断压力油使执行元件停止运动。其差别在于图（a）在切断压力油路时，泵输出的压力油从溢流阀回油箱，泵压较高，消耗功率较大，不经济；图（b）在切断压力油源的同时，泵输出的油液经二位三通电磁阀回油箱，使泵在很低的压力工况下运转（称为卸荷）。也可采用中位机能为 O 型、Y 型、M 型的三位四通换向阀使执行元件停止运动。在上述回路中，由于换向阀要通过全部流量，故一般只适用于小流量系统。

### 3．锁紧回路

锁紧回路的作用是防止执行元件在停止运动时因外界因素而发生漂移或窜动。最简单的锁紧方法是利用三位换向阀的 M 型或 O 型中位机能封闭液压缸两腔，但由于滑阀式换向阀不可避免地存在泄漏，这种锁紧方法不够可靠。最常用的方法是采用液控单向阀，其锁紧回路如图 5-13 所示。

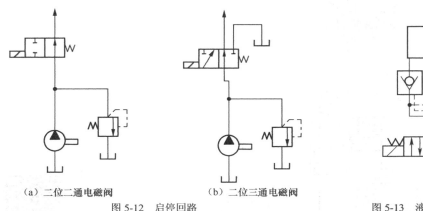

（a）二位二通电磁阀　　　　　（b）二位三通电磁阀

图 5-12　启停回路　　　　　　　　　　　　　　　图 5-13　液控单向阀锁紧回路

在液压缸两腔的油路上都设置一个液控单向阀，当三位四通电磁换向阀处于中位时，泵停止向液压缸供油，液压缸停止运动。此时，两个液控单向阀将液压缸两腔油液封闭在里面，使液压缸锁住。由于液控单向阀锥阀关闭的严密性，因此密封性能好，即使在外力作用下，活塞也不致移动，能长时间地将活塞准确地锁紧在停止位置。

为了保证锁紧效果，采用液控单向阀的锁紧回路，换向阀应选择 H 型或 Y 型中位机能，使液压缸停止时，液压泵缸，液控单向阀才能迅速起锁紧作用。这种回路常用于汽车起重机的支腿油路，也用于矿山采掘机械等大型设备的锁紧回路。

## 三、压力控制阀及其基本回路

压力控制阀在液压系统中，主要用来控制系统或回路的压力，或利用压力作为信号来控制其他元件的动作。这类阀工作原理的共同特点是利用作用在阀芯上的液压力与弹簧力相平衡来进行工作的。根据在系统中的功用不同，压力控制阀可分为溢流阀、减压阀、顺序阀和压力继电器等。

### （一）溢流阀的工作原理及其应用

溢流阀是液压传动系统十分重要的一个压力控制阀，它通过阀口溢流，使被控制系统或回路的压力维持恒定，实现调压、稳压和限压等功能。对溢流阀的主要性能要求：调压范围大，调压偏差小，工作平稳，动作灵敏，通流能力大，噪声小等。

根据结构和工作原理不同，溢流阀分为直动式溢流阀和先导式溢流阀。直动式溢流阀用于低压系统，先导式溢流阀用于中、高压系统。

**1. 直动式溢流阀**

　　直动式溢流阀的结构原理如图 5-14（a）所示，阀芯 3 在弹簧 2 的作用下处于下端位置。油液从进油口 P 进入，通过阀芯 3 上的小孔 a 进入阀芯底部，产生向上的液压推力 $F$。当液压力 $F$ 小于弹簧力时，阀芯 3 不移动，阀口关闭，油口 P、T 不通。当液压力超过弹簧力时，阀芯上升，阀口打开，油口 P、T 相通，溢流阀溢流，油液便从出油口 T 流回油箱，从而保证进口压力基本恒定，系统压力不再升高。调节弹簧的预压力，便可调整溢流压力。扭动螺帽 1 可改变弹簧 2 的压紧力，从而调整溢流阀的工作压力。图 5-14（b）所示为其图形符号。

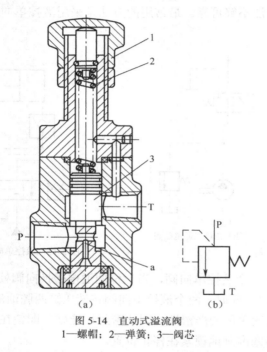

直动式溢流阀的工作原理

图 5-14　直动式溢流阀
1—螺帽；2—弹簧；3—阀芯

　　直动式溢流阀由于采用了阀芯上设阻尼小孔的结构，因此可避免阀芯动作过快时造成的振动，提高了阀工作的平稳性。但这类阀用于高压、大流量时，需设置刚度较大的弹簧，且随着流量变化，其调节后的压力 $p$ 波动较大，故这种阀只适用于系统压力较低、流量不大的场合。直动式溢流阀最大调整压力一般为 2.5MPa。

**2. 先导式溢流阀**

　　先导式溢流阀的结构原理和图形符号如图 5-15 所示。这种阀的结构分两部分，左边是主阀部分，右边是先导阀部分。该阀的特点是利用主阀阀芯 6 左右两端受压表面的作用力差与弹簧力相平衡来控制阀芯移动的。压力油通过进油口进入 P 腔后，再经孔 e 和孔 f 进入阀芯的左腔，同时油液又经阻尼小孔 d 进入阀芯的右腔并经孔 c 和孔 b 作用于先导调压阀锥阀 4 上，与弹簧 3 的弹簧力平衡。当系统压力 $p$ 较低时，锥阀 4 闭合，主阀阀芯 6 左右腔压力近乎相等，溢流口关闭，P、T 不通，主阀阀芯在弹簧 5 的作用下处于最左端。当系统压力升高并大于先导阀弹簧 3 的调定压力时，锥阀 4 被打开，主阀阀芯右腔的压力油经锥阀 4、小孔 a、回油腔 T 流回油箱。这时由于主阀阀芯 6 的阻尼小孔 d 的作用产生压降，所以，阀芯 6 右腔的压力低于左腔的压力，当阀芯 6 左右两端压力差超过弹簧 5 的作用力时，阀芯向右推，进油腔 P 和回油腔 T 接通，实现溢流作用。调节螺帽 1，可通过弹簧座 2 调节调压弹簧 3 的压紧力，从而调定液压系统的压力。阀的开启压力与调压弹簧的预紧力和先导阀阀口面积有关，因此，调节调压弹簧的预紧力即可获得不同的进口压力。调压弹簧须直接与进口压力作用于先导阀上的力相平衡，则弹簧刚度大；而主阀的平衡弹簧只用于主阀阀芯的复位，则弹簧刚度小。

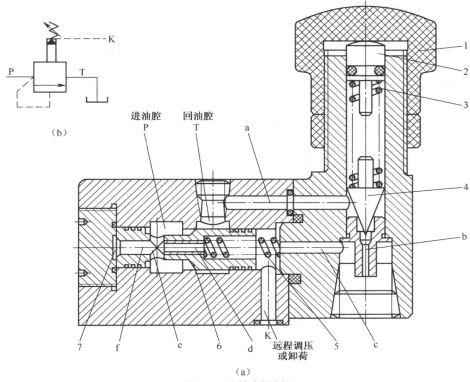

图 5-15 先导式溢流阀

1—调节螺帽；2—弹簧座；3—弹簧；4—锥阀；5—弹簧；6—阀芯；7—阀座

先导式溢流阀在工作时，由于先导阀调压，主阀溢流，溢流口变化时平衡弹簧预紧力变化小，因此，进油口压力受溢流量变化的影响不大，其压力流量特性优于直动式溢流阀。故先导式溢流阀广泛应用于高压、大流量和调压精度要求较高的场合，其额定压力为 6.3MPa。但由于先导式溢流阀是二级阀，其灵敏度和响应速度比直动式溢流阀低。

先导式溢流阀有一外控口 K，与主阀上腔相通，如通过管路与其他阀相通，可实现远程调压、多级调压和卸荷等功能。

**3．溢流阀的应用及其回路**

在液压系统中，溢流阀主要用于调定系统压力，使系统压力在一个稳定值。溢流阀同时还可以用于安全保护、远程调压、卸荷、背压等。

（1）调压溢流

由于系统中执行设备的速度和负荷是变化波动，这势必造成系统流量和压力的波动，而系统常采用定量泵供油，这样进油时，造成供需不平衡。为了解决这个问题，常在其进油路或回油路上设置节流阀或调速阀，使多余的油经溢流阀流回油箱，溢流阀处于调定压力下的常开状态。调定溢流阀弹簧的压紧力，也就调节了系统的工作压力。因此，在这种情况下溢流阀的作用即为调压溢流，如图 5-16（a）所示。

（2）安全保护

如果系统采用变量泵供油，则变量泵可以根据实际需要供油，系统内没有多余的油需要溢流，其工作压力由负载决定。这时系统中的溢流阀可作安全阀，即将溢流阀压力调到高于正常工作时的安全压力值，当系统压力值达到安全压力值时溢流阀打开泄油，保证系统安全。系统正常工作时溢流阀是关闭的，如图 5-16（b）所示。

（3）使泵卸荷

采用先导式溢流阀调压的定量泵供油系统，当系统暂不工作时，可将溢流阀的外控口 K 与油箱连通，就会使主阀芯打开溢流，这种情况下，系统压力很低，功率也就很小，实现了卸荷以减少能量损耗。如图 5-16（c）所示，当电磁铁通电时，溢流阀外控口 K 通油箱，因而能使泵卸荷。

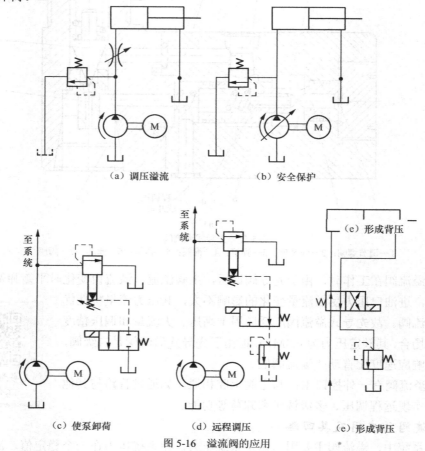

(a) 调压溢流　　　　　　　　(b) 安全保护

(c) 使泵卸荷　　　　　　(d) 远程调压　　　　　　(e) 形成背压

图 5-16　溢流阀的应用

（4）远程调压

系统中先导阀的外控口 K（远程控制口）与调压较低的溢流阀连通时，其系统压力由调压较低的溢流阀确定，利用这一点可实现远程调压。图 5-16（d）中，当电磁阀不通电右位工作时，将先导溢流阀的外控口与低压溢流阀连通，而将小的低压溢流阀安装在工作控制台上操作，实现远程调压。

（5）形成背压

将溢流阀安装在液压缸的回油路上，可使缸的回油腔形成背压，提高运动部件运动时的平稳性，因此，这种用途的阀也称背压阀，如图5-16（e）所示。

**（二）顺序阀的工作原理及其应用**

顺序阀是以压力为信号自动控制油路通断的压力控制阀，常用于控制系统中多个执行元件先后动作顺序。

单级调压回路的
工作原理

**1．直动式顺序阀**

图5-17（a）所示为直动式顺序阀的结构图。它由螺堵1、下阀盖2、控制活塞3、阀体4、阀芯5、弹簧6等零件组成。当其进油口的油压低于弹簧6的调定压力时，控制活塞3下端油液向上的推力小，阀芯5处于最下端位置，阀口关闭，油液不能通过顺序阀流出。当进油口油压达到弹簧调定压力时，阀芯5抬起，阀口开启，压力油即可从顺序阀的出口流出，使阀后的油路工作。这种顺序阀利用其进油口压力控制，称为普通顺序阀（也称为内控式顺序阀），其图形符号如图5-17（b）所示。由于阀出油口接压力油路，因此其上端弹簧处的泄油口必须另接一油管通油箱，这种连接方式称为外泄。

若将下阀盖2相对于阀体转过90°或180°，将螺堵1拆下，在该处接控制油管并通入控制油，则阀的启闭便由外供控制油控制，这时即成为液控顺序阀，其图形符号如图5-17（c）所示。若再将上阀盖7转过180°，使泄油口处的小孔a与阀体上的小孔b连通，将泄油口用螺堵封住，并使顺序阀的出油口与油箱连通，则顺序阀就成为卸荷阀，其泄漏油可由阀的出油口流回油箱，这种连接方式称为内泄。卸荷阀的图形符号如图5-17（d）所示。

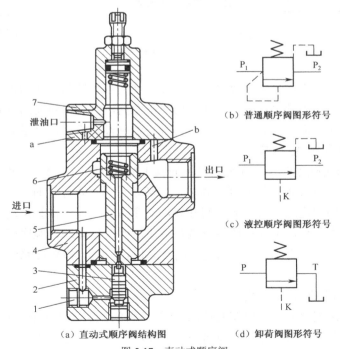

（b）普通顺序阀图形符号

（c）液控顺序阀图形符号

（a）直动式顺序阀结构图　　　　（d）卸荷阀图形符号

图5-17　直动式顺序阀

1—螺堵；2—下阀盖；3—控制活塞；4—阀体；5—阀芯；6—弹簧；7—上阀盖

直动式顺序阀设置控制活塞的目的是缩小阀芯受油压作用的面积，以便采用较软的弹簧提高阀的压力——流量特性。直动式顺序阀的最高工作压力可达 14MPa，其最高控制压力可达 7MPa。顺序阀常与单向阀组合成单向顺序阀使用。

### 2．先导式顺序阀

先导式顺序阀的结构与先导式溢流阀类似，其工作原理基本相同，故不再重述。先导式顺序阀与直动式顺序阀一样也有内控外泄、外控外泄和外控内泄等控制方式。图 5-18 所示为先导式顺序阀的结构原理和图形符号。

顺序阀的工作原理

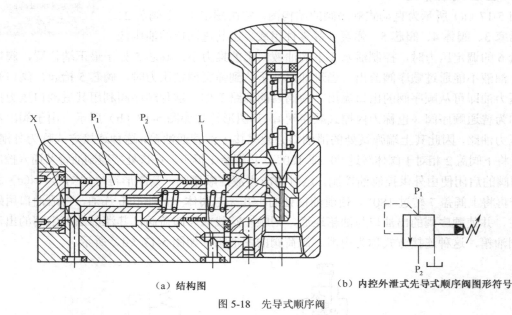

（a）结构图　　　　　　　　　　（b）内控外泄式先导式顺序阀图形符号

图 5-18　先导式顺序阀

顺序阀与溢流阀的不同之处：顺序阀的出油口通向系统的另一压力油路即工作油路，而溢流阀出口接油箱；由于顺序阀进、出油口均为压力油，所以它的泄油口 L 必须单独外接油箱，否则将无法工作，而溢流阀的泄油可在内部连通回油口直接流回油箱。

### 3．顺序阀的应用及其回路

图 5-19 所示为用顺序阀 2 和 3 与电磁换向阀 1 配合动作，使 A、B 两液压缸实现①②③④顺序动作的回路。当 A 液压缸实现动作①后，活塞行至终点停止时，系统压力升高，当压力升高到顺序阀 3 的调定压力时，顺序阀开启，活塞右移实现动作②，动作③④与动作①②同理。这种回路工作可靠，可以按照要求调整液压缸的动作顺序。顺序阀的调整压力应比先动作液压缸的最高工作压力高（中压系统须高 0.8MPa 左右），以免在系统压力波动较大时产生误动作。

### 4．使用顺序阀的注意事项

顺序阀是液压系统中的自动控制元件，其弹簧压力的调定应高于前一执行元件所需压力，但应低于溢流阀的调定压力。除作卸荷阀外，顺序阀的出油口必须接系统，推动负载进行工作，而泄油口一定单独接回油箱，不能与出油口相通。

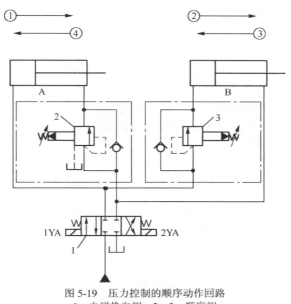

图 5-19　压力控制的顺序动作回路
1—电磁换向阀；2、3—顺序阀

### （三）减压阀的工作原理及其应用

减压阀是利用液流流经缝隙产生压力降的原理，使得出口压力低于进口压力的压力控制阀，常用于要求某一支路压力低于主油路压力的场合。按其控制压力可分为定值减压阀（出口压力为定值）、定比减压阀（进口和出口压力之比为定值）和定差减压阀（进口和出口压力之差为定值）。其中，定值减压阀的应用最为广泛，简称减压阀，按其结构又有直动式和先导式之分，先导式减压阀性能较好，最为常用。这里仅就先导式定值减压阀进行分析介绍。

对定值减压阀的性能要求：出口压力保持恒定，且不受进口压力和流量变化的影响。

#### 1. 先导式减压阀

减压阀工作原理

先导式减压阀的结构形式很多，但工作原理相同。图 5-20 所示为常用的先导式减压阀结构原理图。它也分为两部分，即先导阀和主阀，由先导阀调压，主阀减压。压力油（一次压力油）由进油口 $P_1$ 进入，经主阀阀芯 7 和阀体 6 所形成的减压口后从出口口 $P_2$ 流出。由于油液流过减压口的缝隙时有压力损失，所以，出口油压 $p_2$（二次压力油）低于进口压力 $p_1$。

出口压力油一方面被送往执行元件，另一方面经阀体 6 下部和端盖 8 上通道至主阀阀芯 7 下腔，再经主阀阀芯上的阻尼孔 9 引入主阀阀芯上腔和先导锥阀 3 的右腔，然后通过锥阀座 4 的阻尼孔作用在锥阀上。当负载较小、进口压力 $p_1$ 低于调压弹簧 11 所调定的压力时，先导阀关闭。主阀阀芯阻尼孔内无油液流动，主阀阀芯上、下两腔油压均等于出口油压 $p_2$，主阀阀芯在主阀弹簧 10 作用下处于最下端位置，主阀阀芯与阀体之间构成的减压口全开，不起减压作用；当出口压力 $p_2$ 上升至超过调压弹簧 11 所调定的压力时，先导阀阀口打开，油液经先导阀和泄油口流回油箱。由于阻尼孔 9 的作用，主阀阀芯上腔的压力 $p_3$ 将小于下腔的压力 $p_2$。当此压力差所产生的作用力大于主阀阀芯弹簧的预紧力时，主阀阀芯 7 上升使减压口缝隙减小，$p_2$ 下降，直到此压差与阀芯作用面积的乘积和主阀阀芯上的弹簧力相等时，主阀阀芯处于平衡状态。此时减压阀保持一定开度，出口压力 $p_2$ 稳定在调压弹簧 11 所调定的压力值。

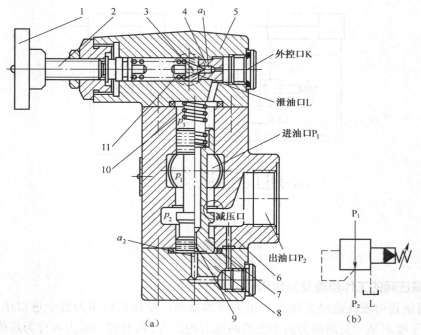

图 5-20　先导式减压阀
1—调压手轮；2—调节螺钉；3—锥阀；4—锥阀座；5—阀盖；6—阀体；
7—主阀阀芯；8—端盖；9—阻尼孔；10—主阀弹簧；11—调压弹簧

如果由于外来干扰使进口压力 $p_1$ 升高，则出口压力 $p_2$ 也升高，使主阀阀芯向上移动，主阀开口减小，$p_2$ 又降低，在新的位置上取得平衡，而出口压力基本维持不变；反之亦然。这样，减压阀利用出油口压力的反馈作用，自动控制阀口开度，从而使得出口压力基本保持恒定，因此，称为定值减压阀。

减压阀的阀口为常开型，其泄油口必须由单独设置的油管通往油箱，且泄油管不能插入油箱液面以下，以免造成背压，使泄油不畅，影响阀的正常工作。

与先导式溢流阀相同，先导式减压阀也有一外控口 K，当阀的外控口 K 接一远程调压阀，且远程调压阀的调定压力低于减压阀的调定压力时，可以实现二级减压。

**2．减压阀的应用及其回路**

图 5-21 所示为夹紧机构中常用的减压回路。回路中串联一个减压阀，使夹紧缸能获得较低而又稳定的夹紧力。减压阀的出口压力可从 0.5MPa 至溢流阀的调定压力范围内调节，当系统压力有波动时，减压阀出口压力稳定不变。

**3．使用减压阀的注意事项**

在液压系统中，减压阀一般用于减压回路，有时也用于系统的稳压，常用于控制、夹紧、润滑等回路。

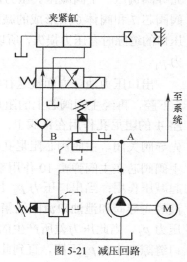

图 5-21　减压回路

为使减压回路可靠工作，其减压阀的最高调定压力应比系统最高调定压力低一定的数值。例如，中压系统约低 0.5MPa，中高压系统约低 1MPa，否则减压阀不能正常工作。当减压支路的执行元件需要调速时，节流元件应安装在减压阀出口的油路，以免减压阀工作时，其先导阀泄油影响执行元件的速度。

**（四）压力继电器的工作原理及应用**

压力继电器将系统或回路中的压力信号转换为电信号的转换装置，利用液压力启闭电气触点发出电信号，从而控制电气元件（如电动机、电磁铁和继电器等）的动作，实现电动机启停、液压泵卸荷、多个执行元件的顺序动作和系统的安全保护等。

**1．压力继电器**

图 5-22（a）所示为单柱塞式压力继电器的结构原理图。压力油从油口 P 进入，并作用于柱塞 1 的底部，当压力达到弹簧的调定值时，克服弹簧阻力和柱塞表面摩擦力，推动柱塞上升，通过顶杆 2 触动微动开关 4 发出电信号。图 5-22（b）所示为压力继电器的图形符号。

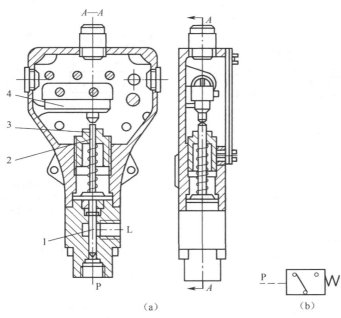

图 5-22　单柱塞式压力继电器
1—柱塞；2—顶杆；3—调节螺钉；4—微动开关

压力继电器发出电信号的最低压力和最高压力间的范围称为调压范围。拧动调节螺钉 3 即可调整其工作压力。压力继电器发出电信号时的压力称为开启压力；切断电信号时的压力称为闭合压力。由于开启时摩擦力的方向与油压力的方向相反，闭合时则相同，故开启压力大于闭合压力，两者之差称为压力继电器通断调节区间。它应有一定的范围，否则，系统压力脉动时，压力继电器发出的电信号会时断时续。中压系统中使用的压力继电器其调节区间一般为 0.35～0.8MPa。

**2．压力继电器的应用**

（1）安全保护

如图 5-23（a）所示，将压力继电器 2 设置在夹紧液压缸的一端，液压泵启动后，首先将工件夹紧，此时夹紧液压缸 3 的右腔压力升高，当升高到压力继电器的调定值时，压力继电器 2 动作，发出电信号使 2YA 通电，于是切削液压缸 4 进刀切削。在加工期间，压力继电器 2 微动开关的常开触点始终闭合。若工件没有夹紧，压力继电器 2 断开，于是 2YA 断电，切削液压缸 4 立即停止进刀，从而避免工件未夹紧被切削而出事故。

（2）控制执行元件的顺序动作

如图 5-23（b）所示，液压泵启动后，首先 2YA 通电，液压缸 5 左腔进油，推动活塞按①所示方向右移。当碰到限位器（或死挡铁）后，系统压力升高，压力继电器 6 发出电信号，使 1YA 通电，高压油进入液压缸 4 的左腔，推动活塞按②所示的方向右移。这时，若 3YA 通电，液压缸 4 的活塞快速右移；若 3YA 断电，则液压缸 4 的活塞慢速右移，其慢速运动速度由节流阀 3 调节，从而完成先①后②的顺序动作。

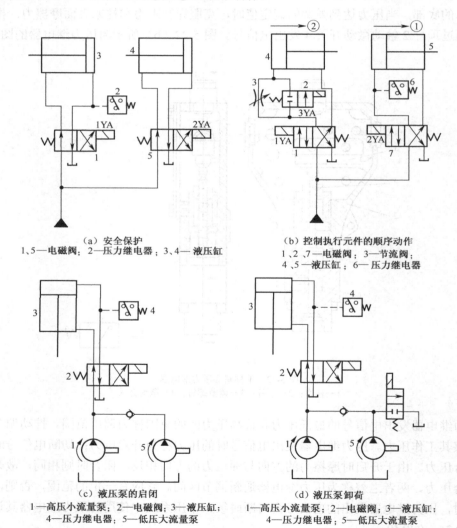

（a）安全保护
1、5—电磁阀；2—压力继电器；3、4—液压缸

（b）控制执行元件的顺序动作
1、2、7—电磁阀；3—节流阀；
4、5—液压缸；6—压力继电器

（c）液压泵的启闭
1—高压小流量泵；2—电磁阀；3—液压缸；
4—压力继电器；5—低压大流量泵

（d）液压泵卸荷
1—高压小流量泵；2—电磁阀；3—液压缸；
4—压力继电器；5—低压大流量泵

图 5-23  压力继电器的应用

（3）液压泵的启闭

如图 5-23（c）所示回路中有两个液压泵，1 为高压小流量泵，5 是低压大流量泵。当活

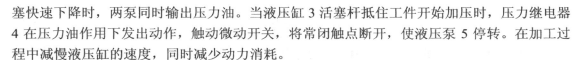

塞快速下降时，两泵同时输出压力油。当液压缸 3 活塞杆抵住工件开始加压时，压力继电器 4 在压力油作用下发出动作，触动微动开关，将常闭触点断开，使液压泵 5 停转。在加工过程中减慢液压缸的速度，同时减少动力消耗。

（4）液压泵卸荷

如图 5-23（d）与图 5-23（c）所示回路相似，但压力继电器不是控制液压泵停止转动，而是控制二位二通电磁阀，将液压泵 5 输出的压力油流回油箱，使其卸荷。

**（五）压力控制阀的选用**

选择压力阀的主要依据是其在液压系统中的作用，额定压力、最大流量、压力损失等工作性能参数和使用寿命。一般方法是按照液压系统的最大压力和通过阀的流量，从产品样本中选择规格（压力等级和通径）。低、中压系列液压阀，其最高压力为 6.3MPa，主要用于机床液压传动。中、高压系列液压阀，其最高压力为 32MPa，主要用于工程机械及重型机械液压传动。选择时还要注意以下几点：

（1）阀的额定压力应大于系统额定压力的 20%～30%，以保证压力控制阀在系统短暂过载时仍能正常工作；

（2）确保液压系统压力调节范围在压力控制阀的压力调节范围之内；

（3）当液压系统对控制压力的超调量、开启时间等有较高要求时，考虑被选阀的结构形式及动态性能方面的因素；

（4）压力稳定是压力阀的重要指标之一（特别是减压阀），但压力阀一般都存在压力偏移，在选用时注意其偏移是否超过系统要求；

（5）压力控制阀的使用流量不要超过其额定值，而流量是选择压力控制阀通径的依据；

（6）直动型压力控制阀结构简单，灵敏度高，但其压力受流量变化的影响大，调压偏差大，适用于灵敏度要求高的缓冲、制动装置中，不适于高压、大流量情况工作；

（7）先导型压力控制阀的灵敏度和响应速度比直动型压力阀低，而调压精度比直动型压力阀高，广泛用于高压、大流量和调压精度要求较高的场合。

此外，还应考虑阀的安装空间及连接形式、使用寿命及维护方便性等因素。

**（六）压力控制回路**

压力控制回路是利用压力控制阀控制油液的压力，以满足执行元件输出力矩（转矩）的要求，或利用压力作为信号控制其他元件动作，以实现某些动作要求。

常用的压力控制回路，除前述所讲外，还有增压回路、保压回路、卸荷回路、平衡回路等。

**1．增压回路**

增压回路与减压回路相反，当液压系统的某一支油路需要较高压力而流量又不大的压力油时，若采用高压液压泵或者不经济，或者没有这样压力的液压泵，这时就要采用增压回路。采用了增压回路的系统工作压力仍是低的，因而节省能源，并且系统工作可靠、噪声小。

（1）单向增压回路

图 5-24 所示为单向增压回路，增压缸中有大、小两个活塞，并由一根活塞杆连接在一起。当手动换向阀 3 右位工作时，泵输出压力油进入增压缸 A 腔，推动活塞向右运动，右腔油液经手动换向阀 3 流回油箱，而 B 腔输出高压油，油液进入工作缸 6 推动单作用式液压缸活塞下移，此时 B 腔的压力为

$$p_B = \frac{p_A A_1}{A_2} \tag{5-1}$$

式中，$p_A$、$p_B$——分别为 A 腔、B 腔的油液压力；

$A_1$、$A_2$——分别为增压缸大、小端活塞面积。

由于 $A_1 > A_2$，所以 $p_B > p_A$。

由此可知，增压缸 B 腔输出油压比液压泵输出油压高。

当手动换向阀 3 左位工作时，增压缸活塞向左退回，工作缸 6 靠弹簧复位。为补偿增压缸 B 腔和工作缸 6 的泄漏，可通过单向阀 5 由辅助油箱补油。

用增压缸的单向增压回路只能供给断续的高压油，因此，适用于行程较短、单向作用力很大的液压缸。

（2）连续增压回路

连续增压回路是一个双作用增压缸，采用电气控制的自动换向回路，如图 5-25 所示。

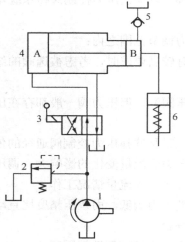

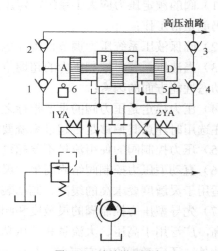

图 5-24　单向增压回路
1—单向定量泵；2—溢流阀；3—手动换向阀；
4—增压缸；5—单向阀；6—工作缸

图 5-25　连续增压回路
1、2、3、4—单向阀；5、6—行程开关

当 1YA 通电时，增压缸 A、B 腔输入低压油，推动活塞右移，C 腔油液流回油箱，D 腔增压后的压力油经单向阀 3 输出，此时单向阀 2、4 关闭。当活塞移至顶端触动行程开关 5 时，换向阀 1YA 断电、2YA 通电，换向阀换向，活塞左移，A 腔增压后的压力油经单向阀 2 输出。这样依靠换向阀不断换向，即可连续输出高压油。

**2．保压回路**

保压回路用来使系统在液压缸不动或仅有工件变形所产生的微小位移下稳定地维持压力。

（1）利用液压泵控制的保压回路

大流量、高压系统常常采用专门的液压泵（保压泵）进行保压，如图 5-26 所示。

当液压缸上腔压力达到预定数值时，泵 1 卸荷，这时液压缸上腔的压力由液控单向阀 4 保压。经过一段时间，由于泄漏压力降低到允许的下限值，由接点压力计 5 发信号，二位二通电磁换向阀 8 通电，泵 10 经过单向阀 6 向液压缸上腔进行补油保压。

利用串联液压缸控制的增压回路

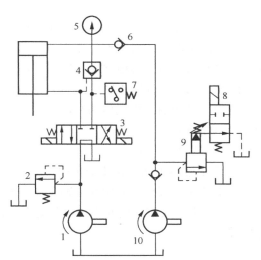

图 5-26 利用液压泵的保压回路

1—主油泵；2—直动式溢流阀；3—三位四通电磁换向阀；4—液控单向阀；5—接点压力计；6—单向阀；
7—压力继电器；8—二位二通电磁换向阀；9—先导式溢流阀；10—补油保压泵

用专门的保压回路进行补油保压，可靠性及压力稳定性高，而且可进行长时间保压，但回路稍复杂。

若保压时间短，常常采用开泵保压。所谓开泵保压就是执行机构已到达终点，泵仍继续向液压缸供油以保持压力。开泵保压时，对于定量泵而言，泵输出流量只有少量用于补充系统泄漏，大部分经溢流阀溢回油箱，从而造成很大的功率损耗，并使油温升高，因此，这种保压方法只适用于短暂的保压场合。采用限压式变量泵保压回路，因系统压力高，泵输出流量自然减小，所以，泵消耗功率很小，但需要泵本身具有很高的效率。

利用液压泵控制的保压回路

（2）利用蓄能器控制的保压回路

图 5-27 所示为蓄能器保压回路。泵 1 同时驱动主油路切削缸和夹紧油路夹紧缸 7 工作，并且要求切削缸空载或快速退回运动时，夹紧缸必须保持一定的压力，使工件被夹紧而不松动。

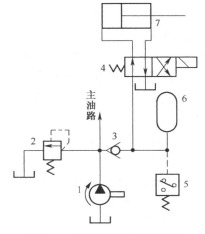

图 5-27 利用蓄能器的保压回路

1—单向定量泵；2—溢流阀；3—单向阀；4—二位二通电磁换向阀；5—压力继电器；6—蓄能器；7—液压缸

为此，回路设置了蓄能器 6 进行保压。加工工件的工作循环是先将工件夹紧后，方可进行加工，因此，泵 1 首先向夹紧缸供油，同时向蓄能器充液，当夹紧油路压力达到压力继电器 5 的调定压力时，说明工件已夹紧，压力继电器发出电信号，主油路切削缸开始工作，夹紧油路由蓄能器补偿夹紧油路的泄漏，以保持夹紧油路压力。当夹紧油路的压力降低到一定数值时，泵应再向夹紧油路供油。当切削缸快速运动时，主油路压力低于夹紧油路的压力，单向阀 3 关闭，防止夹紧油路压力下降。

（3）利用液控单向阀控制的保压回路

如图 5-28 所示，当液压缸 7 上腔压力达到保压数值时，压力继电器发出电信号，三位四通电磁换向阀 3 回复中位，泵 1 卸荷，液控单向阀 6 立即关闭，液压缸 7 上腔油压依靠液控单向阀内锥阀关闭的严密性保压。由于液控单向阀不可避免地存在泄漏，使压力下降，因此，保压时间较短，压力稳定性较差。

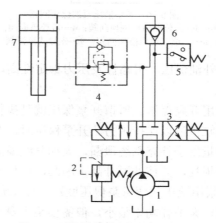

图 5-28　利用液控单向阀的保压回路

1—单向变量泵；2—溢流阀；3—三位四通电磁换向阀；4—单向顺序阀；5—压力继电器；6—液控单向阀；7—液压缸

### 3．卸荷回路

在整个液压系统工作循环中，有时要求执行元件短时间停止工作，或者保持不动作，而只要求回路保持一定的压力。在这种情况下，液压系统不需要或仅需要少量的压力油。此时若泵输出流量全部经溢流阀溢流回油箱，则会造成很大的功率消耗，并使油温升高，油质劣化；若采用停泵的办法，停止向系统供油，则因频繁地启动电机降低液压泵和电动机的使用寿命。因此，在液压系统中设置卸荷回路，使泵输出流量在零压或低压状态下流回油箱，可节省功率，减少油液发热、延长泵的使用寿命，这种工作状态称为泵卸荷。

（1）采用换向阀的卸荷回路

① 采用三位四通（五通）换向阀的卸荷回路

用三位四通（五通）换向阀的卸荷回路，是采用换向阀为 M 型、H 型或 K 型中位机能，使泵与油箱连通进行卸荷，如图 5-29 所示卸荷回路，泵输出的油液经三位四通电磁换向阀直接流回油箱。采用液动阀或电液换向阀的卸荷回路，必须在回油路上安装背压阀，如单向阀或溢流阀，以保证控制油路具有需要的启动压力。

用换向阀中位机能的卸荷回路，卸荷方法比较简单，但压力较高，流量较大时，容易产生冲击，故适用于低压、小流量的液压系统，不适用于一个液压泵驱动两个或两个以上执行元件的系统，以及执行元件停止运动时不需要保压的场合。

　　② 采用二位二通阀的卸荷回路

　　用二位二通阀的卸荷回路，可采用二位二通电磁换向阀、二位二通手动换向阀和二位二通机动换向阀进行卸荷。图 5-30（a）所示为用二位二通电磁换向阀的卸荷回路，当系统工作时，二位二通电磁换向阀电磁铁通电，泵与油箱的通道被切断，泵向系统供油。当执行元件停止运动时，二位二通电磁换向阀断电，泵输出流量经二位二通电磁换向阀流回油箱，泵卸荷。图 5-30（b）所示为采用挡块操纵二位二通机动换向阀的卸荷回路。二位四通手动换向阀处于图示位置时，液压缸返回，当返回行程至终点时，活塞杆上的挡块自行操纵二位二通机动换向阀，使泵与油箱连通，泵卸荷，液压缸停止运动。

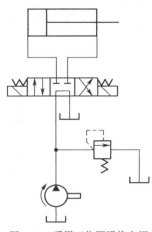

图 5-29　采用三位四通换向阀的卸荷回路

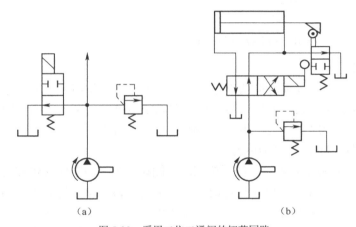

图 5-30　采用二位二通阀的卸荷回路

　　应当指出，采用二位二通换向阀的卸荷方法，必须使二位二通换向阀的流量与泵的额定输出流量相匹配。这种卸荷方法的卸荷效果较好，易于实现自动控制，一般适用于液压泵流量小于 63L/min 的场合。

　　（2）采用溢流阀的卸荷回路

　　图 5-31 所示为用先导式溢流阀和小流量二位二通电磁换向阀组成的卸荷回路。当工作部件停止运动时，二位二通电磁换向阀通电，使先导式溢流阀的外控口与油箱相通，此时溢流阀的阀口全部打开，液压泵输出流量经溢流阀溢回油箱，实现泵卸荷。

　　在这种卸荷回路中，因为由压力继电器控制二位二通电磁换向阀的动作，所以便于实现自动控制，同时又易于实现远程控制泵卸荷。本回路中二位二通电磁换向阀通过的流量很小，故可选用小规格的一位二通阀，而先导式溢流阀的额定流量必须与液压泵的流量相匹配。由于在回路中设置了单向阀和蓄能器，因此泵卸荷时，由蓄能器补充泄漏来保持液压缸压力。当蓄能器压力降低到一定值时，压力继电器又发出电信号，使 3YA 断电，液压泵又向系统供油和向蓄能器充液，以保证系统的压力。用蓄能器保压，由先导式溢流阀卸荷的回路，多用于夹紧系统，因为工件夹紧后液压缸不需要流量，只需要保持液压缸压力即可。这种回路既能满足工作需要，又能节省功率，减少系统油液发热。

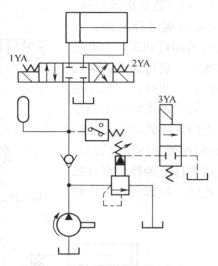

图 5-31　采用溢流阀的卸荷回路

### 4．平衡回路

为了防止立式液压缸或垂直运动工作部件，由于自重的作用而下滑，造成事故；或在下行中因自重而造成超速运动，使运动不平稳，在系统中可采用平衡回路，即在立式液压缸下行的回油路上设置一顺序阀使之产生一定的阻力与平衡自重。

（1）采用单向顺序阀的平衡回路

图 5-32 所示为采用单向顺序阀的平衡回路。回路中的单向顺序阀也称为平衡阀，它设在液压缸下腔与换向阀之间。当 1YA 通电时，压力油进入液压缸上腔，推动活塞向下运动。液压缸下腔油压超过顺序阀的调定值时，顺序阀打开，活塞下行，其下行速度由泵的供油流量决定。活塞在下行期间由于顺序阀使液压缸下腔自然形成一个与自重相平衡的压力，防止因自重下滑，故活塞下降平稳，其液压缸下腔的背压力即顺序阀的调整压力为

$$p \geqslant \frac{G}{A} \tag{5-2}$$

式中，$p$ —— 顺序阀的调整压力；

　　　$G$ —— 运动部件的总重量；

　　　$A$ —— 液压缸下腔的有效面积。

考虑到运动部件下行时存在摩擦力，顺序阀的调整压力可调得稍低。当 2YA 通电时，压力油经单向阀进入液压缸下腔，活塞上升，此时顺序阀处于关闭状态，不起作用。当 1YA、2YA 都断电时，二位四通电磁换向阀处于中位，执行元件停止运动。对于有严格位置要求的运动部件，应在单向顺序阀和液压缸之间增设一个液控单向阀，利用液控单向阀关闭的严密性，防止液压缸下腔泄漏，以保证足够的压力，使活塞及其重物长时间停留在某位置上，如图 5-32（b）所示。这种回路，停止时会由于顺序阀的泄漏而使运动部件缓慢下降，所以要求顺序阀的泄漏量小；由于回油腔有背压，功率损失较大。

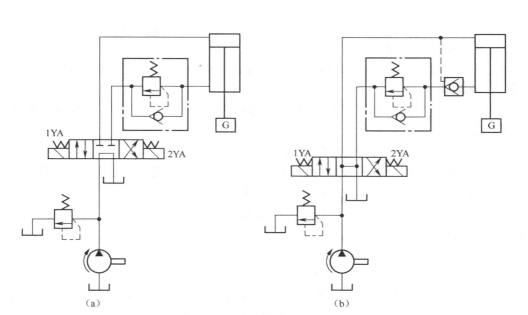

图 5-32　采用单向顺序阀的平衡回路

（2）采用远控单向顺序阀的平衡回路

如图 5-33 所示，当 2YA 通电时，三位四通电磁换向阀处于右位工作，泵向液压缸上腔供油，并进入到远控顺序阀的控制口。当供油压力达到顺序阀的调整压力时，打开顺序阀，液压缸下腔油液经液控顺序阀、三位四通电磁换向阀流回油箱，活塞带着重物下行。当活塞及重物作用突然出现超速现象时，必定是液压缸上腔压力降低，此时远控顺序阀控制油路压力也随之下降，将液控顺序阀关小，增大其回油阻力，以减小运动部件下滑速度。值得注意的是，

利用单向顺序阀控制的平衡回路

远控顺序阀启闭取决于控制油路的油压，而与负载大小无关，活塞及重物在下行过程中，由于重物作用，远控顺序阀始终处于不稳定状态。当三位四通电磁换向阀处于中位，运动部件停止运动时，用三位四通电磁换向阀为 H 型机能，液压缸上腔卸压，远控顺序阀迅速关闭，并被锁紧。采用远控顺序阀的平衡回路多用于运动部件重量或者负载时常变化的场合。

这种回路适用于负载重量变化的场合，较安全、可靠。但活塞下行时，由于重力作用会使顺序阀的开口量处于不稳定状态，系统平稳性较差。采用远控单向阀的平衡回路在插床和一些锻压机械上应用得比较广泛。

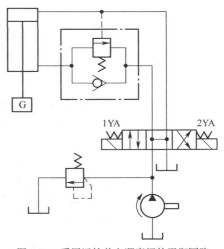

图 5-33　采用远控单向顺序阀的平衡回路

## 四、流量控制阀及速度控制回路

流量控制阀在液压系统中，主要用来调节通过阀口的流量，以满足对执行元件运动速度

的要求。流量控制阀均以节流单元为基础，利用改变阀口通流截面的大小或通流通道的长短来改变液阻（液阻即为小孔缝隙对液体流动产生的阻力），以达到调节通过阀口的流量的目的。常用的流量控制阀包括节流阀，调速阀，分流阀及其与单向阀、行程阀的各种组合阀。

### （一）节流阀

任何一个流量控制阀都有一个节流部分，称为节流口。改变节流口的通流面积就可以改变通过节流阀的流量。

#### 1．节流口流量特性公式及其特性

通过伯努利方程的理论推导和实验研究可以发现，无论节流口的形式如何，通过节流口的流量 $q$ 都和节流口前后的压力差 $\Delta p$ 有关，其流量特性方程可用下式表示

$$q=KA_{\mathrm{T}}\Delta p^{\varphi} \tag{5-3}$$

式中，$q$ —— 通过节流口的流量；

$A_{\mathrm{T}}$ —— 节流口的通流截面积；

$\Delta p$ —— 节流口进、出口压力差；

$\varphi$ —— 由节流口形状决定的指数，在 0.5～1，近似薄壁孔时，$\varphi=0.5$，近似细长孔时，$\varphi=1$；

$K$ —— 由节流口的断面形状、大小及油液性质决定的系数。

式（5-3）说明通过节流口的流量与节流口截面积，以及节流口进、出口压力差的 $\varphi$ 次方成正比。

液压系统工作时，当节流口的通流面积调好后，一般都希望通过节流阀的流量稳定不变，以保证执行元件的速度稳定。但实际上，通过节流阀的流量受节流口前后压差、油温以及节流口形状等因素的影响。

#### 2．节流阀

图 5-34 所示为普通节流阀。它的节流口为轴向三角槽式（节流口除轴向三角槽式外，还有偏心式、针阀式、周向缝隙式、轴向缝隙式等），压力油从进油口 $P_1$ 流入，经阀芯左端的轴向三角槽后由出油口 $P_2$ 流出。阀芯 1 在弹簧力的作用下始终紧贴在推杆 2 的端部。旋转手轮 3，可使推杆沿轴向移动，改变节流口的通流截面积，从而调节通过阀的流量。

节流阀的工作原理

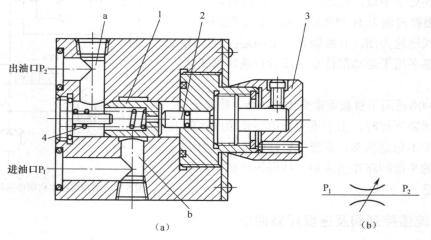

（a）
（b）

图 5-34　普通节流阀
1—阀芯；2—推杆；3—手轮；4—弹簧

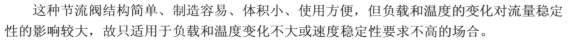

　　这种节流阀结构简单、制造容易、体积小、使用方便，但负载和温度的变化对流量稳定性的影响较大，故只适用于负载和温度变化不大或速度稳定性要求不高的场合。

　　**（二）调速阀**

　　调速阀与节流阀的不同之处是带有压力补偿装置，由定差减压阀（进出口压力差为定值）与节流阀串联而成。由于定差减压阀的自动调节作用，可使节流阀前后压差保持恒定，从而在开口一定时使阀的流量基本不变，因此，调速阀具有调速和稳速的功能。调速阀常用于执行元件负载变化较大、运动速度稳定性要求较高的液压系统。其缺点为结构较复杂，压力损失较大。

　　图 5-35（a）、（b）、（c）所示分别为调速阀的工作原理图、图形符号和简化符号。图中定差减压阀 1 与节流阀 2 串联。若减压阀进口压力为 $p_1$、出口压力为 $p_2$，节流阀出口压力为 $p_3$，则减压阀 a 腔、b 腔油压为 $p_2$，c 腔油压为 $p_3$。若减压阀 a、b、c 腔有效工作面积分别为 $A_1$、$A_2$、$A$，则 $A=A_1+A_2$。节流阀出口的压力 $p_3$ 由液压缸的负载决定。

调速阀的工作原理

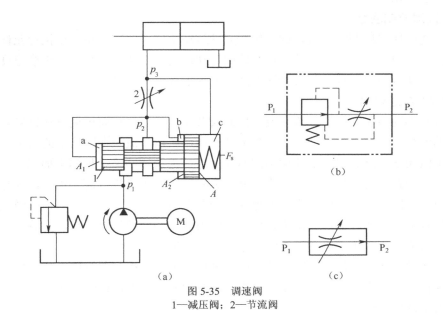

（a）　　　　　（b）　　　　　（c）

图 5-35　调速阀
1—减压阀；2—节流阀

　　当减压阀阀芯在其弹簧力 $F_s$、油液压力 $p_2$ 和 $p_3$ 的作用下处于某一平衡位置时，则有 $p_2 A_1 + p_2 A_2 = p_3 A + F_s$，即 $p_2 - p_3 = F_s/A$。由于弹簧刚度较低，且工作过程中减压阀阀芯位移很小，可以认为 $F_s$ 基本不变，故节流阀两端的压差 $\Delta p = p_2 - p_3$ 也基本保持不变。因此，当节流阀通流面积 $A_T$ 不变时，通过它的流量 $q$ 也基本不变。即无论负载如何变化，只要节流阀通流面积不变，液压缸的速度亦会保持基本恒定。例如，当负载增加，使 $p_3$ 增大的瞬间，减压阀右腔推力增大，其阀芯左移，阀口开大，阀口液阻减小，使 $p_2$ 也增大，$p_2$ 与 $p_3$ 的差值 $\Delta p$ 基本不变；反之亦然。因此，调速阀适用于负载变化较大、速度平稳性要求较高的系统。各类组合机床，车、铣床等设备的液压系统常用调速阀调速。

### （三）流量控制阀的选用

根据液压系统的执行机构的运行速度需求选定流量控制阀的类型后，还要考虑以下因素。

（1）系统工作压力。流量控制阀的额定压力要大于系统可能的工作压力范围。

（2）最大流量。在一个工作循环中所有通过流量控制阀的实际流量应小于该阀的额定流量。

（3）流量调节范围。流量控制阀的流量调节范围应大于系统要求的流量范围。尤其在选择节流阀和调速阀时，所选阀的最小稳定流量应满足执行机构的最低稳定速度的要求。

（4）流量调节的操作方式可根据工作要求选择。确定是否需要温度和压力补偿。根据工作条件及流量的控制精度决定。

（5）要考虑阀的安装空间、连接形式、使用寿命及维护方便性等。

（6）通过阀的实际流量一般情况下都小于液压泵的输出流量，但该值不可定得偏小，否则，将使阀的规格选得偏小，导致阀的局部压力损失过多，引起油温过高等后果，严重时会造成系统不能正常工作。

（7）若流量控制阀的使用压力、流量超过了其额定值，易引起液压卡紧，对控制阀工作性能产生不良影响。

### （四）速度控制回路

液压系统中速度控制回路包括调节执行元件运动速度的调速回路、使执行元件的空行程实现快速运动的快速运动回路、使执行元件的运动速度在快速运动与工作进给速度之间以及一种工作进给速度与另一种工作进给速度之间变换的速度换接回路。

#### 1. 节流调速回路

在定量泵供油系统中，通过改变流量控制阀节流口的通流截面积调节和控制输入或输出执行元件的流量实现速度调节的方法，称为节流调速。按节流阀在回路中的安装位置不同，分为进口节流调速回路、出口节流调速回路和旁路节流调速回路 3 种基本形式。

节流调速回路具有结构简单、工作可靠、成本低和使用维修方便等优点，并且能获得极低的运动速度，因此得到广泛应用。但也存在一些缺点，由于存在节流损失和溢流损失，所以功率损失较大，效率较低；又由于功率损失转为热量，会使油温升高，影响系统工作的稳定性。通常节流调速多用于小功率的液压系统，如机床进给系统。

下面对 3 种形式节流调速回路的性能进行分析。为了分析问题方便，分析性能时不考虑油液的泄漏损失、压力损失和机械摩擦损失，以及油液的压缩性影响。执行元件以液压缸为例，也适用于液压马达。

（1）进口节流调速回路

① 回路的组成

如图 5-36 所示，将节流阀安置在定量泵与液压缸的进油口之间，通过调节阀节流口的大小来调节进入液压缸的流量，即调节液压缸的运动速度，定量泵输出的多余流量经溢流阀溢回油箱。节流阀串联在液压缸的进油路上，故称为进口节流调速回路。

② 工作原理

定量泵输出的流量 $q_p$ 是恒定的，一部分流量 $q_1$ 经节流阀输入给液压缸左腔，用于克服负载 $F$，推动活塞右移；另一部分泵输出的多余流量 $\Delta q$ 经溢流阀溢回油箱，其流量关系式为

$$q_p = q_1 + \Delta q \tag{5-4}$$

从流量关系式不难看出，节流阀必须与溢流阀配合使用才能起调速作用，输入液压缸的

流量越少，从溢流阀溢回油箱的流量越多。由于溢流阀在进口节流调速回路中起溢流作用，因此处于常开状态，泵的出口压力等于溢流阀的调整压力，其值基本恒定。

从图 5-37 可看出，活塞运动速度决定于进入液压缸的流量 $q_1$ 和液压缸进油腔的有效面积 $A_1$，即

$$v=q_1/A_1 \tag{5-5}$$

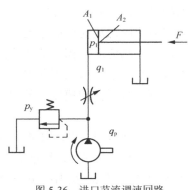

图 5-36　进口节流调速回路

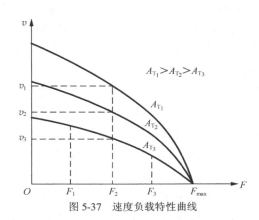

图 5-37　速度负载特性曲线

根据连续性方程，进入液压缸的流量 $q_1$ 等于通过节流阀的流量 $q$，而通过节流阀的流量可由节流阀的流量特性方程决定，即 $q_1=KA_T\Delta p^{0.5}$。

节流阀出口压力与液压缸进油腔的压力 $p_1$ 相等，它决定于负载的大小，而节流阀进口压力与泵的出口压力 $p_p$ 相等，因而节流阀的压差 $\Delta p$ 为

进口节流调速
回路

$$\Delta p = p_p - p_1 \tag{5-6}$$

因此，活塞的运动速度为

$$v=KA_T(p_p-p_1)^{0.5}/A_1 \tag{5-7}$$

从式（5-7）可看出，活塞的运动速度除与 $K$、$A_T$ 有关外，还与 $p_1$ 有关。当活塞克服负载做等速运动时，活塞受力平衡方程式为

$$p_1A_1=p_2A_2+F \tag{5-8}$$

式中，　$p_2$ —— 液压缸回油腔压力；

　　　　$A_2$ —— 液压缸有杆腔有效作用面积；

　　　　$F$ —— 负载。

若液压缸回油压力 $p_2=0$，则 $p_1=F/A_1$，于是 $\Delta p=p_p-F/A_1$

则活塞的运动速度为

$$v=KA_T(p_p-F/A_1)^{0.5}/A_1 \tag{5-9}$$

式（5-9）为进口节流调速回路的速度负载特性公式。公式中泵的出口压力 $p_p$ 等于溢流阀的调定压力 $p_y$，由于溢流阀处于常开状态，因此压力恒定。必须注意，溢流阀的调定压力应适当，调得过小不能克服较大负载而工作，调得过大功率损失大，因此应综合考虑最大负载时所需的压力，节流阀压力差，进、回油管的压力损失等因素调节。

③ 性能分析

a. 速度负载特性。从式（5-9）可看出活塞的运动速度 $v$ 与负载 $F$ 的关系，称为速度负载特性。负载加大，液压缸运动速度降低；负载减小，液压缸运动速度加快，因而速度刚性较差。以活塞运动速度 $v$ 为纵坐标、负载 $F$ 为横坐标，将式（5-9）按节流阀的不同通流面积 $A_T$ 作图，可描绘出图 5-37 所示的曲线，称为速度负载特性曲线，该曲线为抛物线。它表明速度 $v$ 随负载 $F$ 变化的规律，曲线越陡，说明负载变化对速度影响越大，即速度刚性差。当节流阀通流面积一定时，随着负载增加，活塞运动速度按抛物线规律下降，重载区域的速度刚性比轻载区的速度刚性差。同时还可看出，活塞运动速度与节流阀通流面积成正比，通流面积越大，速度越高；反之亦然。在相同负载情况下工作时，节流阀通流面积大的速度刚性要比通流面积小的速度刚性差，即高速时速度刚性差。由于节流阀的节流口采用薄壁小孔，可将节流阀的节流口调至最小，得到最小稳定流量，故液压缸可获得极低的速度；若将节流口调至最大，可获得最高运动速度。

b. 最大承载能力。当节流阀的通流面积和溢流阀的调定值一定时，负载 $F$ 增加，工作速度 $v$ 减小；当负载 $F$ 增加到（$F/A_1=p_y$）溢流阀的调定值时，工作速度为零，活塞停止运动，液压泵输出流量全部经溢流阀溢回油箱。这时液压缸的最大承载能力 $F_{max}=p_yA_1$，由图 5-37 可看出，抛物线顶点 $F_{max}$ 不变，故液压缸最大承载能力不随节流阀通流面积改变而改变，称为恒推力调速（对于液压马达而言称为恒转矩调速）。

c. 功率特性。液压泵输出总功率为

$$P_o=p_pq_p \tag{5-10}$$

液压缸输出有效功率为

$$P_{oM}=Fv=p_1 q_1 \tag{5-11}$$

功率损失为

$$\Delta P=p_y\Delta q+\Delta p q_1 \tag{5-12}$$

式中，$\Delta q$ —— 溢流阀溢流量；

$q_1$ —— 进入液压缸也即通过节流阀的流量。

其他符号意义同前。

由式（5-12）可知，当不计管路能量损失时，进口节流调速回路的功率损失由两部分组成：一是溢流损失，二是节流损失。当系统以低速、轻载工作时，液压缸输出有效功率极小，当液压缸工作压力 $p_1=0$ 时，液压缸输出有效功率为零；当 $p_1=p_y$ 时，因节流阀两端压差为零，进入液压缸的流量为零，液压缸停止运动，有效功率也为零。

d. 效率。调速回路的效率是液压缸输出的有效功率与液压泵输出的总功率之比，即

$$\eta = p_1 q_1/p_pq_p \tag{5-13}$$

由于存在溢流损失和节流损失，故进口节流调速回路效率较低，特别是负载小、速度低时，效率更低。

④ 特点

在工作中，液压泵的输出流量和供油压力不变，而所用液压泵流量必须按执行元件最高速度所需流量选择，供油压力按最大负载所需压力考虑，因此泵输出功率较大。但液压缸的速度和负载却常常是变化的，当系统以低速、轻载工作时，有效功率却很小，可观的功率消

耗在节流损失和溢流损失上，并转换为热能，使油温升高。特别是节流后的油液直接进入液压缸，由于管路泄漏，影响液压缸的运动速度。

由于节流阀安装在执行元件的进油路上，回油路无背压，负载消失时，工作部件会产生前冲现象，此外，也不能承受负值负载。为提高运动部件的平稳性，常常在回油路上增设一个 0.2～0.3MPa 的背压阀。由于节流阀安装在进油路上，启动时冲击较小，节流阀节流口通流面积可由最小调至最大，所以液压缸的调速范围大，可达 1：100。

⑤ 应用

根据对进口节流调速性能的分析可知，工作部件的运动速度随外负载的增减而忽慢忽快，难以得到稳定的速度，因而进口节流调速回路不适宜用在负载大、速度高或负载变化较大的场合，而在低速、轻载下速度刚性好，所以适用于一般负载变化较小的小功率液压系统中，如车床、磨床、钻床、组合机床等机床的进给运动和一些辅助运动。

（2）出口节流调速回路

① 回路的组成

出口节流调速回路

如图 5-38 所示，将节流阀串联在液压缸的回油路上，即安装在液压缸与油箱之间，由节流阀控制与调节排出液压缸的流量，也就调节了进入液压缸的流量，从而调节了活塞的运动速度。定量泵输出的多余油液经溢流阀流回油箱。

② 工作原理

在出口节流调速回路中，液压缸的运动速度 $v$ 为

$$v = q_2/A_2 = q_1/A_1 \qquad (5\text{-}14)$$

式中，$q_2$——排出液压缸的流量；

$A_2$——液压缸有杆腔有效面积。

溢流阀的溢流量 $\Delta q$ 为

$$\Delta q = q_p - q_1 \qquad (5\text{-}15)$$

式（5-15）中符号意义同前。

液压缸排出的流量 $q_2$ 等于通过节流阀的流量 $q$，即 $q_2 = KA_T \Delta p^{0.5}$。因此活塞的运动速度为

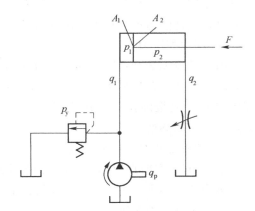

图 5-38　出口节流调速回路

$$v = KA_T \Delta p^{0.5}/A_2 \qquad (5\text{-}16)$$

式中，$\Delta p = p_2$，由于 $p_1 A_1 = F + p_2 A_2$，所以

$$p_p A_1 = F + \Delta p A_2 \qquad (5\text{-}17)$$

故活塞的运动速度为

$$v = KA_T (p_p A_1/A_2 - F/A_2)^{0.5}/A_2 \qquad (5\text{-}18)$$

式（5-18）为出口节流调速回路的速度公式。比较式（5-9）和式（5-18）可知，进口节流调速回路和出口节流调速回路的速度负载特性基本相同。如果液压缸是两腔有效面积相同的双出杆液压缸（且 $A_1 = A_2$），那么两种调速回路的速度负载特性就完全相同，其最大承载能力和功率特性也一样。因此，上面对进口节流调速回路的有关分析结论对出口节流调速回路也适用，这里不再重复。

（3）进、出口节流调速回路比较

上述两种调速回路中泵的压力经溢流阀调定后，基本上保持恒定不变，所以又称为定压式节流调速回路。以上分析说明这两种调速回路的基本性能——速度负载特性、承载能力、功率特性和效率等相似，但两者在以下几方面的性能上有明显差别，在选用这两种回路时应予注意。

① 承受负值负载能力

所谓负值负载，就是负载作用力的方向和执行元件运动方向相同的负载，如铣床的顺铣和提升均承受负值负载。出口节流调速回路中的节流阀（局部阻力）使液压缸回油腔产生背压力，并且运动速度越快，液压缸背压也越高，背压形成一个阻尼力。由于该阻尼力的存在，在负值负载作用下，液压缸的速度受到限制，即不会产生速度失控现象。而在进口节流调速回路中回油腔无背压，在负值负载作用下，可能使活塞运动速度失去控制，故进口节流调速回路不能承受负值负载。如果要使进口节流调速回路能承受负值负载，就得在回油路上加背压阀。背压的存在会使液压缸进油腔产生一个附加压力，当执行元件在承受负值负载时，进油腔内压力不致下降到零或出现真空度，但这样做要提高泵的供油压力，从而使功率损耗增加。

② 运动平稳性

由上面的分析可看出，在出口节流调速回路中，液压缸回油腔的背压 $p_2$ 与运动速度的平方成正比，是一种阻尼力。它不但有限速作用，且对运动部件的振动有抑制作用，有利于提高执行元件的运动平稳性。因此就低速平稳性而言，出口节流调速优于进口节流调速。

③ 回油腔压力

出口节流调速回路中回油腔压力 $p_2$ 较高，特别是在轻载时，回油腔压力有可能比进油腔压力高。例如，在负载 $F=0$、$A_1/A_2=2$ 时，由活塞受力平衡方程式 $p_1A_1=p_2A_2+F$ 可知，回油腔压力 $p_2$ 将是进油腔压力 $p_1$ 的 2 倍，这将使得密封摩擦力增加，密封件寿命降低，并使泄漏增加，效率降低。

④ 油液发热对泄漏的影响

出口节流调速回路中，油液流经节流阀时产生的能量损失使油液发热后回油箱，通过油箱散热冷却后再重新进入泵和液压缸；而在进口节流调速回路中，经节流阀后发热的油液直接进入液压缸，故在进口节流调速回路中，进入液压缸油液的温度较高，对液压缸泄漏影响较大，使其速度的稳定性降低。

⑤ 启动时前冲

出口节流调速回路中，若停车时间较长，液压缸回油腔中会漏掉部分油液，形成空隙。重新启动时，液压泵全部流量进入液压缸，使活塞以较快的速度前冲一段距离，直到消除回油腔中的空隙并形成背压为止。这种启动时的前冲现象可能会损坏机件。对于进口节流调速回路，只要在启动时关小节流阀就能避免前冲。

（4）旁路节流调速回路

① 回路的组成

如图 5-39 所示，将节流阀安装在与液压缸并联的支路，泵输出的流量一部分进入液压缸，另一部分经节流阀流回油箱，调节节流阀节流口的大小，来控制进入液压缸的流量，从而实现对液压缸运动速度的调节。由于节流阀安装在支路上，所以称为旁路节流调速回路。

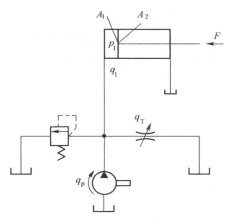

旁路节流调速回路

图 5-39　旁路节流调速回路

② 工作原理

由于节流阀安装在液压泵与油箱之间，所以液压缸的运动速度取决于节流阀流回油箱的流量，流回油箱的流量越多，则进入液压缸的流量就越少，液压缸活塞的运动速度就越慢；反之，则活塞运动速度就越快。这里溢流阀不起溢流作用，而作安全阀使用，其调定压力大于克服最大负载所需压力，系统正常工作时，溢流阀处于关闭状态。液压泵的供油压力等于液压缸进油腔压力，其值决定于负载大小。在旁路节流调速回路中，活塞的运动速度为

$$v=q_1/A_1=（q_\mathrm{p}-q_\mathrm{T}）/A_1 \tag{5-19}$$

式（5-19）中符号意义同前。

由图 5-39 可知，节流阀出口接油箱，所以节流阀两端压差 $\Delta p$ 等于液压缸进油腔压力 $p_1$，活塞的受力平衡方程式为

$$p_1A_1=F+ p_2 A_2 \tag{5-20}$$

式（5-20）中符号意义同前。

若 $p_2=0$，则活塞的运动速度为

$$v=[q_\mathrm{p}-KA_\mathrm{T}（F/A_1）^{0.5}]/A_1 \tag{5-21}$$

③ 性能分析

a. 速度负载特性。式（5-21）为旁路节流调速回路速度公式。将式（5-21）按不同的节流阀通流面积 $A_{\mathrm{T}_1} < A_{\mathrm{T}_2} < A_{\mathrm{T}_3}$ 画出速度负载特性曲线，如图 5-40 所示。分析式（5-21）和图 5-40 所示曲线可看出速度负载特性如下。

节流阀开口为零时，泵输出流量全部进入液压缸，活塞运动速度最快。节流阀通流面积越小，活塞运动速度越高，当负载一定，通流面积 $A_{\mathrm{T}_1} < A_{\mathrm{T}_2} < A_{\mathrm{T}_3}$ 时，活塞运动速度 $v_1>v_2>v_3$。当节流阀全部打开时，泵输出流量全部溢回油箱，进入液压缸流量为零，活塞停止运动。

当节流阀通流面积一定时，负载增加（通过节流阀的流量也增加），活塞运动速度显著减慢。旁路节流调速回路速度受负载变化的影响比进、出油路节流调速有明显的增大，因而速度稳定性最差。

从图 5-40 可看出，节流阀通流面积越大曲线越陡，也就是说负载稍有变化，对速度就产生较大影响。当通流面积一定时，负载越大，速度刚性越好；而负载一定时，节流阀通流面积越小（即活塞运动速度越高），速度刚性越好。通过对曲线的分析可知：活塞运动速度越高，

负载越大，速度刚性较好，这点与进、出口节流调速恰恰相反。

b. 最大承载能力。从图 5-40 可看出，旁路节流调速回路的最大承载能力随着节流阀通流面积的增大而减小，即回路低速时承载能力差，调速范围也小。

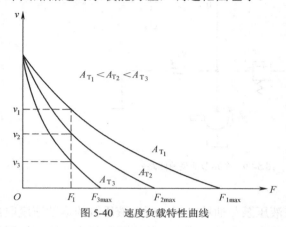

图 5-40　速度负载特性曲线

c. 功率特性。液压泵输出功率为

$$P_o = p_p q_p = p_1 q_p \tag{5-22}$$

泵的供油压力 $p_p$（或工作压力 $p_1$）随负载变化而变化，因而泵的输出功率也随负载变化。

液压缸的有效功率为

$$P_{oM} = p_1 q_1 = p_1 (q_p - q_T) = p_1 [q_p - K A_T (F/A_1)^{0.5}] \tag{5-23}$$

通过节流阀损失的功率为

$$\Delta P = p_1 q_T = p_1 K A_T (F/A_1)^{0.5} \tag{5-24}$$

可见，由于定量泵的供油量不变，节流阀通流面积越小，输入液压缸的流量越大，活塞运动速度越高。当负载一定时，有效功率将随活塞运动速度 $v$ 增大而增大，而损失的功率将减小。

d. 效率。旁路节流调速回路的效率为

$$\eta = p_1 q_1 / p_p q_p = q_1/q_p = 1 - q_1/q_p \tag{5-25}$$

式（5-25）可看出，旁路节流调速回路只有节流损失，而无溢流损失。进入液压缸的流量越接近泵输出流量，效率越高。也就是说，活塞运动速度越高，系统效率越高。

④ 特点

旁路节流调速回路速度刚性比进、出口节流调速更差，即速度负载特性差；工作压力增加，也会使泵的泄漏增加，泵的容积效率降低，因此，回路运动的稳定性较差；回路效率高，油液温升较小，经济性好；由于低速承载能力差，只能用于高速范围，因此调速范围小。

⑤ 应用

由于旁路节流调速回路在高速、重负载下工作时，功率大、效率高，因此适用于动力较大、速度较高而速度稳定性要求不高，且调速范围小的液压系统，例如，牛头刨床的主运动传动系统、锯床进给系统等。

（5）节流调速回路的速度稳定问题

由前述知，用节流阀组成的进口节流调速回路、出口节流调速回路、旁路节流调速回路都存在一个共同的问题，即负载变化引起节流阀两端压力差变化，使流经节流阀的流量发生变化，导致执行元件运动速度也相应地变化，使运动速度不稳定。为此，应设法使油液流经节流阀的前后压力差不随负载而变，只由通过节流阀的开口大小决定，执行元件需要多大速度就将节流阀开口调至多大。为达到这种目的，经常采用调速阀或旁通型调速阀组成节流调速回路，以提高回路的速度稳定性。

采用调速阀和旁通型调速阀的节流调速回路，回路功率损失较大，效率低，也只适应于功率较小的液压系统。

### 2．快速运动回路

为了提高生产率，设备的空行程运动一般需做快速运动。常见的快速运动回路有以下几种。

（1）液压缸差动连接的快速运动回路

图 5-41 所示为采用单杆活塞缸差动连接实现快速运动的回路。当只有电磁铁 1YA 通电时，换向阀 3 左位工作，压力油可进入液压缸的左腔，同时，经阀 4 的左位与液压缸右腔连通，因活塞左端受力面积大，故活塞差动快速右移。此时，若 3YA 电磁铁通电，阀 4 换为右位，则压力油只能进入缸左腔，缸右腔油经阀 4 右位、调速阀 5 回油，实现活塞慢速运动。当 2YA、3YA 同时通电时，压力油经阀 3 右位、阀 6、阀 4 右位进入缸右腔，缸左腔回油，活塞左移。这种快速回路简单、经济，但快、慢速的转换不够平稳。

（2）双泵供油的快速运动回路

图 5-42 所示为双泵供油的快速运动回路。液压泵 1 为高压小流量泵，其流量应略大于最大工作进给速度所需要的流量，其工作压力由溢流阀 5 调定。液压泵 2 为低压大流量泵（两泵的流量也可相等），其流量与液压泵 1 流量之和应略大于液压系统快速运动所需要的流量，其工作压力应低于液控顺序阀 3 的调定压力。空载时，液压系统的压力低于液控顺序阀 3 的调定压力，阀 3 关闭，泵 2 输出的油液经单向阀 4 与泵 1 输出的油液汇集在一起进入液压缸，从而实现快速运动。当系统工作进给承受负载时，系统压力升高至大于阀 3 的调定压力，阀 3 打开，单向阀 4 关闭，泵 2 的油经阀 3 流回油箱，泵 2 处于卸荷状态。此时系统仅由液压泵 1 供油，实现慢速工作进给，其工作压力由阀 5 调节。

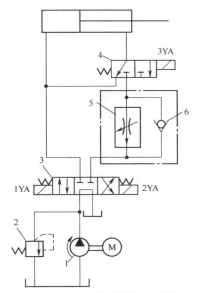

图 5-41　液压缸差动连接的快速回路
1—液压泵；2—溢流阀；3、4—电磁换向阀；
5—调速阀；6—单向阀

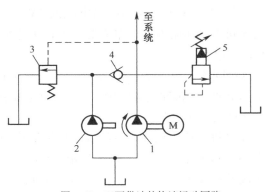

图 5-42　双泵供油的快速运动回路
1、2—液压泵；3—卸荷泵（液控顺序阀）；
4—单向阀；5—溢流阀

这种快速回路功率利用合理，效率较高，缺点是回路较复杂，成本较高，常用在快慢速差值较大的组合机床、注塑机等设备的液压系统。

（3）采用蓄能器的快速运动回路

图 5-43 所示为采用蓄能器 4 与液压泵 1 协同工作实现快速运动的回路，它适用于在短时间内需要大流量的液压系统。当换向阀 5 中位，液压缸不工作时，液压泵 1 经单向阀 2 向蓄能器 4 充油。当蓄能器内的油压达到液控顺序阀 3 的调定压力时，阀 3 被打开，使液压泵卸荷。当换向阀 5 左位或右位，液压缸工作时，液压泵 1 和蓄能器 4 同时向液压缸供油，使其实现快速运动。

这种快速回路可用较小流量的泵获得较高的运动速度。其缺点是蓄能器充油时，液压缸须停止工作，在时间上有些浪费。

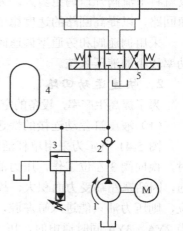

图 5-43　采用蓄能器的快速运动回路
1—液压泵；2—单向阀；3—液控顺序阀；
4—蓄能器；5—换向阀

### 3．速度转换回路

设备工作部件在实现自动工作循环过程中，往往需要进行速度的转换。例如，由快速转为工进速工作，或两种工进速度之间的转换等。这种实现速度转换的回路，应能保证速度的转换平稳、可靠，不出现前冲现象。

（1）快慢速转换回路

图 5-44 所示为利用二位二通电磁阀与调速阀并联实现快速转慢速的回路。当图中电磁铁 1YA、3YA 同时通电时，压力油经阀 3 左位、阀 4 左位进入液压缸左腔，缸右腔回油，工作部件实现快进；当运动部件上的挡块碰到行程开关使 3YA 电磁铁断电时，阀 4 油路断开，调速阀 5 接入油路，压力油经阀 3 左位后，经调速阀 5 进入缸左腔，缸右腔回油，工作部件以阀 5 调节的速度实现工作进给。这种速度转换回路速度换接快，行程调节比较灵活，电磁阀可安装在液压站的阀板上，也便于实现自动控制，应用很广泛。其缺点是平稳性较差。

（2）两种慢速转换回路

图 5-45（a）所示为调速阀并联的慢速转换回路。当电磁铁 1YA 通电时，压力油经阀 3 左位后，经调速阀 4 进入液压缸左腔，缸右腔回油，工作部件得到由阀 4 调节的第一种慢速运动，这时阀 5 不起作用；当电磁铁 1YA、3YA 同时通电时，压力油经阀 3 左位后，经调速阀 5 进入液压缸左腔，缸右腔回油，工作部件得到由阀 5 调节的第二种慢速运动，这时阀 4 不起作用。

这种回路当一个调速阀工作时，另一个调速阀油路被封死，其减压阀口全开。当电磁换向阀换位其出油口与油路接通的瞬时，压力突然减小，减压阀开口来不及关小，瞬时流量增加，会使工作部件出现前冲现象。

如果将二位三通换向阀换成二位五通换向阀，并按图 5-45（b）所示接法连接，当其中一个调速阀工作时，另一个调速阀仍有油液流过，且它的阀口前后保持一定的压差，其内部减压阀开口较小，换向阀换位使其接入油路工作时，出口压力不会突然减小，因而可克服工作部件的前冲现象，使速度换接平稳，但这种回路有一定的能量损失。

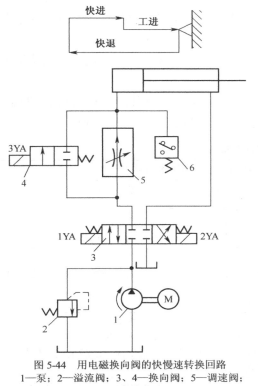

图 5-44　用电磁换向阀的快慢速转换回路
1—泵；2—溢流阀；3、4—换向阀；5—调速阀；
6—压力继电器

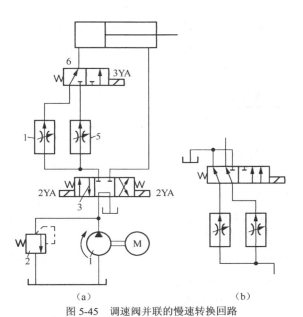

图 5-45　调速阀并联的慢速转换回路
1—泵；2—溢流阀；3、6—换向阀；
4、5—调速阀

# 项 目 实 施

本项目在了解工业机械手的基础上，进一步学习了各液压控制元件和液压基本回路，通过项目实施，掌握以下几点：

（1）学会看完整的液压系统图；

（2）连接设备完整的液压系统回路；

（3）对设备液压系统进行调节，实现既定的基本功能，为今后使用、调整和维护液压系统打下基础。

## 1．怎样看液压系统图

液压系统是由一定数量的动力元件和执行元件、基本回路组成的，能实现特定的运动循环和工作目的的一个网络。液压系统图反映了系统内所有液压元件的连接和控制情况，以及执行元件实现各种运动的工作原理。

阅读和分析一个较复杂的液压系统图，一般可按以下步骤进行。

（1）了解液压设备的功用及其对液压系统的动作要求，了解在工作循环中的各个工艺对力、速度和方向这 3 个参数的质与量的要求。

（2）初步浏览整个液压系统图，了解系统中包含哪些元件，并以各个执行元件为中心，分清主油路与控制回路，将系统分解为若干个子系统。

（3）先分析每一个子系统，了解其执行元件与相应的阀、泵之间的关系，弄清系统所含的基本回路。参照电磁铁动作表和执行元件的动作要求，写出每个子系统的液流路线。

（4）根据系统中对各执行元件间的互锁、同步、顺序动作或防干扰等要求，分析各子系统之间的联系以及如何实现这些要求。

（5）在全面读懂液压系统图的基础上，根据系统所使用的基本回路的性能，对系统做全面分析，归纳总结整个液压系统的特点，加深对系统的理解。

液压传动系统种类繁多，它的应用涉及机械制造、轻工、纺织、工程机械、矿山机械、船舶、航空等各个领域，但根据液压传动系统的工况要求与特点可分为表 5-5 所示的几种。

表 5-5　　　　　　　　　　　典型液压系统的工况与特点

| 系统名称 | 液压系统的工况要求与特点 |
| --- | --- |
| 以速度变换为主的液压系统（如组合机床系统） | （1）能实现工作部件的自动工作循环，生产效率较高；<br>（2）快进与工进时，其速度与负载相差较大；<br>（3）要求进给速度平稳，刚性好，有较大的调速范围；<br>（4）进给行程终点的重复位置精度高，有严格的顺序动作 |
| 以换向精度为主的液压系统（如磨床系统） | （1）要求运动平稳性高，有较低的稳定速度；<br>（2）启动与制动迅速平稳，无冲击，有较高的换向频率（最高可达 150 次/min）；<br>（3）换向精度高，换向停留时间可调 |
| 以压力变换为主的液压系统（如液压机系统） | （1）系统压力要能经常变换调节，且能产生很大的推力；<br>（2）空行程时速度大，加压时推力大，功率利用合理；<br>（3）系统多采用高低压泵组合或恒功率变量泵供油，以满足空行程与压制时其速度与压力的变化 |
| 多个执行元件配合工作的液压系统（如注塑机液压系统） | （1）在各执行元件动作频繁换接、压力变化大的情况下，系统足够可靠，避免误动作；<br>（2）能实现严格的顺序动作，完成工作部件规定的工作循环；<br>（3）满足各执行元件对速度、压力及换向精度的要求 |

### 2．动力滑台液压系统

组合机床是一种高效率的专用机床。它操作简单，广泛应用于大批量零件加工的生产线或自动线。动力滑台是组合机床用来实现进给运动的通用部件，有机械动力滑台和液压动力滑台之分。根据加工工艺的需要，可在滑台台面上装置动力箱、多轴箱及各种专用切削头等动力部件，以完成钻、扩、铰、镗、铣、刮端面、倒角和攻丝等加工工序以及完成多种复杂进给工作循环。

液压动力滑台的机械结构简单，配上电器后很容易地实现进给运动的自动循环，同时工进速度也可方便地进行调节，因此它的应用比较广泛。

### 3．动力滑台液压系统的工作原理

现以 YT4543 型动力滑台为例分析其液压系统。该滑台的工作压力为 4～5MPa，最大进给力为 $4.5 \times 10^4$N，进给速度范围为 6.6～660mm/min。图 5-46 和表 5-6 分别给出了 YT4543 型动力滑台液压系统图及电磁铁、压力继电器和行程阀的动作顺序表。该系统由限压式变量叶片泵、单杆活塞式液压缸及液压元件等组成，在机、电、液的联合控制下能实现工作循环，即快进→第一次工作进给→第二次工作进给→死挡铁停留→快退→原位停止。该动力滑台对液压系统的主要要求是速度换接平稳，进给速度可调且稳定，功率利用合理，系统效率高，发热少。其工作情况如下所述。

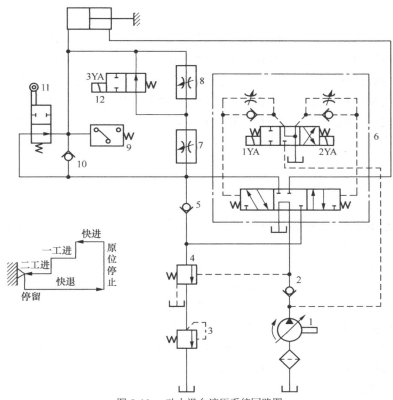

图 5-46　动力滑台液压系统回路图

1—变量泵；2、5、10—单向阀；3—背压阀；4—液控顺序阀；6—液动换向阀；7、8—调速阀；
9—压力继电器；11—行程阀；12—二位二通电磁换向阀

表 5-6　　　　　　　　电磁铁、压力继电器和行程阀动作顺序表

| 元件 动作 | 电磁铁元件 | | | 压力继电器 9 | 行程阀 11 |
|---|---|---|---|---|---|
| | 1YA | 2YA | 3YA | | |
| 快进（差动） | + | − | − | − | 接通（下位） |
| 第一次工作进给 | + | − | − | − | 切断（上位） |
| 第二次工作进给 | + | − | + | − | 切断 |
| 死挡铁停留 | + | − | + | + | 切断 |
| 快退 | − | + | − | − | 切断→接通 |
| 原位停止 | − | − | − | − | 接通 |

注："+"表示通电，"−"表示断电。

（1）快进

当 1YA 通电时，限压式变量叶片泵 1 输出的压力油经先导电磁阀的左位进入液动换向阀的左端油腔，液动换向阀的右端油腔油液经节流阀和先导电磁阀的左位回油箱。液动换向阀左位接入系统工作，其油路如下：

进油路：过滤器→泵 1→单向阀 2→换向阀 6（左位）→行程阀 11（下位）→液压缸左腔；

回油路：液压缸右腔→换向阀 6（左位）→单向阀 5→行程阀 11（下位）→液压缸左腔。由于动力滑台空载，系统工作压力低，使液控顺序阀 4 关闭，液压缸实现差动连接。根据限压式变量叶片泵的特性，这时泵的流量最大，所以滑台向左快进。（注：活塞固定，缸体移动，滑台固定在缸体上。）

（2）第一次工作进给

当滑台快进到指定位置时，滑台上的行程挡铁将行程阀 11 的阀芯压下，切断了原来进入液压缸无杆腔快进的油路。此时电磁换向阀 12 的电磁铁 3YA 处于断电状态，压力油只能经过调速阀 7 和电磁换向阀 12 的右位进入液压缸左腔，由于油液要经调速阀 7 而使系统压力升高，使限压式变量叶片泵的流量减少，一直到与调速阀 7 所通过流量相同为止，这时进入液压缸无杆腔的流量由调速阀 7 的开口大小决定；同时打开液控顺序阀 4，使液压缸右腔的油液通过液控顺序阀 4、背压阀 3 流回油箱。这样滑台的快速运动转换为第一次工作进给运动，其油路如下：

进油路：过滤器→泵 1→单向阀 2→换向阀 6（左位）→调速阀 7→电磁换向阀 12（右位）→液压缸左腔；

回油路：液压缸右腔→换向阀 6（左位）→液控顺序阀 4→背压阀 3→油箱。

（3）第二次工作进给

当第一次工作进给到指定位置时，滑台上的行程挡铁将行程开关压下，行程开关发出电信号使电磁铁 3YA 通电，电磁换向阀 12 左位接入油路，这时液压油必须通过调速阀 7、8 才能进入液压缸的左腔。回油路和第一次工作进给时完全相同。由于调速阀 7、8 是串联连接，阀 8 的开口要比阀 7 小，故滑台的进给速度进一步减小。其油路如下：

进油路：过滤器→泵 1→单向阀 2→换向阀 6（左位）→调速阀 7、8→液压缸左腔；

回油路：液压缸右腔→换向阀 6（左位）→液控顺序阀 4→背压阀 3→油箱。

（4）死挡铁停留

当滑台完成第二次工作进给后，碰上死挡铁而停止运动，使液压缸左腔压力升高，当压力升高到压力继电器 9 的调定值时，压力继电器发出信号给时间继电器，使滑台在死挡铁停留一定时间后再开始返回。停留时间由时间继电器来调定。设置滑台死挡铁停留，主要用来满足加工零件的轴肩孔深及孔端面的轴向尺寸精度和表面粗糙度的要求。由于滑台在死挡铁处停留时，泵的油压升高，流量减少，直到限压式变量叶片泵的流量减少到仅能满足补偿泵和系统的泄漏量为止，此时系统处于保压和流量近似为零的状态。

（5）快退

滑台停留时间结束后，时间继电器发出滑台快退信号，使电磁铁 1YA 断电、2YA 通电，先导电磁阀右位接入系统，液动换向阀右位也接入系统。因滑台快退时负载小，系统压力低，使泵的流量自动恢复到最大，滑台快速退回，其油路如下：

进油路：过滤器→泵 1→单向阀 2→换向阀 6（右位）→液压缸右腔；

回油路：液压缸左腔→单向阀 10→换向阀 6（右位）→油箱。

（6）原位停止

滑台快速退回到原位，挡块压下行程开关，发出信号，使电磁铁 1YA、2YA 和 3YA 全部断电，换向阀 6 处于中位，滑台停止运动。此时液压泵输出的液压油经单向阀 2 和换向阀 6 中位流回油箱，在低压下卸荷（维持低压是为了下次启动时能使液动换向阀动作）。

**4．动力滑台液压系统的特点**

（1）采用了限压式变量叶片泵和调速阀组成的联合进油调速回路，并在回路中设置了背

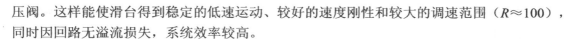

压阀。这样能使滑台得到稳定的低速运动、较好的速度刚性和较大的调速范围（$R \approx 100$），同时因回路无溢流损失，系统效率较高。

（2）采用行程阀和液控顺序阀进行速度切换，不仅简化了机床电路，而且在快进转工进时，速度切换平稳可靠，转换的位置精度比较高。由于滑台的工进速度比较低，采用安装方便的电磁换向阀完全能保证两种工进速度的换接精度。

（3）采用限压式变量叶片泵和油缸差动连接实现快进，工进时切断油缸差动连接，这样既能得到较高的快进速度，又保证了系统的效率不致过低，在能量利用方面更为经济合理。

（4）采用了三位五通电液动换向阀的 M 型中位机能，提高了滑台换向平稳性，并且滑台在原位停止时，能使液压泵处于卸荷状态，功率消耗小。

### 5. 项目实施主要步骤

（1）实验元件清单

① 齿轮泵、油箱各 1 个（已固定安装在面板上）；

② 单杆活塞式液压缸 1 个；

③ 三位五通电液换向阀 1 个；

④ 普通单向阀 3 个；

⑤ 调速阀 2 个；

⑥ 压力继电器 1 个；

⑦ 二位二通电磁换向阀 1 个；

⑧ 行程阀 1 个；

⑨ 液控顺序阀 1 个；

⑩ 溢流阀 1 个；

⑪ 过滤器 1 个；

⑫ 油管、三通若干。

（2）回路的安装

① 元件布局

先将液动换向阀、二位二通电磁换向阀、普通单向阀、溢流阀、顺序阀、行程阀、压力继电器、调速阀、单杆活塞式液压缸等元件按合适的布局位置安装并固定在液压实验台操作面板上，注意液压缸的进出油孔尽量避免朝下（朝上或侧向均可），其他元件的油孔接头必须方便油管的连接。通过弹性插脚进行快速安装时，应将所有的插脚对准插孔，然后平行推入，并轻轻摇动确保安装稳固。

② 油路连接

参照图 5-46，按油路逻辑顺序完成油管的连接，注意各液压元件的油孔标志字母及其含义，尤其是进出油口不能接反。如 P 孔为进油孔，O 孔为回油孔，应接回油箱，A、B 油孔接工作回路；溢流阀的 P 孔为进油孔，O 孔为回油孔；节流阀的 $P_1$ 为进油孔，$P_2$ 为出油孔。油管全部连接完毕后必须对照原理图仔细检查并确保无误，油管连接过程中也可将元件从面板上拆下接好后再原位安装。全部连接完毕必须进行仔细检查以确保无误并且各连接处无泄漏。

（3）实验操作（现象观察）

根据电磁铁、压力继电器和行程阀动作顺序表：

　　a. 将 1YA 接电，2YA、3YA 断电，压力继电器不动作，行程阀下位工作，实现液压缸快进（差动）；

　　b. 将 1YA 接电，2YA、3YA 断电，压力继电器不动作，行程阀上位工作，实现液压缸第一次工进；

　　c. 将 1YA 接电，3YA 接电，2YA 断电，压力继电器不动作，行程阀上位工作，实现液压缸第二次工进；

　　d. 将 1YA 接电，3YA 接电，2YA 断电，压力继电器动作，行程阀上位工作，实现液压缸死挡铁停留；

　　e. 2YA 接电，1YA，3YA 断电，压力继电器不动作，行程阀下位转上位工作，实现液压缸快退；

　　f. 1YA，2YA，3YA 都断电，压力继电器不动作，行程阀下位工作，实现液压缸原位停止。

（4）回路拆除

① 将齿轮泵调至回油模式运转几分钟，使各液压元件和油管中滞留的油液尽可能退回油箱。

② 关闭齿轮泵电机，断开电源并拆除所有电气连接。

③ 从顶部开始依次拆除所有可拆卸元件及油管，注意尽可能地避免油液泄漏。拔出阀体时，注意顺着插孔方向，禁止倾斜扳动，以防损坏插脚。元件拆下后应倒出其内部油液，塞上橡皮塞，清洁外表油渍后放回原处。

（5）总结及实验报告

对实验项目进行总结，按要求完成实验报告和总结。

# 教学实施与项目测评

动力滑台液压系统教学内容的实施与项目测评，见表 5-7。

表 5-7　　　　　　　　　　　教学内容的实施安排与项目测评

| 名称 | | 学生活动 | 教师活动 | 实践拓展 |
|---|---|---|---|---|
| 动力滑台液压系统 | 收集资料 | 根据项目实验的具体内容，学生结合课堂知识讲解，查阅相关资料，明确具体工作任务 | 将学生进行分组，提出项目实施的具体工作任务，明确任务要求，讲解安装要点并对各类液压元件尤其是控制元件进一步熟悉 | 通过实践项目实施，学生更进一步掌握各类液压元件尤其是液压控制元件的工作原理，并能看懂中等复杂程度的液压回路系统图，能通过实验设备实现预定动作 |
| | 制订实施计划 | 理解动力滑台液压系统的工作原理，能看懂该系统的回路图，熟悉实验中用到的每种液压元件的工作原理 | 提出各类问题引导学生进行学习，教师指导、学生自主分析 | |
| | 项目实施 | 根据已制订好的实施计划进行回路的连接，并按照电磁铁、压力继电器和行程阀动作顺序表进行动作的控制 | 演示各类元件的拆装及动作控制过程，指导学生自主完成演示内容，给予实时的指导与评价 | |
| | 检验与评价 | 小组间进行比赛，看哪组完成得快且准确无误 | 在动作执行有误时帮助学生分析并让他们自己找出问题并进行调整 | |
| 提交成果 | | （1）实验记录清单；<br>（2）实验结果 | | |

续表

| 考核评价 | 序号 | 考核内容 | 配分 | 评分标准 | 得分 |
|---|---|---|---|---|---|
| | 1 | 团队协作 | 10 | 在小组活动中，能够与他人进行有效合作 | |
| | 2 | 职场安全 | 20 | 在活动，严格遵守安全章程、制度 | |
| | 3 | 液压元件清单 | 30 | 液压元件无损坏、无遗漏，按要求清理、归位 | |
| | 4 | 实验结果 | 40 | 实验结果是否合理、正确 | |
| 指导教师 | | | | 得分合计 | |

# 知 识 拓 展

## 一、新型控制阀

近些年来，随着液压技术的迅速发展，一些新型的控制阀也相继出现，如电液比例阀、插装阀和数字阀等。由于它们的出现，扩大了阀类元件的品种和液压系统的使用范围。与普通液压控制阀相比，它们具有显著的特点。下面予以简要介绍。

### （一）电液比例阀

#### 1．电液比例阀的功用及特点

它是利用输入的电信号来连续地、按比例地控制液压系统的流量、压力和方向的控制阀，是介于普通阀和伺服阀之间的一种液压控制阀。普通液压阀只能对液流的压力、流量进行定值控制，对液流的方向进行开关控制，当工作机构的动作要求对液压系统的压力、流量参数进行连续控制或控制精度要求较高时，则不能满足要求。这时就需要用电液比例控制阀（简称比例阀）进行控制。

大多数比例阀具有类似普通液压阀的结构特征。它与普通液压阀的主要区别在于，其阀芯的运动是采用比例电磁铁控制，使输出的压力或流量与输入的电流成正比。所以，可用改变输入电信号的方法对压力、流量进行连续控制。有的阀还兼有控制流量大小和方向的功能。这种阀在加工制造方面的要求接近于普通阀，但其性能却大为提高。比例阀的采用能使液压系统简化，所用液压元件数大为减少，且使其可用计算机控制，自动化程度可明显提高。

在结构上电液比例控制阀是由直流比例电磁铁与普通液压阀两部分组成。按其控制的参量可分为电液比例溢流阀、电液比例流量阀、电液比例换向阀和电液比例复合阀等，前两种为单参数控制阀，只能控制一个参量；后两种能同时控制多个参量。

#### 2．电液比例溢流阀

电液比例溢流阀（先导式）的结构原理如图5-47所示，它由直流比例电磁铁和先导式溢流阀组成。若与普通压力阀组合，可组成先导式比例溢流阀、比例减压阀和比例顺序阀等。

电液比例溢流阀的工作原理：当输入一个电信号时，比例电磁铁便产生一个相应的电磁力，它通过推杆2和弹簧3的作用，使锥阀4接触在阀座5上，因此打开锥阀的液压力与电流成正比，形成一个比例先导压力阀。孔a为主阀阀芯6的阻尼孔，由先导式溢流阀工作原理，对溢流阀阀芯6上的受力分析可知，电液比例溢流阀进口压力的高低与输入信号电流的大小成正比，即进口油液受输入电磁铁的电流大小控制。若输入信号电流是连续地、按比例地或按一定程序变化，则比例溢流阀所调节的液压系统压力也连续地、按比例地或按一定程序地进行变化，从而将手调溢流阀改为电信号控制。

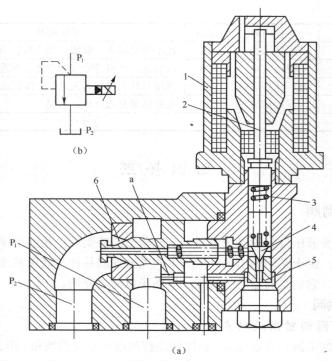

图 5-47 电液比例溢流阀
1—阀体；2—推杆；3—弹簧；4—锥阀；5—阀座；6—溢流阀阀芯

图 5-48 所示为多级压力控制回路。图 5-48（a）表示用电液比例溢流阀实现多级压力控制，当以不同电流 $I_1$、$I_2$、$I_3$、$I_4$ 和 $I_5$ 输入时，溢流阀就可得到 5 种压力控制，它与普通溢流阀的多级压力控制［见图 5-48（b）］相比，液压元件数目少，系统简单。若输入的是连续变化的信号，则实现连续的压力控制。

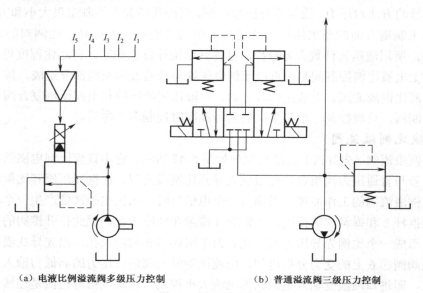

（a）电液比例溢流阀多级压力控制　　　　　（b）普通溢流阀三级压力控制

图 5-48　多级压力控制

电液比例溢流阀能作高精度、远距离的压力控制。由于它的响应快且压力变换连续，因此可减少压力变换的冲击，并能减少系统中元件数量，抗污染能力强，工作可靠，价格也较低，所以电液比例溢流阀目前应用较广泛，多用于轧板机、注射成型机和液压机的液压系统。

### 3．电液比例换向阀

用比例电磁铁取代电磁换向阀中的普通电磁铁，便构成直动式比例换向阀。比例电磁铁不仅可使阀芯换位，而且可使换位的行程连续地或按比例地变化，从而连通油口间的通流面积也可以连续地或按比例地变化，所以，电液比例换向阀不但能改变液流的方向，还可以控制其速度，适用于对一般执行机构进行速度和位置的控制，是一种用途广泛的比例控制元件。在大流量的情况下，应采用先导式比例换向阀。

图 5-49 所示为电液比例换向阀的结构原理。它由电液比例减压阀和液动换向阀组成。电液比例减压阀作先导级使用，以出口压力控制液动换向阀的正反向开口量大小，从而控制液流的方向和流量的大小，先导级电液比例减压阀由两个比例电磁铁 2 和 4 及阀芯 3 组成。当电磁铁 2 通入电信号时，减压阀阀芯 3 右移，供油压力 $p$ 经右边阀口减压后，经通道 a、b 反馈至阀芯 3 的右端，与电磁铁 2 的电磁力相平衡。因而减压后的压力与供油压力大小无关，而和输入信号电流大小成比例。减压后的油液经孔道 a、c 作用在换向阀阀芯的右端，使阀芯 5 左移，打开 P 到 B 的阀口，并压缩左端弹簧。阀芯 5 的移动量与控制油液的大小成正比，即阀口的开口大小与输入电流大小成正比。同理，当比例电磁铁 4 通电时，压力油由 P 经 A 输出。

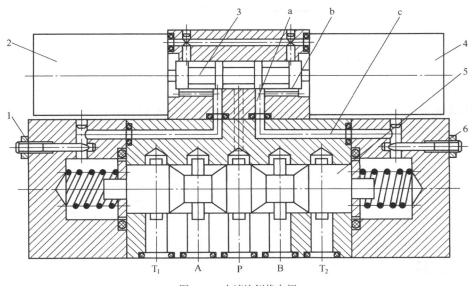

图 5-49　电液比例换向阀
1、6—节流阀；2、4—比例电磁铁；3、5—阀芯

液动换向阀的端盖上安装有节流阀 1 和 6，用来调节换向阀的换向时间。此外，电液比例换向阀也具有不同的中位机能。

### 4．电液比例流量阀

电液比例流量阀是用比例电磁铁取代节流阀或调速阀的手调装置，以输入电信号控制节流口开度，便可连续地或按比例地远程控制其输出流量。它由比例电磁铁和流量阀组合而成。比例电磁铁与节流阀组合，称为比例节流阀；与调速阀组合，称为比例调速阀；与单向调速阀组合，称为比例单向调速阀。

图 5-50 所示为电液比例调速阀的工作原理图。图中主阀为压力补偿调速阀，节流阀阀芯 3 与比例电磁铁 1 的推杆 2 相连。当有电信号输入时，节流阀阀芯 3 在比例电磁铁 1 的电磁力作用下，通过推杆 2 与阀芯左端的弹簧 5 相平衡，此时对应的节流口开度 $h$ 为一定值，当输入不同信号电流时，便有不同的节流开度。由于等差减压阀 4 保证节流阀进、出口压力差不变，所以通过对应的节流口开度的流量也恒定。若输入的信号电流是连续地、按比例地或按一定程序地改变，则电液比例调速阀所控制的流量也就连续地、按比例地或按一定程序改变，以实现对执行元件的速度调节。

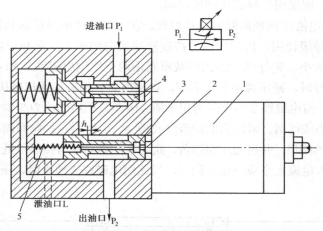

图 5-50　电液比例调速阀
1—比例电磁铁；2—推杆；3—节流阀阀芯；4—减压阀；5—弹簧

图 5-51 所示为电液比例调速阀的一个应用实例，用于转塔车床的进给系统。图 5-51（a）所示为用普通调速阀实现 3 种进给速度的系统图，3 个调速阀并联在油路中，并采用了一个非标准的三位四通电磁换向阀，控制工序间的有级调速。图 5-51（b）所示为用电液比例调速阀调速的进给系统，只要输入对应于各种速度的信号电流，就可以进行多种速度控制。比较两个液压系统，显然后者液压元件较少，系统简单，但电气复杂一些。

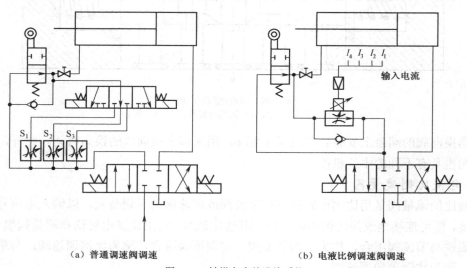

（a）普通调速阀调速　　　　　　　　　（b）电液比例调速阀调速

图 5-51　转塔车床的进给系统

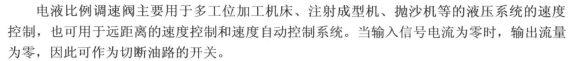

电液比例调速阀主要用于多工位加工机床、注射成型机、抛沙机等的液压系统的速度控制，也可用于远距离的速度控制和速度自动控制系统。当输入信号电流为零时，输出流量为零，因此可作为切断油路的开关。

**（二）插装阀**

二通插装阀简称插装阀，又称插装式锥阀或逻辑阀。普通液压阀在流量为 200～300L/min 的系统中性能良好，但用于大流量系统则较差，尤其阀的集成更难。插装阀的出现为此开创了新路。

**1．基本结构和工作原理**

插装阀主要由锥阀芯 1、阀套 2 和弹簧 3 等元件组成，如图 5-52（a）所示。控制口 C 控制主油路油口 A 和 B 的启闭，通过主阀阀芯的启闭，可对主油路的通断起控制作用。使用不同的先导阀可构成压力控制、方向控制或流量控制，也可组成复合控制。

从图 5-52（a）所示结构简图可知，它有两个管道连接口 A、B 和一个控制口 C，锥阀上腔连接先导控制阀，与控制油路相通。从工作原理看，它相当于液控单向阀，当控制油口 C 与油箱相接时，锥阀打开，A、B 两油口相通，故利用先导控制阀使 C 口卸压或加压，实现锥阀的启闭。

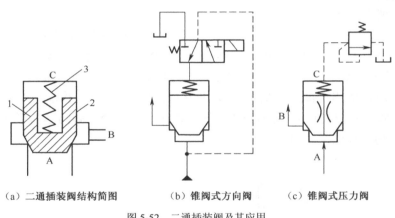

（a）二通插装阀结构简图    （b）锥阀式方向阀    （c）锥阀式压力阀

图 5-52  二通插装阀及其应用
1—锥阀芯；2—阀套；3—弹簧；A、B—主油口；C—控制油口

锥阀与小流量电磁阀组合可构成方向阀，图 5-52（b）所示为锥阀式方向阀。

锥阀与各种先导压力阀组合构成各种压力控制阀，图 5-52（c）所示为锥阀式压力阀。若 B 腔为回油腔，则此阀起溢流阀的作用；若 B 腔是接通系统的一条支路，则此阀起顺序阀的作用。

由此可见，一个锥阀相应地配上电磁阀和先导压力阀并采取调速措施，可以在系统中起到换向阀、压力阀和节流阀的作用。

（1）用于换向回路

图 5-53（a）所示为由两个锥阀和一个二位四通电磁换向阀（作为先导阀）组成的换向回路，等效于二位三通电磁阀，如图 5-53（b）所示。先导阀处于常态时，锥阀 2 上腔进控制油，P 不通，锥阀 1 回油，A 与 T 相通，相当于二位三通阀的右位；当先导阀通电时，锥阀 2 上腔回油，锥阀 2 打开，使 P 与 A 相通，锥阀 1 上腔进控制油，锥阀 1 关闭，使 A 与 T

不通，相当于二位三通换向阀的左位。

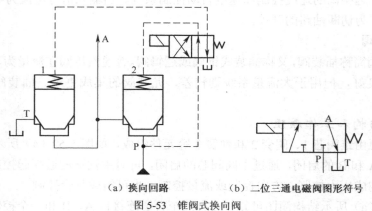

（a）换向回路　　　　　　（b）二位三通电磁阀图形符号

图 5-53　锥阀式换向阀

1、2—锥阀；A—工作油口；P—进油口；T—回油口

从工作原理看，插装阀与液控单向阀相同。若主油口 A 与控制油口 C 用油管连接起来还可作单向阀使用。插装阀与不同的电磁换向阀组合可作二位二通阀、二位三通阀、二位四通阀使用的插装换向阀。

（2）用于调压回路

图 5-54（a）所示的二位四通电磁换向阀 3 处于常态时，锥阀 1 关闭，P 与 T 不通，先导调压阀 2 起调压作用。电磁铁通电后，锥阀升起，P 与 T 相通，实现卸荷，其作用等效于图 5-54（b）所示回路。对插装阀的控制腔 C 进行压力控制，便可构成压力控制阀。插装阀的 B 口接油箱时，插装阀起溢流阀的作用，若 B 口接另一油口（工作油口），则插装阀起顺序阀作用。插装阀上的控制腔 C 与不同的先导阀连接，或改变主阀阀芯的形状，则插装阀还可作电磁溢流阀、减压阀使用。

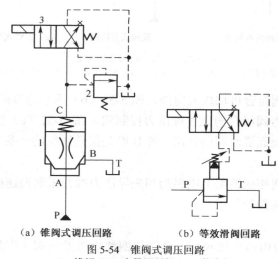

（a）锥阀式调压回路　　　　　　（b）等效滑阀回路

图 5-54　锥阀式调压回路

1—锥阀；2—先导调压阀；3—换向阀

（3）用于调速回路

图 5-55（a）中由于锥阀 2 和 3 有调节螺钉，因此开口量大小可调节。当先导阀 5 处于中位时，

锥阀全部关闭，油路不通。当先导阀处于右位时，锥阀 1 和 3 关闭，锥阀 2 和 4 打开，油路 P 与 A 相通，进油速度由锥阀 2 上的调节螺钉调节；B 和 T 口相通，回油相当于经图 5-55（b）所示的单向阀 2 流回油箱。当先导阀处于左位时，锥阀 2 和 4 关闭，锥阀 1 和 3 打开，油路 P 与 B 相通，进油速度由锥阀 3 上的调节螺钉调节；A 与 T 相通，回油相当于经图 5-55（b）所示的单向阀 1 流回油箱。

　　二通插装流量阀的节流阀手调装置，若用比例电磁铁取代，就可组成二通插装电液比例节流阀。若在二通插装节流阀前串联一个定差减压阀，就可组成二通插装调速阀。

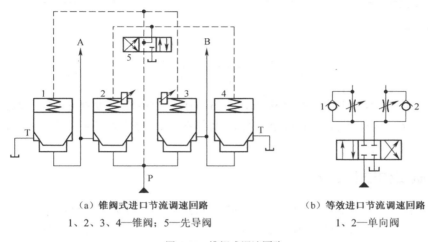

（a）锥阀式进口节流调速回路　　　　　　　（b）等效进口节流调速回路
1、2、3、4—锥阀；5—先导阀　　　　　　　　　1、2—单向阀

图 5-55　锥阀式调速回路

## 2．插装阀及其集成系统的特点

（1）插装主阀结构简单，通流能力大，最大流量可达 10 000L/min。

（2）插装阀泄漏小，先导阀功率小，节能效果明显。

（3）不同的阀有相同的主阀，便于实现标准化。

（4）插装阀便于实现无管连接和集成化。

### （三）数字阀

　　电液数字阀简称数字阀，它是用数字信息直接控制的液压阀。用计算机对电液系统进行控制是今后液压技术发展的必然趋向。比例阀和后面将介绍的伺服阀接收的信号是连续变化的电压或电流，而数字阀则可直接与计算机连接，不需要数/模转换器，故可用于用计算机实现实时控制的电液系统。

　　计算机数字控制的方法有多种，当今技术较成熟的是增量式数字阀，即用步进电动机驱动的液压阀，已有数字流量阀、数字压力阀和数字方向流量阀等系列产品。步进电动机能接收计算机发出的经驱动电源放大的脉冲信号，每接收一个脉冲便转动一定的角度。步进电动机的转动又通过凸轮或丝杠等机构转换成直线位移量，从而推动阀芯或压缩弹簧，实现液压阀对方向、流量或压力的控制。

　　图 5-56 所示为增量式数字流量阀。计算机发出信号后，步进电动机 1 转动，通过滚珠丝杠 2 转化为轴向位移，带动节流阀阀芯 3 移动。该阀有两个节流口，阀芯移动时首先打开右边的非全周节流口，流量较小；继续移动则打开左边的第二个全周节流口，流量较大，可达 3 600L/min。该阀的流量由阀芯 3、阀套 4 及阀杆 5 的相对热膨胀取得温

度补偿，维持流量恒定。

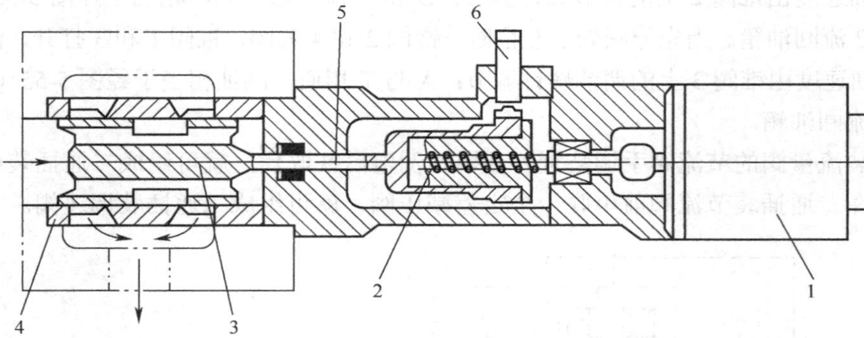


图 5-56　增量式数字流量阀
1—步进电动机；2—丝杠；3—阀芯；4—阀套；5—阀杆；6—传感器

该阀无反馈功能，但装有零位移传感器 6，在每个控制周期终了时，阀芯都可在它控制下回到零位，这样就保证了每个工作周期都在相同的位置开始，使阀有较高的重复精度。

## 二、多缸工作控制回路

液压系统中，一个油源往往要驱动多个执行元件工作。系统工作时，要求这些执行元件或顺序动作，或同步动作，或互锁，或防止互相干扰，因而需要实现这些要求的各种多缸工作控制回路。

顺序动作回路的功用是使多缸液压系统中的各液压缸按规定的顺序动作，可分为行程控制、压力控制和时间控制三大类。

### （一）顺序动作回路

图 5-57（a）所示为用行程阀 2 及电磁阀 1 控制 A、B 两液压缸实现①②③④工作顺序的回路。在图示状态下，A、B 两液压缸活塞均处于右端位置。当电磁阀 1 通电时，压力油进入 B 缸右腔，B 缸左腔回油，其活塞左移实现动作①；当 B 缸工作部件上的挡块压下行程阀 2 后，压力油进入 A 缸右腔，A 缸左腔回油，其活塞左移实现动作②；当电磁阀 1 断电时，压力油先进入 B 缸左腔，B 缸右腔回油，其活塞左移实现动作③；当 B 缸运动部件上的挡块离开行程阀使其恢复下位工作时，压力油经行程阀进入缸 A 的左腔，A 缸右腔回油，其活塞右移实现动作④。

这种回路工作可靠，动作顺序的换接平稳，但改变工作顺序困难，且管路长，压力损失大，不易安装。它主要用于专用机械的液压系统。

图 5-57（b）所示为用行程开关控制电磁换向阀 3、4 的通电顺序实现 A、B 两液压缸按①②③④顺序动作的回路。在图示状态下，电磁阀 3、4 均不通电，两液压缸的活塞均处于右端位置。当电磁阀 3 通电时，压力油进入 A 缸右腔，其左腔回油，活塞左移实现动作①；当 A 缸工作部件上的挡块碰到行程开关 $S_1$ 时，$S_1$ 发信号使电磁阀 4 通电换为左位工作，这时压力油进入 B 缸右腔，其左腔回油，活塞左移实现动作②；当 B 缸工作部件上的挡块碰到行程开关 $S_2$ 时，$S_2$ 发信号使电磁阀 3 断电换为右位工作，这时压力油进入 A 缸左腔，其右腔回油，活塞右移实现动作③；当 A 缸工作部件上的挡块碰到行程开关 $S_3$ 时，$S_3$ 发信号使电磁阀

4 断电换为右位工作，这时压力油又进入 B 缸左腔，其右腔回油，活塞右移实现动作④。当 B 缸工作部件上的挡块碰到行程开关 $S_4$ 时，$S_4$ 又可发信号使电磁阀 3 通电，开始下一个工作循环。

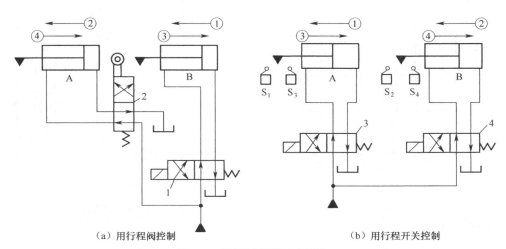

（a）用行程阀控制　　　　　　　　（b）用行程开关控制

图 5-57　行程控制顺序动作回路
1、3、4—电磁阀；2—行程阀

这种回路的优点是控制灵活方便，其动作顺序更换容易，液压系统简单，易实现自动控制。但顺序转换时有冲击声，位置精度与工作部件的速度和质量有关，而可靠性则由电气元件的质量决定。

### （二）同步回路

两个或多个液压缸在运动中保持相同速度或相同位移的回路，称为同步回路。例如，龙门刨床的横梁、轧钢机的液压系统均需同步运动回路。

#### 1．采用调速阀控制的速度同步回路

图 5-58 所示为用两个单向调速阀控制并联液压缸的同步回路。图中两个调速阀可分别调节进入两个并联液压缸下腔的流量，使两缸活塞向上伸出的速度相等。这种回路可用于两缸有效工作面积相等时，也可以用于两缸有效工作面积不相等时，其结构简单，使用方便，且可以调速。其缺点是受油温变化和调速阀性能差异等影响，不易保证位置同步，速度的同步精度也较低，一般为 5%～7%，常用于同步精度要求不太高的系统。

#### 2．带补偿装置的串联液压缸位移同步回路

图 5-59 中的两液压缸 A、B 串联，B 缸下腔的有效工作面积等于 A 缸上腔的有效工作面积，若无泄漏，两缸可同步下行，但因有泄漏及制造误差，故有同步误差。采用由液控单向阀 3、电磁换向阀 2 和 4 组成的补偿装置可使两缸每一次下行终点的位置同步误差得到补偿。

补偿原理：当换向阀 1 右位工作时，压力油进入 B 缸的上腔，B 缸下腔油流入 A 缸的上腔，A 缸下腔回油，这时两活塞同步下行。若 A 缸活塞先到达终点，它就触动行程开关 $S_1$ 使电磁阀 4 通电换为上位工作。这时，压力油经阀 4 将液控单向阀 3 打开，在 B 缸上腔继续进油的同时，B 缸下腔的油可经单向阀 3 及电磁换向阀 2 流回油箱，使 B 缸活塞继续下行到终点位置。若 B 缸活塞先到达终点，它触动行程开关 $S_2$，使电磁换向阀 2 通电换为右位工作。这时压力油可经阀 2、阀 3 继续进入 A 缸上腔，使 A 缸活塞继续下行到终点位置。

这种回路适用于终点位置同步精度要求较高的小负载液压系统。

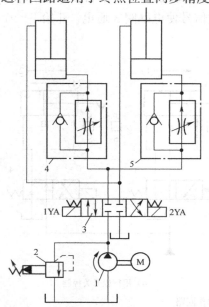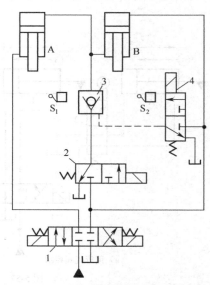

图 5-58　采用调速阀控制的速度同步回路
1—泵；2—溢流阀；3—换向阀；4、5—单向调速阀

图 5-59　带补偿装置的串联液压缸位移同步回路
1、2、4—电磁换向阀；3—液控单向阀

### （三）互锁回路

在多缸工作的液压系统中，有时要求在一个液压缸运动时不允许另一个液压缸有任何运动，因而常采用液压缸互锁回路。

图 5-60 所示为双缸并联互锁回路。当三位六通电磁换向阀 5 处于中位，液压缸 B 停止工作时，二位二通液动换向阀 1 右端的控制油路（见图中虚线）经阀 5 中位与油箱连通，因此其左位接入系统。这时压力油可经阀 1、阀 2 进入 A 缸使其工作。当阀 5 左位工作时，压力油可进入 B 缸使其工作。这时压力油还进入了阀 1 的右端使其右位接入系统，因而切断了 A 缸的进油路，使 A 缸不能工作，从而实现两缸运动的互锁。

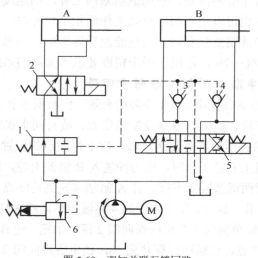

图 5-60　双缸并联互锁回路
1—液动换向阀；2—电磁阀；3、4—单向阀；5—电磁换向阀；6—溢流阀

## （四）多缸快慢速互不干扰回路

在一泵多缸的液压系统中，往往会出现由于一个液压缸转为快速运动的瞬时，吸入相当大的流量而造成系统压力下降，影响其他液压缸工作的平稳性。因此，在速度平稳性要求较高的多缸系统中，常采用快慢速互不干扰回路。

图 5-61 所示为采用双泵供油的快慢速互不干扰回路。液压缸 A、B 均需完成"快进→工进→快退"自动工作循环，且要求工进速度平稳。该油路的特点：两缸的"快进"和"快退"均由低压大流量泵 2 供油，两缸的"工进"均由高压小流量泵 1 供油。快速和慢速供油渠道不同，因而避免相互的干扰。

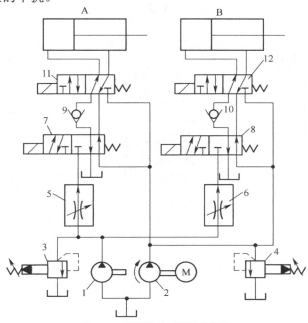

图 5-61　双泵供油互不干扰回路

1、2—流量泵；3、4—溢流阀；5、6—调速阀；7、8、11、12—电磁换向阀；9、10—单向阀

图示位置电磁换向阀 7、8、11、12 均不通电，液压缸 A、B 活塞均处于左端位置。当阀 11、阀 12 通电在左位工作时，泵 2 供油，压力油经阀 7 右位和阀 11 的左位与 A 缸两腔连通，使 A 缸活塞差动快进；同时泵 2 压力油经阀 8 右位和阀 12 的左位与 B 缸两腔连通，使 B 缸活塞差动快进。当阀 7、阀 8 通电在左位工作，阀 11、阀 12 断电换为右位时，液压泵 2 的油路被封闭不能进入液压缸 A、B。泵 1 供油，压力油经调速阀 5、换向阀 7 左位、单向阀 9、换向阀 11 右位进入 A 缸左腔，A 缸右腔经阀 11 右位、阀 7 左位回油，A 缸活塞实现工进。同时泵 1 压力油经调速阀 6、换向阀 8 左位、单向阀 10、换向阀 12 右位进入 B 缸左腔，B 缸右腔经阀 12 右位、阀 8 左位回油，B 缸活塞实现工进。若 A 缸工进完毕，使阀 7、阀 11 均通电换为左位，则 A 缸换为泵 2 供油快退。其油路为：泵 2 的油经阀 11 左位进入 A 缸右腔，A 缸左腔经阀 11 左位、阀 7 左位回油。这时由于 A 缸不由泵 1 供油，因而不会影响 B 缸工进速度的平稳性。当 B 缸工进结束，阀 8、阀 12 均通电换为左位，也由泵 2 供油实现快退。由于快退时为空载，对速度的平稳性要求不高，故 B 缸转为快退时对 A 缸快退无太大影响。

两缸工进时的工作压力由泵 1 出口处的溢流阀 3 调定，压力较高；两缸快速运动时的工作压力由泵 2 出口处的溢流阀 4 限定，压力较低。

### 三、液压控制阀的常见故障及排除方法

液压系统中各类控制阀的数量、种类较多，在使用、装配和控制过程中以及在系统的温度、噪声、振动和泄漏等环节容易出现各类故障，因此，在故障前期根据元件所表现出的不良信号，尽早将故障元件找出来，采取相应的措施予以排除，以保障系统正常运行，达到事半功倍的效果。

#### （一）方向控制阀的常见故障及排除方法

方向控制阀常见故障及排除方法见表 5-8 所示。

表 5-8 　　　　　　　　　　　　方向控制阀常见故障及排除方法

| 阀类 | 现象 | 故障原因 | | 排除方法 |
|---|---|---|---|---|
| 普通单向阀 | 单向控制作用失效（不保压、液体可逆向流动） | 弹簧失效 | | 更换 |
| | | 密封不好或失效：阀芯与阀体孔接触不良，阀芯精度低 | | 配研结合面，更换阀芯（钢球或锥阀芯） |
| | | 阀芯卡住：阀芯与阀体孔配合间隙太小、有污物 | | 调控间隙、清洗阀芯和阀座 |
| | 外泄漏 | 管式单向阀：螺纹连接处松动或不密封； | | 拧紧螺丝，螺纹连接处加密封胶 |
| | | 板式单向阀：结合面处连接螺栓松动或不密封 | | 拧紧螺丝，更换结合面处的密封圈 |
| | 内泄漏 | 阀芯与阀体孔接触不良，阀芯、阀座 | | 配研结合面。更换阀芯或阀座 |
| | | 加工精度低，阀芯与阀体孔不同轴 | | 更换或配研 |
| 液控单向阀 | 油液逆向无法流动 | 单向阀无法打开 | 控制压力过低，使液压推力小于弹簧力 | 设法提高控制油路压力 |
| | | | 控制阀芯卡死 | 清洗、修配或更换控制阀芯 |
| | | | 单向阀卡死 | 清洗、修配 |
| | 噪声大 | 阀选择错误 | 超过额定流量 | 选择合适规格 |
| | | 共振 | 与其他液压件共振 | 更换压力弹簧 |
| 电磁（液）换向阀 | 操控后主阀芯无反应 | 主阀芯卡死 | 阀芯与阀体孔精度低 | 提高零件精度 |
| | | | 阀芯与阀体孔间隙太小有污物 | 修配间隙，清洗 |
| | | | 阀芯或阀座表面损伤 | 修研或更换 |
| | | 先导阀故障 | 阀芯与阀体孔卡死 | 调整间隙、清洗元件、过滤油液 |
| | | | 弹簧弯曲或变形太大 | 更换弹簧 |
| | | 电磁铁故障 | 电气控制线路故障 | 检查电压、线路、触点等，消除故障 |
| | | | 电磁铁铁心卡死 | 更换铁心 |
| | | 油液原因 | 油液黏度太大或被污染 | 调和液压油或过滤油液 |
| | | 复位弹簧不符合要求 | 弹簧力过大、变形、断裂 | 更换弹簧 |
| | | 安装不当 | 安装螺钉用力不均 | 重新紧固螺钉 |
| | 液流通过阀的压力降过大 | 过流口压力损失大 | 主阀芯动作不到位或实际流量大于额定值 | 检查主阀或更换换向阀 |
| | 通过阀的流量明显不足 | 主阀芯开口量不足 | 电磁阀推杆过短 | 更换推杆 |
| | | | 主阀芯移动不到位 | 配研阀芯 |
| | 电磁铁吸力不足 | 电磁副装配精度低 | 电磁线圈故障 | 更换电磁线圈 |
| | | | 铁心接触面不平或接触不良 | 处理接触面或消除污物 |

#### （二）压力控制阀的常见故障及排除方法

压力控制阀的常见故障及排除方法见表 5-9。

表 5-9　　　　　　　　　　　　　　压力控制阀常见故障及排除方法

| 阀类 | 现象 | 故障原因 | 排除方法 |
|---|---|---|---|
| 溢流阀 | 调定的压力值不稳定 | ① 直动型：阀芯与阀座接触不良；先导型：除上述原因外，还有可能是阻尼孔堵塞；<br>② 压力弹簧失效 | ① 修配或更换；更换或过滤液压油，疏通阻尼孔；<br>② 更换 |
| | 无法调定压力 | ① 主阀阀芯卡住；<br>② 压力弹簧失效；<br>③ 阻尼孔堵塞；<br>④ 漏装先导阀；<br>⑤ 进、出油管装反 | ① 清洗、修配；<br>② 更换弹簧；<br>③ 疏通阻尼孔；<br>④ 检查、补装；<br>⑤ 纠正油管安装方向 |
| | 阀内部泄漏大 | ① 主阀阀芯与阀体间隙过大；<br>② 锥阀与阀座接触不良或磨损 | ① 更换阀芯或阀座；<br>② 配研或更换 |
| | 噪声或振动较大 | ① 连接螺母松动；<br>② 弹簧性能变化或失灵；<br>③ 流量超过阀的额定值；<br>④ 先导阀磨损；<br>⑤ 与其他阀共振 | ① 重新紧固；<br>② 更换；<br>③ 更换大流量阀；<br>④ 更换；<br>⑤ 调整各压力阀的工作压力，使其差值在 0.5MPa 以上 |
| 顺序阀 | 阀口常开顺序作用失效 | ① 主阀芯在打开位置上卡死；<br>② 调压弹簧失效（断裂、漏装）；<br>③ 先导阀常开或漏装 | ① 修配或更换，使阀芯移动灵活；过滤或更换液压油液；<br>② 更换弹簧；<br>③ 检查、修配先导阀或补装 |
| | 阀口常闭顺序作用失效 | ① 主阀芯或先导阀芯在关闭位置上卡死；<br>② 控制油路不通或油压太低；<br>③ 压力弹簧太硬或压力调得太高 | ① 修配或更换，使阀芯移动灵活；过滤或更换液压油液；<br>② 清洗油路或调整控制油压；<br>③ 重新调整或更换压力弹簧 |
| | 调定压力值不符合要求 | ① 调压弹簧调整不当；<br>② 调压弹簧变形或失灵；<br>③ 主阀芯卡死 | ① 重新调整所需要的压力；<br>② 更换弹簧；<br>③ 检查、修配阀芯、阀座或过滤、更换油液使阀芯移动灵活 |
| 减压阀 | 出口压力不减压 | ① 主阀芯卡死；<br>② 阻尼孔堵塞；<br>③ 泄油口回油路堵塞或漏接 | ① 清理或修配，使阀芯移动灵活；<br>② 更换或过滤液压油疏通阻尼孔；<br>③ 确保泄油口回油箱油路通畅 |
| | 出口压力过低不能调节 | ① 主阀弹簧侧压力太低，使减压口通道太小且工作位置不能自动调节；<br>② 先导阀阀芯与阀座配合不好 | ① 拧紧阀盖或更换密封元件；<br>② 配研或更换 |
| | 出口压力波动较大 | ① 阻尼孔油流时断时续；<br>② 先导阀芯与阀座配合不好；<br>③ 弹簧性能失效 | ① 清洗疏通阻尼孔或更换液压油；<br>② 配研或更换；<br>③ 更换弹簧 |
| 压力继电器 | 输出量过小或无输出 | ① 柱塞卡死或行程太短；<br>② 压力弹簧太硬或压力调得过高；<br>③ 压力弹簧和杠杆装配不良；<br>④ 电气线路故障；<br>⑤ 微动开关损坏，或与微动开关相接的触头未调整好 | ① 清洗、修配；<br>② 更换合适的弹簧或调整压力值；<br>③ 重新装配，使动作灵敏；<br>④ 检查原因，排除故障；<br>⑤ 更换微动开关或调整触点 |
| | 灵敏度太差 | ① 杠杆轴销处或柱塞处摩擦力大；<br>② 微动开关接触行程太长；<br>③ 接触螺钉、杠杆调整不当 | ① 重新装配或清洗柱塞副；<br>② 调整行程；<br>③ 合理调整位置 |
| | 信号发出太快 | ① 压力弹簧太软；<br>② 膜片损坏；<br>③ 回路油压冲击大；<br>④ 电气系统故障 | ① 更换弹簧；<br>② 更换；<br>③ 增加阻尼，减小冲击；<br>④ 检查电气系统，必要时增加延时继电器 |

### （三）流量控制阀的故障及排除方法

流量控制阀的故障及排除方法见表 5-10。

表 5-10　　　　　　　　　流量控制阀的故障及排除方法

| 阀类 | 现象 | | 产 生 原 因 | 排 除 方 法 |
|---|---|---|---|---|
| 节流阀 | 流量调节失灵 | | ① 阀芯卡住；<br>② 节流口被污物堵塞；<br>③ 阀芯与阀体配合间隙太大；<br>④ 单向节流阀的单向阀密封不良或弹簧失效 | ① 检查、修配、更换零件；<br>② 清洗、疏通；<br>③ 修配或更换；<br>④ 修配单向阀或更换弹簧 |
| | 流量不稳定 | | ① 节流口黏附污物太多；<br>② 锁紧装置松动；<br>③ 工作温度升高使油液黏度下降；<br>④ 阀的内外泄漏；<br>⑤ 负载变化无常 | ① 清洗或过滤、更换液压油；<br>② 拧紧松动件；<br>③ 采取降温措施或更换液压油；<br>④ 提高零件配合精度或更换密封件；<br>⑤ 调整压力阀，稳定负载 |
| 调速阀 | 调节手轮后阀不出油 | 压力补偿器不动作 | ① 压力补偿阀芯在关闭位置卡死；<br>② 阀芯与阀座配合精度间隙太小；<br>③ 压力弹簧失效 | ① 清洗或更换；<br>② 检查精度、修配间隙；<br>③ 更换弹簧 |
| | 输出流量不稳定 | 压力补偿器故障 | ① 压力补偿阀芯动作不灵；<br>② 补偿器阻尼孔液流时断时续；<br>③ 压力弹簧失效 | ① 修配使之灵活或更换；<br>② 清洗阻尼孔、过滤油液；<br>③ 更换弹簧 |
| | | 油液品质变化 | ① 温度过高；<br>② 温度补偿杆性能差；<br>③ 油液脏 | ① 找出原因、降温；<br>② 更换；<br>③ 过滤或更换油液 |
| | | 泄漏 | 内、外泄漏 | 更换密封件，修配零件消除泄漏 |

## 四、液压系统的常见故障及排除方法

液压系统某回路的某项液压功能出现失灵、失效、失控、失调或功能不完全等现象，统称为液压故障。液压系统的故障大部分属于突发性故障或磨损性故障。这些故障在液压系统调试期，运行的初期、中期和后期表现形式与规律各不一样，尽量采用状态监测技术来检查和诊断故障，努力做到故障早期诊断、及时排除，使故障消灭在萌芽状态。

液压系统故障及排除方法，见表 5-11。

表 5-11　　　　　　　　　液压系统故障及排除方法

| 故障现象 | 产 生 原 因 | 排 除 方 法 |
|---|---|---|
| 系统无压力或压力不足 | ① 溢流阀开启，由于阀芯被卡住，不能关闭，阻尼孔堵塞，阀芯与阀座配合不好或弹簧失效；<br>② 其他控制阀阀芯由于故障卡住，引起卸荷；<br>③ 液压元件磨损严重或密封损坏，造成内外泄漏；<br>④ 液位过低，吸油管堵塞或油温过高；<br>⑤ 液压泵转向错误，转速过低或动力不足 | ① 修研阀芯与壳体，清洗阻尼孔，更换弹簧；<br>② 找出故障部位，清洗或修研，使阀芯在阀体内运动灵活；<br>③ 检查液压泵、阀及管路各连接处的密封性，修理或更换零件和密封；<br>④ 加油，清洗吸油管或冷却系统；<br>⑤ 检查动力源 |
| 系统流量不足 | ① 油箱液位过低，油液黏度大，过滤器堵塞引起吸油阻力增大；<br>② 液压泵转向错误，转速过低或空转磨损严重，性能下降；<br>③ 回油管在液位以上，有空气进入；<br>④ 蓄能器漏气，压力及流量供应不足；<br>⑤ 其他液压元件及密封件损坏引起泄漏；<br>⑥ 控制阀动作不灵活 | ① 检查液位，补油，更换黏度适宜的液压油，保证吸油管直径；<br>② 检查原动机、液压泵及液压泵变量机构，必要时换液压泵；<br>③ 检查管路连接及密封是否正确、可靠；<br>④ 检查蓄能器性能与压力；<br>⑤ 修理或更换；<br>⑥ 调整或更换 |

续表

| 故障现象 | 产 生 原 因 | 排 除 方 法 |
|---|---|---|
| 系统泄漏 | ① 接头松动，密封损坏；<br>② 板式连接或法兰连接接合面螺钉预紧力不够或密封损坏；<br>③ 系统压力长时间大于液压元件或辅件额定工作压力；<br>④ 油箱内安装水冷式冷却器，如油位高，则水漏入油中，如油位低，则油漏入水中 | ① 拧紧接头，更换密封；<br>② 预紧力应大于液压力，更换密封；<br>③ 元件壳体内压力不应大于油封许用压力，更换密封；<br>④ 拆修 |
| 油温过高 | ① 冷却器通过能力小或出现故障；<br>② 液位过低或黏度不合适；<br>③ 油箱容量小或散热性差；<br>④ 压力调整不当，长期在高压下工作；<br>⑤ 油管过细、过长，弯曲太多造成压力损失增大，引起发热；<br>⑥ 系统由于泄漏、机械摩擦造成功率损失过大；<br>⑦ 环境温度高 | ① 排除故障或更换冷却器；<br>② 加油或换黏度合适的油液；<br>③ 增加油箱容量，增设冷却装置；<br>④ 调整溢流阀压力至规定值或改进回路；<br>⑤ 改变油管规格及油管路；<br>⑥ 检查泄漏，改善密封，提高运动部件加工精度、装配精度和润滑条件；<br>⑦ 尽量减小环境温度对系统的影响 |
| 振动和噪声 | ① 液压泵：吸入空气，液压泵安装位置过高，吸油阻力大，齿轮齿形精度不够，叶片卡死断裂，柱塞卡死移动不灵活，零件磨损使间隙过大；<br>② 液压油：油位太低，吸油管插入液面深度不够，油液黏度过大，过滤阻塞；<br>③ 溢流阀：阻尼孔堵塞，阀芯与阀座配合间隙过大，弹簧失效；<br>④ 其他阀芯移动不够灵活；<br>⑤ 管道：管道细长，没有固定装置，互相碰击，吸油管和回油管太近；<br>⑥ 电磁铁：电磁铁焊接不良，弹簧过硬或损坏，阀芯在阀体内卡住；<br>⑦ 机械：液压泵与电动机联轴器不同心或松动，运动部件停止时有冲击，换向缺少阻尼，电动机振动 | ① 更换进油口密封，吸油管口至液压泵入口高度要小于500mm，保证吸油管的直径，修复或更换损坏零件；<br>② 加油，吸油管加长浸到规定深度，更换合适黏度的液压油，清洗过滤器；<br>③ 清洗阻尼孔，修配阀芯与阀座间隙，更换弹簧；<br>④ 清洗，去毛刺；<br>⑤ 增设固定装置，扩大管道间距离及吸油管和回油管的距离；<br>⑥ 重新焊接，更换弹簧，清洗及研配阀芯和阀体；<br>⑦ 保持液压泵与电动机轴同心度不大于0.1mm，采用弹性联轴器，紧固螺钉，设阻尼或缓冲装置，电动机做平衡处理 |
| 液压冲击 | ① 蓄能器充气压力不够；<br>② 工作压力太高；<br>③ 先导阀、换向阀制动不灵及节流缓冲慢；<br>④ 液压缸端部没有缓冲装置；<br>⑤ 溢流阀故障使压力突然升高；<br>⑥ 系统中有大量的空气 | ① 给蓄能器充气；<br>② 调整压力至规定值；<br>③ 减小制动锥斜角或增加制动锥长度，修复节流缓冲装置；<br>④ 增设缓冲装置或背压阀；<br>⑤ 修理或更换；<br>⑥ 排除空气 |

# | 思 考 题 |

1. 普通单向阀能否作背压阀使用？背压阀的开启压力一般是多少？

2. 液控单向阀与普通单向阀有何区别？通常应用在什么场合？使用时应注意哪些问题？

3. 试说明三位四通阀 O 型、M 型、H 型中位机能的特点和它们的应用场合。

4. 二位四通换向阀能否作二位三通阀和二位二通阀使用？具体如何连接？

5. 为什么直动式溢流阀适用于低压系统，而先导式溢流阀适用于中、高压系统？

6. 若先导式溢流阀主阀阀芯的阻尼孔堵塞，将会出现什么故障？若其先导阀锥阀座上的进油孔堵塞，会出现什么故障？为什么？

7. 先导式溢流阀的外控口是否可以接油箱？若如此，会出现什么现象？外控口的控制压力可否是任意的？它与先导阀的限定压力有何关系？

8. 顺序阀可作溢流阀用吗？反之呢？

9. 减压阀为什么能降低系统某一支路的压力并保持其基本恒定？

10. 试从结构、工作原理、图形符号、原始状态时阀口状况、压力控制阀芯移动、进出口压力状况、泄油方式、连接方式及在系统中起的作用比较溢流阀、减压阀、顺序阀的异同。

11. 两个无铭牌的阀，不用拆开，如何判断哪个是溢流阀、哪个是减压阀？

12. 什么是压力继电器的开启压力？什么是闭合压力？什么是调节区间？

13. 节流阀的最小稳定流量有什么意义？节流阀的位置对液压缸的最低速度有什么影响？

14. 调速阀在使用过程中，若流量仍然有一定程度的不稳定，试分析是什么原因造成的。

15. 试说明电液比例溢流阀、电液比例调速阀和电液比例换向阀的工作原理，与一般溢流阀、调速阀和换向阀相比，它们有何优点？

16. 举例说明由二通插装阀组成的换向回路、调压回路和调速回路。若二通插装阀的进、出口接反，对系统会有什么影响？

17. 为什么调速阀比节流阀的调速性能好？各适用于什么场合？

18. 常用的换向回路有哪几种？一般各用在什么场合？

19. 何为压力控制回路？主要有哪几种类型？

20. 在液压系统中为什么要设置背压回路？背压回路与平衡回路有什么区别？

21. 何为速度控制回路？主要有哪几种类型？

22. 什么是节流调速？什么是容积调速？各有哪几种类型？

23. 换速与调速有什么区别？

24. 在液压系统中为什么要设快速运动回路？实现执行元件快速运动的方法有哪些？各适用于什么场合？

# 习　题

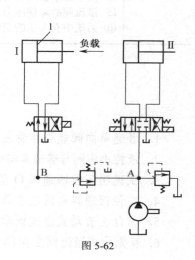

图 5-62

1. 如图 5-62 所示的回路，溢流阀的调整压力为 5MPa，顺序阀的调整压力为 3MPa，液压缸 I 的有效面积 $A=50\text{cm}^2$，负载为 10 000N。当两换向阀处于图示位置时，试求活塞 1 运动时和活塞 1 运动到终点停止时，A、B 两处的压力各是多少？当负载为 20 000N 时，A、B 两处的压力各为多少？（管路压力损失不计）

2. 如图 5-63 所示两个液压系统，各溢流阀的调整压力分别为 $p_A=4\text{MPa}$，$p_B=3\text{MPa}$，$p_C=2\text{MPa}$，若系统的外负载足够大，求泵出口的压力各为多少？

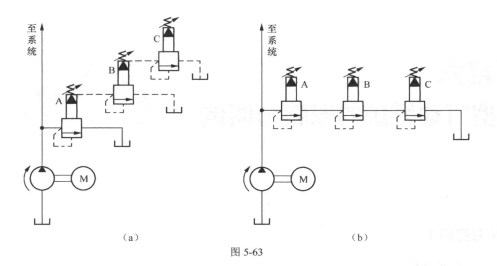

（a）　　　　　　　　　　　　　（b）

图 5-63

3. 如图 5-64 所示油路中，液压缸无杆腔有效面积 $A_1 = 100\text{cm}^2$，有杆腔的有效面积 $A_2 = 50\text{cm}^2$，液压泵的额定流量为 10L/min。试确定：

（1）若节流阀开口允许通过的流量为 6L/min，则活塞向右移动的速度 $v_1$ 为多少？其返回速度 $v_2$ 为多少？

（2）若将此节流阀串接在回油路中（其开口不变），则 $v_1$ 和 $v_2$ 分别为多少？

（3）若节流阀的最小稳定流量为 0.05L/min，则该液压缸得到的最低速度是多少？

4. 如图 5-65 所示，液压缸工作进给时压力 $p = 5.5\text{MPa}$，流量 $q = 2\text{L/min}$，由于快进需要，现采用 YB-25 或 YB-4/25（双联泵）两种泵对系统供油，泵的总效率均为 $\eta = 0.8$，溢流阀的调定压力为 6MPa，双联泵中低压泵卸荷压力为 0.12MPa，不计其他损失。试分别计算采用不同泵时，系统的效率。

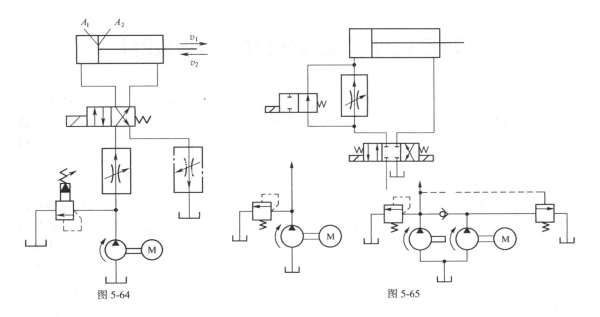

图 5-64　　　　　　　　　　　　　图 5-65

# 项目六
# 典型气动系统的安装与调试

## 【学习目标】

1. 知识目标
- 掌握气压传动系统工作原理及组成；
- 熟悉气压传动技术的突出特点；
- 掌握气源装置与辅件的工作原理及组成；
- 熟悉气动执行元件、控制元件的工作原理及组成。
2. 能力目标
- 了解气动元件的基本结构及其选用；
- 能够阅读分析气动回路图；
- 掌握常用气动回路的安装及调试。

## | 项目实例　YL-235 实训考核装置 |

YL-235 型光机电一体化实训考核装置，是由铝合金导轨式实训台、典型机电一体化设备机械部件、PLC 模块单元、触摸屏模块单元、变频器模块单元、气动模块单元和各种传感器等组成的开放式实训考核装置。该装置能够灵活地按教学要求组装成具有模拟生产功能的机电一体化设备。

YL-235 型主机电一体化实训考核装置的工作流程如图 6-1 所示。

按启动按钮后，PLC 启动送料电机驱动放料盘旋转，物料由送料槽滑到出料口（物料提升位置），物料检测光电传感器开始检测；如果送料电机运行 4s 后，物料检测光电传感器仍未检测到物料，则说明送料机构已经无物料，这时要停机并报警；当物料检测光电传感器检测到有物料，将给 PLC 发出信号，由 PLC 驱动上料单向电磁阀上料，机械手臂伸出手爪下降抓物，然后手爪提升臂缩回，手臂向右旋转到右限位，手臂伸出，手爪下降将物料放到传送带落料口位置，同时机械手返回原位重新开始下一个流程。

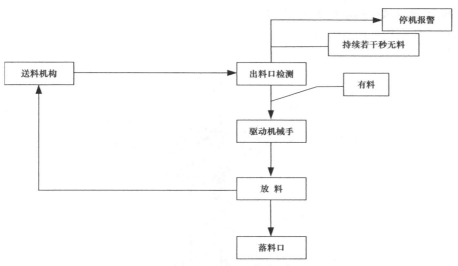

图 6-1　YL-235 实训考核装置工作流程图

YL-235 型光机电一体化实训考核装置可完成的气动工作任务：

（1）气动方向控制回路的安装；

（2）气动速度控制回路的安装；

（3）摆动控制回路的安装；

（4）气动顺序控制回路的安装；

（5）气动机械手装置的安装；

（6）气动系统安装与调试。

### 1．YL-235 型光机电一体化实训考核装置的气动原理

YL-235 型光机电一体化实训考核装置的气动原理如图 6-2 所示。它主要包含的气动元件分为两部分：①气动执行元件部分有单出杆气缸、单出双杆气缸、旋转气缸、夹紧气缸；②气动控制元件部分有单控电磁换向阀、双控电磁换向阀。

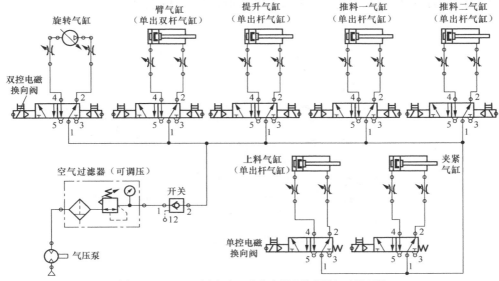

图 6-2　YL-235 型光机电一体化实训考核装置气动原理图

## 2．气动机械手的结构及工作过程

气动机械手的结构如图 6-3 所示。

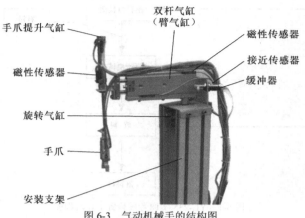

图 6-3　气动机械手的结构图

整个气动机械手搬运机构能完成 4 个自由度动作，即手臂伸缩、手臂旋转、手爪上下移动、手爪紧松。气动机械手的各气动元件功能如下。

（1）手爪提升气缸：用于提升气缸，采用双向电控气阀控制，气缸伸出或缩回可任意定位。

（2）磁性传感器：检测手爪提升气缸处于伸出或缩回位置。

（3）手爪：用于抓取物料，采用单向电控气阀控制。当单向电控气阀得电，手爪夹紧，磁性传感器有信号输出，指示灯亮，单向电控气阀断电，手爪松开，如图 6-4 所示。

（4）旋转气缸：采用双向电控气阀控制机械手臂的正反转。

（5）接近传感器：机械手臂正转和反转到位后，接近传感器将信号输出。

（6）双杆气缸：采用双向电控气阀控制机械手臂伸出、缩回。气缸上装有两个磁性传感器，检测气缸伸出或缩回位置。

（7）缓冲器：旋转气缸高速正转和反转到位时，起缓冲减速作用。

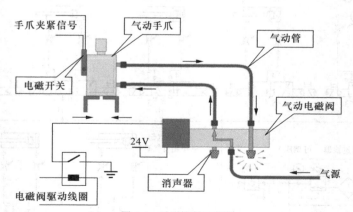

图 6-4　手爪控制示意图

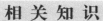

## 相 关 知 识

气动系统的元件及装置可分为以下几种。

（1）气源装置是指压缩空气的发生装置以及压缩空气的存储、净化等辅助装置。它为气动系统提供满足质量要求的压缩空气。

（2）气动执行元件是指将压力能转换成机械能并完成做功动作的元件，如气缸、气马达。

（3）气动控制元件是指控制气体的压力、流量及运动方向的元件，如各种阀类。

（4）气动逻辑元件是指能完成一定逻辑功能的气动元件，如双作用液压千斤顶。

（5）气动辅助元件是指气动系统中的辅助元件，如消声器、管道、接头等。

（6）气动传感器及信号处理装置是指感测、转换、处理气动信号的元器件，如比值器、定值器、放大器、电气转换器、压力传感器、差压传感器、位置传感器等。

### 一、气源装置

气源装置为气动系统提供满足一定质量要求的压缩空气，它是气动系统的一个重要组成部分。气动系统对压缩空气的主要要求：具有一定压力和流量，并具有一定的净化程度。气源装置一般由 4 个部分组成：

（1）气压发生装置；

（2）净化、储存压缩空气的装置和设备；

（3）传输压缩空气的管道系统；

（4）气动三大件。

通常将 1、2 部分设备布置在压缩空气站内，作为工厂或车间统一的气源，如图 6-5 所示。

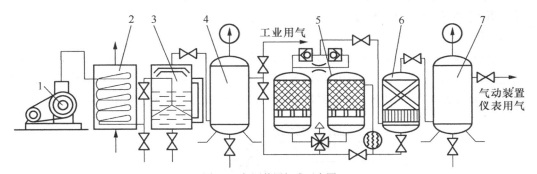

图 6-5　气源装置组成示意图

1—空气压缩机；2—后冷却器；3—油水分离器；4、7—储气罐；5—干燥器；6—过滤器

如图 6-5 所示，空气压缩机 1 用以产生压缩空气，一般由电动机带动。其吸气口装有空气过滤器，以减少进入空气压缩机内气体的杂质量。后冷却器 2 用以降温冷却压缩空气，使汽化的水、油凝结出来。油水分离器 3 用以分离并排出降温冷却凝结的水滴、油滴、杂质等。储气罐 4 和 7 用以储存压缩空气，稳定压缩空气的压力，并除去部分油分和水分。干燥器 5 用以进一步吸收或排除压缩空气中的水分及油分，使之变成干燥空气。过滤器 6 用以进一步过滤压缩空气中的灰尘、杂质颗粒。储气罐 4 输出的压缩空气可用于一般要求的气压传动系统，储气罐 7 输出的压缩空气可用于要求较高的气动系统（如气动仪表及射流元件组成的控

制回路等）。

气动三大件的组成及布置由用气设备确定，图6-5中未画出。

**（一）空气压缩机**

空气压缩机简称空压机，是气源装置的核心，将原动机输出的机械能转化为气体的压力能。

**1．空气压缩机分类**

空气压缩机分类如表6-1、表6-2与表6-3所示。

表6-1　　　　　　　　　　　　　空气压缩机按工作原理分类

| 类型 | | 名称 | | |
|---|---|---|---|---|
| 容积型 | 往复式 | 活塞式 | 膜片式 | — |
| | 回转式 | 滑片式 | 螺杆式 | 转子式 |
| 速度型 | | 轴流式 | 离心式 | 转子式 |

表6-2　　　　　　　　　　　　　空气压缩机按压力分类

| 名称 | 鼓风机 | 低压空压机 | 中压空压机 | 高压空压机 | 超高压空压机 |
|---|---|---|---|---|---|
| 压力/MPa | <0.2 | 0.2～1 | 1～10 | 10～100 | >100 |

表6-3　　　　　　　　　　　　　空气压缩机按流量分类

| 名称 | 微型空压机 | 小型空压机 | 中型空压机 | 大型空压机 |
|---|---|---|---|---|
| 输出额定流量 $t$/（$m^3$/s） | <0.017 | 0.017～0.17 | 0.17～1.7 | >1.7 |

**2．空气压缩机的工作原理**

最常用的往复活塞式空压机工作原理与单柱塞液压泵工作原理相似。往复活塞式空压机由活塞、活塞杆、滑块、滑道、曲柄、连杆、排气阀、吸气阀、气缸组成。

**3．几种空气压缩机结构**

（1）活塞式空气压缩机

空气的压缩是靠活塞在气缸内做往复运动实现吸气与供气的。大多数活塞式空气压缩机是多缸多活塞的组合。工业中常使用两级活塞式空气压缩机压缩空气。如图6-6所示，空气进入第1级低压活塞缸将压力提升一半，经冷凝器后，进入第2级高压活塞缸，压缩到额定压力。

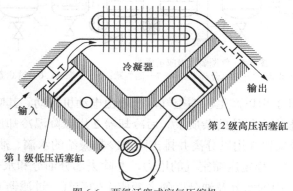

冷凝器

输入

输出

第2级高压活塞缸

第1级低压活塞缸

图6-6　两级活塞式空气压缩机

活塞式空压机的
工作原理

（2）螺杆式空气压缩机

如图6-7所示，在电动机的带动下，两个互相啮合的转子以相反方向转动，主动转子是阳转子，推压由转子与机壳构成的密封容积内的空气。

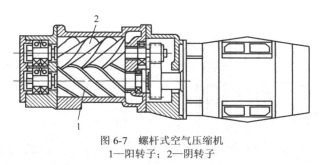

图6-7　螺杆式空气压缩机
1—阳转子；2—阴转子

螺杆式空气压缩机能连续输出无脉动的压缩空气，主要用于气动量仪等需要较高精度的场合。

（3）轴流式空气压缩机

如图6-8所示，压缩机工作时，气体先进入进气口，流入进口导向器（具有收敛流道的静止叶栅）得到加速，随后进入动叶片，气体随着动叶片的高速旋转，压力和速度都得到提高，然后气体进入静叶片，静叶片将气流引导到下一级的进气方向，同时把气体的动能部分转换为压力能，进入下一级动叶片。

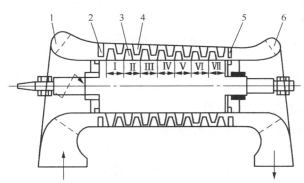

图6-8　轴流式空气压缩机
1—进气口；2—进口导向器；3—动叶片；4—静叶片；5—出口导向器；6—排气口

这样，气体经多级压缩后（每级压力比在1.1左右），压力逐级地提高。在末级中，气体经一排静叶片整流导向，使气流方向变成轴向，最后通过排气口排出。

轴流式空气压缩机主要用于需要大流量供气的场合，如高炉鼓风等。

（4）离心式空气压缩机

如图6-9所示，单级离心式空气压缩机常用于一般气动设备的供气，多级离心式空气压缩机属高压气源设备，常见于制氧厂等需要高压气体的场合。

**4．空气压缩机的选用原则**

空气压缩机是根据气压系统所需要的工作压力和流量两个主要参数进行选择的。

一般空气压缩机为中压空气压缩机，额定排气压力为1MPa。另外，还有低压空气压缩机，排气压力为0.2MPa；高压空气压缩机，排气压力为10MPa；超高压空气压缩机，排气压力为100MPa。由于存在管道、阀门等压力损失，空气压缩机实际工作压力比气源压力低0.1～0.2MPa。

输出流量的选择，要根据整个气动系统对压缩空气的需要再加一定的备用余量（20%），作为选择空气压缩机（或机组）流量的依据。空气压缩机铭牌上的流量是自由空气流量。

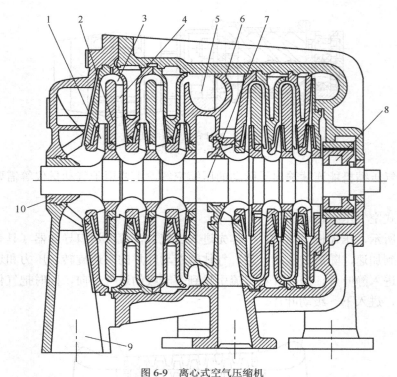

图 6-9　离心式空气压缩机

1—叶轮；2—扩压器；3—弯道；4—回流器；5—蜗室；6—机壳；7—主轴；8—平衡盘；9—吸气管；10—轴

## （二）压缩空气的净化装置和设备

### 1．气动系统对压缩空气质量的要求

气动系统对压缩空气质量的要求：具有一定的压力和足够的流量，具有一定的净化程度，所含杂质（油、水及灰尘等）粒径一般不超过以下数值：对于气缸、膜片式和截止式气动元件，要求杂质粒径不大于 $5\mu m$，对于气马达、滑阀元件，要求杂质粒径不大于 $25\mu m$，对于射流元件，要求杂质粒径为 $10\mu m$ 左右。

由空气压缩机排出的压缩空气，虽然能满足一定的压力和流量要求，但不能直接为气动装置使用。因为一般气动设备所使用的空气压缩机都是属于工作压力较低（小于1MPa）、用油润滑的活塞式空气压缩机。它从大气中吸入含有水分和灰尘的空气，经压缩后的空气温度提高到 $140\sim170℃$，这时空气压缩机气缸里的润滑油也部分地成为气态。这样油分、水分以及灰尘便形成混合的胶体微雾与杂质混在压缩空气中一同排出。如果将此压缩空气直接输送给气动装置使用，将产生下列影响。

（1）混在压缩空气中的油蒸汽可能聚集在储气罐、管道、气动系统的容器中形成易燃物，有引起爆炸的危险；另一方面润滑油被汽化后形成一种有机酸，对金属设备、气动装置有腐蚀生锈的作用，影响设备的寿命。

（2）混在压缩空气中的杂质能沉积在管道和气动元件的通道内，减小了通道面积，增加了管道阻力。特别是对装置中某些气动元件（如气动延时器等元件）的内直径为 $0.2\sim0.5mm$ 的气阻通道，严重时会产生阻塞，造成气体压力信号不能正常传递，使整个气动系统工作不稳定甚至失灵。

（3）压缩空气中含有的饱和水分，在一定的条件下会凝结成水并聚集在个别管段内。在我国北方的冬天，凝结的水分会使管道及附件结冰而损坏，影响气动装置的正常工作。

（4）压缩空气中的灰尘等杂质，对气动系统中做往复运动或转动的气动元件（如气缸、气动马达、气动换向阀等）的运动部件产生研磨作用，使这些元件因漏气增加而效率降低，影响它们的使用寿命。

因此，必须设置一些除油、除水、除尘并使压缩空气干燥，提高压缩空气质量，进行气源净化处理的辅助设备。

### 2．压缩空气净化设备

压缩空气净化设备一般包括后冷却器、油水分离器、储气罐、干燥器。

（1）后冷却器安装在空气压缩机出口管道上，空气压缩机排出具有 140～170℃ 的压缩空气经过后冷却器，温度降至 40～50℃。这样，可使压缩空气中油雾和水汽达到饱和使其大部分凝结成滴而析出。后冷却器的结构形式：蛇形管式、列管式、散热片式、套管式等。后冷却器的冷却方式有水冷和气冷两种。蛇形管式和列管式后冷却器的结构如图 6-10 所示。

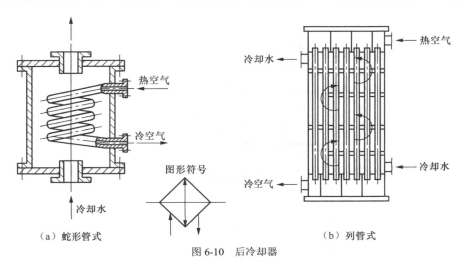

图 6-10 后冷却器

（2）油水分离器安装在后冷却器后的管道上，作用是分离压缩空气中所含的水分、油分等杂质，使压缩空气得到初步净化。油水分离器的结构形式有环形回转式、撞击折回式、离心旋转式、水浴式以及以上形式的组合使用等。油水分离器主要利用回转离心、撞击、水浴等方法使水滴、油滴及其他杂质颗粒从压缩空气中分离出来。撞击折回并环形回转式油水分离器的结构图如图 6-11 所示。

（3）储气罐的主要作用是储存一定数量的压缩空气，减少气源输出气流脉动，增加气流连续性，减弱空气压缩机排出气流脉动引起的管道振动；进一步分离压缩空气中的水分和油分。储气罐的结构图如图 6-12 所示。

（4）干燥器的作用是进一步除去压缩空气中含有的水分、油分、颗粒杂质等，使压缩空气干燥。干燥器提供的压缩空气，用于对气源质量要求较高的气动装置、气动仪表等。干燥压缩空气主要采用吸附、离心、机械降水及冷冻等方法。干燥器的结构图如图 6-13 所示。

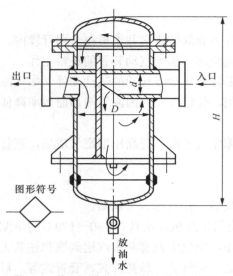

图 6-11 撞击折回并环形回转式油水分离器

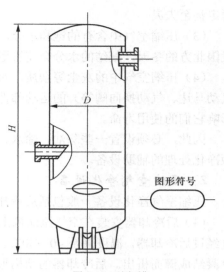

图 6-12 储气罐

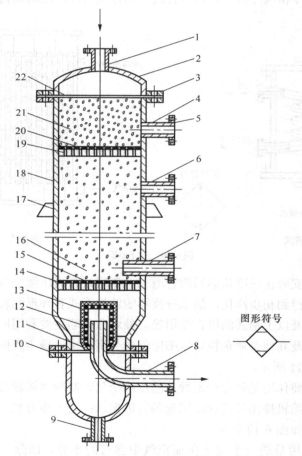

图 6-13 干燥器

1—湿空气进气管；2—顶盖；3、5、10—法兰；4、6—再生空气排气管；7—再生空气进气管；
8—干燥空气输出管；9—排水管；11、22—密封垫；12、15、20—钢丝过滤网；13—毛毡；
14—下栅板；16、21—吸附剂层；17—支承板；18—筒体；19—上栅板

#### （三）管道系统

##### 1．管道系统的布置原则

（1）所有管道系统统一根据现场实际情况因地制宜地安排，尽量与其他管网（如水管网、煤气管网、暖气管网等）、电线等统一协调布置。

（2）车间内部干线管道应沿墙或沿柱子顺气流流动方向向下倾斜 $3°\sim5°$，在主干管道和支管终点（最低点）设置集水罐，定期排放积水、污物等，如图 6-14 所示。

（3）沿墙或沿柱接出的支管必须在主管的上部采用大角度拐弯后再向下引出。在离地面 $1.2\sim1.5m$ 处，接入一个配气器。在配气器两侧接分支管引入用气设备，配气器下面设置放水排污装置。

（4）为防止腐蚀、便于识别，压缩空气管道应刷防诱漆并涂以规定标记颜色的调合漆。

（5）为保证可靠供气，可采用多种供气网络，如单树枝状、双树枝状、环状管网等。

（6）如遇管道较长，可在靠近用气点的供气管道中安装一个适当的储气罐，以满足大的间断供气量，避免过大的压降。

（7）必须用最大耗气量或流量确定管道的尺寸，并考虑管道系统的压降。

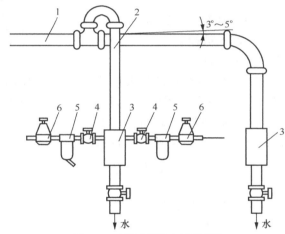

图 6-14　车间内管道布置示意图
1—主管；2—支管；3—集水罐；4—阀门；5—过滤器；6—减压阀

##### 2．管道系统设计计算原则

管道内径 $d$ 和壁厚的设计原则：气源管道的管径大小是根据压缩空气的最大流量和允许的最大压力损失决定的。为免除压缩空气在管道内流动时压力损失过大，空气主管道流速应在 $6\sim10m/s$（相应压力损失小于 0.03MPa），用气车间空气流速应不大于 $10\sim15m/s$，并限定所有管道内空气流速不大于 25m/s，最大不得超过 30m/s。

管道的壁厚主要考虑强度问题，可查手册选用。

#### （四）气动三大件

分水过滤器、减压阀、油雾器统称为气动三大件。三大件依次无管化连接而成的组件称为三联件，是多数气动设备中必不可少的气源装置。大多数情况下，三大件组合使用，其安装次序依进气方向为分水过滤器、减压阀、油雾器。三大件应安装在用气设备的近处。

压缩空气经过三大件的最后处理，将进入各气动元件及气动系统。因此，三大件是气动元件及气动系统使用压缩空气质量的最后保证，其组成及规格，须由气动系统具体的用气要求确定，可以少于三大件，只用一件或两件，也可多于三件。

### 1．分水过滤器

分水过滤器的作用是滤去空气中的灰尘、杂质，并将空气中的水分分离出来。目前，分水过滤器的种类很多，但工作原理及结构大体相同。

（1）工作原理

图 6-15 所示为分水过滤器的结构原理图。

当压缩空气从输入口进入后被引进旋风叶子 1，旋风叶子上冲制有很多小缺口，迫使空气沿切线方向产生强烈的旋转，这样，混杂在空气中较大的水滴、油污、灰尘便获得较大的离心力，并与存水杯 2 的内壁高速碰撞，而从气体中分离出来，沉淀于存水杯 2 中。然后，气体通过中间的滤芯 4，少量的灰尘、雾状水被拦截而滤去，洁净的空气便从输出口输出。

挡水板 3 是为了防止杯中污水卷起而破坏分水过滤器的过滤作用。污水由手动排水阀 5 放掉。

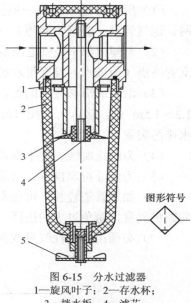

图形符号

图 6-15 分水过滤器
1—旋风叶子；2—存水杯；
3—挡水板；4—滤芯；
5—手动排水阀

（2）分水过滤器的主要性能指标

① 过滤度是指能允许通过的杂质颗粒的最大直径。分水过滤器常用的规格有 5～10μm，10～20μm，25～40μm，50～75μm 4 种，需要精过滤的还有 0.01～0.1μm，0.1～0.3μm，0.3～3μm，3～5μm 4 种规格，以及其他规格，如气味过滤等。

② 水分离率是指分离水分的能力，用符号 $\eta$ 表示，即

$$\eta = \frac{\varphi_1 - \varphi_2}{\varphi_1} \tag{6-1}$$

式中，$\varphi_1$——分水过滤器前空气的相对湿度；

$\varphi_2$——分水过滤器后空气的相对湿度。

规定分水过滤器的水分离率不小于 65%。

（3）分水过滤器的其他性能

① 滤灰效率指分水过滤器分离灰尘的重量和进入分水过滤器的灰尘重量之比。

② 流量特性表示一定压力的压缩空气进入分水过滤器后，其输出压力与输入流量之间的关系。在额定流量下，输入压力与输出压力之差不超过输入压力的 5%。

### 2．油雾器

油雾器是一种特殊的注油装置。当压缩空气流过时，它将润滑油喷射成雾状，随压缩空气一起流进需要润滑的部件，达到润滑的目的。

（1）油雾器的工作原理及结构

油雾器是为气缸、气阀提供润滑油的注油装置。它的工作原理是利用较高速度压缩空气的射流，将润滑油吸入并相互混合后一起流动，再利用负压使油滴撕裂喷射成雾状，随压缩空气流入需要的润滑部件，达到润滑的目的。

图 6-16 所示为微雾型固定节流式油雾器（或二次油雾器）。压缩空气从输入口进入油雾

器后分三路，绝大部分经主管道输出第一路；第二路通过接头 7 中的细长孔和输气小管 10 以气泡形式在输油管 9 中上升，将润滑油带到油杯 11 并保持稳定油位；第三路是部分气流进入喷雾套 5，在喷嘴 6 与喷雾套间的狭缝内流动形成高速气流，使喷口 A 的气压降低，气流通过接头 7 经钢球阀 2 进入油杯 11 上腔，使油面受压，其压力低于气流压力。这样，油面气压与喷口 A 间存在压差，润滑油在此压差作用下，经吸油管 9、单向阀 12 和油量调节针阀 1 滴入到透明的钢球阀 2，过滤后滴入喷嘴 6，被主管道中的高速气流从喷口 A 引射出来，雾化后随气流进入油杯上腔（一次油雾）。其中，颗粒较大的油粒子又沉降在油面下，而直径较小（<5μm）的油雾颗粒悬浮在油面，随出口气流一同输出（二次油雾）。

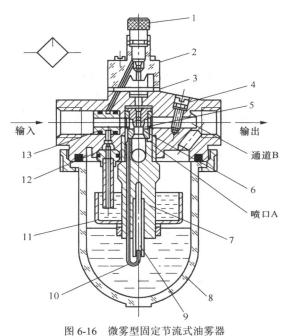

图 6-16　微雾型固定节流式油雾器
1—调节针阀；2—钢球阀；3—过滤片；4—油雾浓度调节螺钉；5—喷雾套；6—喷嘴；7—接头；
8、11—油杯；9—输油管；10—输气小管；12—单向阀；13—套管

调整油量调节针阀的开度以改变滴油量，才能保持一定的油雾浓度。滴油速度根据空气流量选择。一般以 10m³ 自由空气供给 1ml 的油量为基准。

（2）油雾器的主要性能指标

① 流量特性表征了在给定进口压力下，随着空气流量的变化，油雾器进、出口压力降的变化情况。

② 起雾油量存油杯中油位处于正常工作油位，油雾器进口压力为规定值，油滴量约为每分钟 5 滴（节流阀处于全开）时的最小空气流量。

油雾器的其他性能指标还有滴油量调节、油雾粒度、脉冲特性、最低不停气加油压力等。

### 3．减压阀

气动三大件中所用的减压阀，起减压和稳压作用，工作原理与液压系统的减压阀相同。

### 二、气动辅助元件

气动控制系统中，许多辅助元件往往是不可缺少的，如消声器、管道连接件等。

#### 1．消声器

气缸、气阀等工作时排气速度较高，气体体积急剧膨胀，会产生刺耳的噪声。噪声的强弱随排气的速度、排气量和空气通道的形状而变化。排气的速度和功率越大，噪声也越大。一般可达 100～120dB。为了降低噪声，可以在排气口装设消声器。

消声器是通过阻尼或增加排气面积降低排气的速度和功率，从而降低噪声的。

气动元件使用的消声器的类型一般有 3 种：吸收型消声器、膨胀干涉型消声器、膨胀干涉吸收型消声器。图 6-17 所示为吸收型消声器的结构图，消声套用铜颗粒烧结成形，是目前使用最广泛的一种。

#### 2．管道连接件

管道连接件包括管子和各种管接头。有了管路连接，才能把气动控制元件、气动执行元件以及辅助元件等连接成一个完整的气动控制系统。因此，实际应用中管路连接是必不可少的。

管子分为硬管及软管两种。如总气管和支气管等一些固定不动的、不需要经常装拆的地方使用硬管；连接运动部件、临时使用、希望装拆方便的管路应使用软管。硬管有铁管、钢管、黄铜管、紫铜管和硬塑料管等；软管有塑料管、尼龙管、橡胶管、金属编织塑料管以及挠性金属导管等。常用的管子是紫铜管和尼龙管。

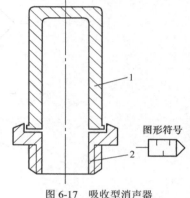

图 6-17　吸收型消声器
1—消声套；2—连接螺纹

气动系统中使用的管接头的结构及工作原理与液压管接头基本相似，分为卡套式、扩口螺纹式、卡箍式、插入快换式等。

### 三、气动执行元件

气动执行元件是将压缩空气的压力能转换为机械能的装置。它包括气缸和气马达。

#### （一）气缸

#### 1．气缸的分类及典型结构

气缸是将压缩空气的压力能转换为直线运动并做功的执行元件。气缸按结构形式分为两大类：活塞式和膜片式。其中，活塞式又分为单活塞式和双活塞式，单活塞式分有活塞杆（普通气缸和冲击气缸）和无活塞杆两种。下面简单介绍几种典型气缸的结构与特点。

（1）普通气缸

图 6-18 所示为普通型单活塞杆双作用气缸的结构图。气缸由缸筒 11、前缸盖 13、后缸盖 1、活塞 8、活塞杆 10、密封件和紧固件等零件组成。缸筒在前后缸盖之间由四根拉杆和螺母将其连接锁紧。活塞与活塞杆相连，活塞上装有密封圈 4、导向环 5 及磁性环 6。为防止漏气和外部粉尘的侵入，前缸盖上装有活塞杆用防尘组合密封圈 15。磁性环用来产生磁场，使活塞接近磁性开关时发出电信号，即在普通气缸上安装磁性开关成为可以检测气缸活塞位置的开关气缸。

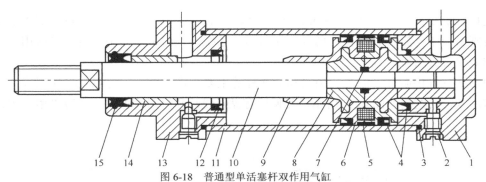

图 6-18　普通型单活塞杆双作用气缸

1—后缸盖；2—缓冲节流针阀；3、7—密封圈；4—活塞密封圈；5—导向环；6—磁性环；8—活塞；9—缓冲柱塞；
10—活塞杆；11—缸筒；12—缓冲密封圈；13—前缸盖；14—导向套；15—防尘组合密封圈

**（2）无活塞杆气缸**

无活塞杆气缸简称无杆气缸。无杆气缸没有普通气缸的刚性活塞杆，它利用活塞直接或间接实现直线运动。如图 6-19 所示，无杆气缸由缸筒 2，防尘和抗压密封件 7、4，无杆活塞 3，左、右端盖 1，传动舌片 5，导架 6 等组成。拉制而成的铝气缸筒沿轴向长度方向开槽，为防止内部压缩空气泄漏和外部杂物侵入，槽被内部抗压密封件 4 和外部防尘密封件 7 密封。内、外密封件都是塑料挤压成形件，且互相夹持固定，如图 6-19（b）所示。无杆活塞 3 的两端带有唇型密封圈。活塞两端分别进、排气，活塞将在缸筒内往复移动。该运动通过缸筒槽的传动舌片 5 被传递到承受负载的导架 6 上。此时，传动舌片将防尘密封件 7 与抗压密封件 4 挤开，但它们在缸筒的两端仍然是互相夹持的。因此，传动舌片与导架组件在气缸上移动时无压缩空气泄漏。

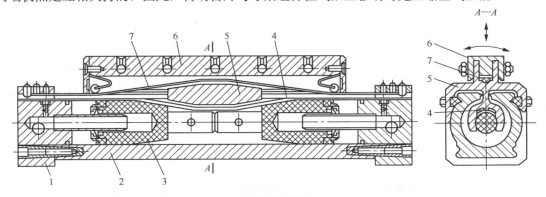

（a）无杆气缸结构图

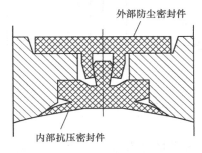

（b）缸筒槽密封布置

图 6-19　无杆气缸

1—左、右缸盖；2—缸筒；3—无杆活塞；4—内部抗压密封件；5—传动舌片；6—导架；7—外部防尘密封件无杆气缸缸径范围为 25～63mm，行程可达 10m。这种气缸最大的优点是节省了安装空间，特别适用于小缸径长行程的场合。在自动化系统、气动机器人中获得大量应用。

（3）膜片式气缸

膜片式气缸由缸体、膜片、膜盘和活塞杆等主要零件组成。它可以是单作用式，也可以是双作用式，其结构如图 6-20 所示，其膜片有盘形膜片和平膜片两种，多数采用夹织物橡胶材料。

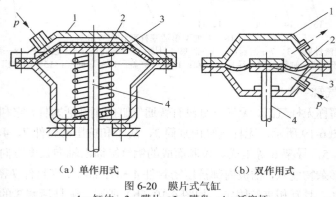

（a）单作用式　　　　　　　（b）双作用式

图 6-20　膜片式气缸
1—缸体；2—膜片；3—膜盘；4—活塞杆

膜片式气缸与活塞式气缸相比，具有结构紧凑、简单、制造容易、成本低、维修方便、寿命长、泄漏少、效率高等优点；但膜片的变形量有限，其行程较短。这种气缸适用于气动夹具、自动调节阀及短行程工作场合。

（4）冲击气缸

冲击气缸是把压缩空气的压力能转换为活塞组件的动能,利用此动能去做功的执行元件。如图 6-21 所示，冲击气缸由缸筒 8、中盖 5、活塞 7 和活塞杆 9 等主要零件组成。中盖与缸筒固定，它和活塞将气缸分割成 3 部分，即蓄能腔 3、活塞腔 2 和活塞杆腔 1。中盖的中心开有喷嘴口 4。

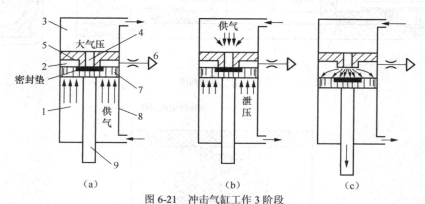

（a）　　　　　　　　　（b）　　　　　　　　　（c）

图 6-21　冲击气缸工作 3 阶段
1—活塞杆腔；2—活塞腔；3—蓄能腔；4—喷嘴口；5—中盖；6—泄气口；7—活塞；8—缸筒；9—活塞杆

冲击气缸的整个工作过程可简单地分为 3 个阶段。图 6-21（a）所示为复位段，活塞杆腔 1 进气时，蓄能腔 3 排气，活塞 7 上移，直至活塞上的密封垫封住中盖上的喷嘴口 4。活塞腔 2 经泄气口 6 与大气相通。最后活塞杆腔压力升至气源压力，蓄能腔压力减至大气压力。

图 6-21（b）所示为储能段，压缩空气进入蓄能腔，其压力只能通过喷嘴口的小面积作用在活塞上，不能克服活塞杆腔的排气压力所产生的向上推力及活塞与缸体间的摩擦力，喷嘴仍处于关闭状态，蓄能腔的压力将逐渐升高。图 6-21（c）所示为冲击段，当蓄能腔的压力与活塞杆腔压力的比值大于活塞杆腔作用面积与喷嘴面积之比时，活塞下移，使喷嘴口开启，聚集在蓄能腔中的压缩空气通过喷嘴口突然作用于活塞的全面积。此时，活塞一侧的压力可达活塞杆另一侧压力的几倍乃至几十倍，使活塞上作用着很大的向下推力。活塞在此推力作用下迅速加速，在很短的时间内以极高的速度向下冲击，从而获得很大的动能。

冲击气缸的用途广泛，可用于锻造、冲压、铆接、下料、压配、破碎等多种作业。

### 2．气缸的工作特性

（1）气缸的速度

气缸活塞的运动速度在运动过程中是变化的，通常说的气缸速度是指气缸活塞的平均速度，如普通气缸的速度范围为 50～500mm/s，就是气缸活塞在全行程范围内的平均速度。目前，普通气缸的最低速度为 5mm/s，高速达 17m/s。

（2）气缸的理论输出力

气缸的理论输出力的计算公式和液压缸的相同。

（3）气缸的效率和负载率

气缸未加载时实际所能输出的力，受气缸活塞和缸筒之间的摩擦力、活塞杆与前缸盖之间的摩擦力的影响。摩擦力影响程度用气缸效率 $\eta$ 表示，$\eta$ 与气缸缸径 $D$ 和工作压力 $p$ 有关，缸径增大，工作压力提高，气缸效率 $\eta$ 增加。一般气缸效率为 0.7～0.95。

与液压缸不同，要精确确定气缸的实际输出力是困难的。于是，在研究气缸性能和确定气缸缸径时，常用到负载率 $\beta$ 的概念。定义气缸负载率 $\beta$＝（气缸的实际负载 $F$/气缸的理论输出力 $F_0$）×100%。

气缸的实际负载（轴向负载）由工况决定，若确定气缸负载率 $\beta$，则由定义就可确定气缸的理论输出力 $F_0$，从而可以计算气缸的缸径。气缸负载率的选取与气缸的负载性质及气缸的运动速度有关，如表 6-4 所示。

表 6-4　　　　　　　　　　　　气缸的运动状态与负载率

| 气缸的运动状态 | 阻力负载（静负载） | 惯性负载的运动速度 P | | |
| --- | --- | --- | --- | --- |
| | | <100mm/s | 100～500mm/s | >500mm/s |
| 负载率 $\beta$ | 0 | ≤0.65 | ≤0.5 | ≤0.3 |

由此可以计算气缸的缸径，再按标准进行圆整。估算时可取活塞杆直径 $d$=0.3D。

（4）气缸的耗气量

气缸的耗气量是指气缸在往复运动时所消耗的压缩空气量，耗气量大小与气缸的性能无关，但它是选择空压机排量的重要依据。

最大耗气量 $q_{max}$ 是指气缸活塞完成一次行程所需的自由空气耗气量。

$$q_{max} = \frac{AS}{t\eta_v} \times \frac{p + p_o}{p_o} \tag{6-2}$$

式中，$A$——气缸的有效作用面积；

　　　$S$——气缸行程；

　　　$t$——气缸活塞完成一次行程所需时间；

    $p$——工作压力；

    $p_o$——大气压；

    $\eta_v$——气缸容积效率，一般取 $\eta_v$ =0.9～0.95。

### 3．气缸的选择及使用要求

气压传动技术具有动作迅速、操作方便、设备简单、成本低、适应恶劣环境（高温、粉尘、易爆等）的优点，因而，得到日益广泛的应用。采用气压传动，一定要使用气缸或气马达的应用例子极多。使用气缸应首先立足于选择标准气缸，其次才是自行设计。

（1）气缸的选择要点

① 根据工作机构所需力的大小确定活塞杆上的推力和拉力。一般应根据工作条件的不同，按力平衡原理计算出的气缸作用力再乘以 1.5～2 的备用系数，从而选择和确定气缸内径。这是因为同一气缸工作时的实际输出力大小随要求的工作速度不同而有很大变化。速度增大，则由于背压增大等因素影响，输出力将急剧下降，其变化是非线性的。为了避免气缸容积过大，应尽量采用扩力机构（参考有关手册的气缸应用举例），以减小气缸尺寸。

② 气缸行程的长短与使用场合和机构的行程比有关，也受加工和结构的限制。有的场合，如用于夹紧机构等，还需在计算所需行程的基础上多加 10～20mm 的行程余量。

③ 活塞（或缸）的运动速度主要取决于气缸进、排气口及导管内径的大小。如果要求活塞杆高速运动时，应选用内径较大的进、排气口及导管，通常为了得到缓慢的、平稳的活塞杆运动速度，可选用带节流装置的或气—液阻尼装置的气缸。

节流调速的方式：当水平安装的气缸去推负载时，推荐用排气节流；如果用垂直安装的气缸举升重物时，则推荐用进气节流；当要求行程终点活塞杆运动平稳时，则选用带缓冲装置的气缸。

（2）气缸的使用要求

① 一般情况，气缸的正常工作条件周围介质温度为–35～800℃，工作压力为 4～6bar。

② 安装前，应在 1.5 倍工作压力下对气缸进行检验，不应漏气。

③ 装配时，所有密封件的相对运动工作表面应涂以润滑脂。

④ 安装时，气缸的气源进口处必须设置油雾器，以利于工作中润滑。气缸的合理润滑极为重要，往往因润滑不好，气缸产生爬行，甚至不能正常工作。

⑤ 安装时，注意动作方向，活塞杆不允许承受偏心负载或横向负载。

⑥ 负载在行程中有变化时，应使用输出力有足够余量的气缸，并要附加缓冲装置。

⑦ 不使用满行程。特别当活塞杆伸出时，不要使活塞与缸盖相碰击，否则容易引起活塞和缸盖等零件破坏。

## （二）气马达

### 1．气马达的分类及特点

气马达是利用压缩空气的能量实现旋转运动的机械。气马达按结构形式可分为叶片式、活塞式、齿轮式等。最为常用的是叶片式气马达和活塞式气马达。叶片式气马达制造简单，结构紧凑，但低速起动转矩小，低速性能不好，适宜性能要求低或中功率的机械。目前，叶片式气马达在矿山机械及风动工具中应用普遍。活塞式气马达在低速情况下有较大的输出功率，它的低速性能好，适宜载荷较大和要求低速转矩大的机械，如起重机、铰车铰盘、拉管机等。

由于使用压缩空气作工作介质，气马达有以下特点。

（1）过载保护作用。过载时，转速降低或停车，过载消除后立即恢复正常工作，不会产生故障，长时间满载工作温升小。

（2）无级调速。控制进气流量，就能调节马达的功率和转速。额定转速从每分钟几十转到几十万转。

（3）具有较高的起动转矩，可直接带负载起动。

（4）与同类电动机相比，重量只有电动机的 1/3～1/10，因此，其惯性小，起动停止快。

（5）适宜在恶劣环境中使用，具有防火，防爆，耐潮湿、粉尘及振动的优点。

（6）结构简单，维修容易。

（7）输出功率相对较小，最大只有 20kW 左右。

（8）耗气量大，效率低，噪声大。

### 2．叶片式气马达的工作原理

图 6-22 所示为叶片式气马达的工作原理图。它的主要结构和工作原理与叶片式液压马达相似，主要包括一个径向装有 3～10 个叶片的转子，偏心安装在定子内，转子两侧有前后端盖（图中未画出），叶片在转子的径向槽内可自由滑动，叶片底部通有压缩空气，转子转动时靠离心力和叶片底部气压将叶片紧压在定子内表面，定子内有半圆形的切沟，提供压缩空气及排出废气。

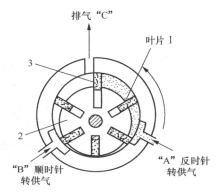

图 6-22　叶片式气马达的工作原理
1—定子；2—转子；3—叶片

当压缩空气从 A 口进入定子腔内，使叶片带动转子逆时针旋转，产生旋转力矩，废气从排气口 C 排出，而定子腔内残余气体则经 B 口排出。如需改变气马达旋转方向，则需改变进、排气口即可。

气马达的有效转矩与叶片伸出的面积及其供气压力有关。叶片数目多，输出转矩虽然较均匀，且压缩空气的内泄漏减少，但却减小了有效工作腔容积。所以，叶片数目应选择适当。为了增强密封性，在叶片式气马达启动时，叶片常靠弹簧或压缩空气顶出，使其紧贴在定子的内表面。随着马达转速增加，离心力进一步将叶片紧压在定子内表面。

叶片式气马达
的工作原理

## 四、气动控制元件

气动控制元件的功用、工作原理和液压控制元件相似。气动控制元件按功能也分为压力控制阀、流量控制阀和方向控制阀三大类。表 6-5 列出了三大类气动控制阀及其特点。

表 6-5　　　　　　　　　　　　　　气动控制阀

| 类别 | 名称 | 图形符号 | 特点 |
|---|---|---|---|
| 压力控制阀 | 减压阀 |  | 调整或控制气压的变化，保持压缩空气减压后稳定在需要值，又称为调压阀。一般与分水过滤器、油雾器共同组成气动三大件。对低压系统则需用高精度的减压阀——定值器 |

| 类别 | 名称 | 图形符号 | 特点 |
|---|---|---|---|
| 压力控制阀 | 溢流阀 | | 为保证气动回路或储气罐的安全，当压力超过某一调定值时，实现自动向外排气，使压力回到某一调定值范围内，起过压保护作用，也称为安全阀 |
| | 顺序阀 | | 依靠气路中压力的作用，按调定的压力控制执行元件顺序动作或输出压力信号。与单向阀并联可组成单向顺序阀 |
| 流量控制阀 | 节流阀 | | 通过改变阀的流通面积实现流量调节。与单向阀并联组成单向节流阀，常用于气缸的调速和延时回路 |
| | 排气消声节流阀 | | 装在执行元件主控阀的排气口处，调节排入大气中气体的流量。用于调整执行元件的运动速度并降低排气噪声 |
| 方向控制阀 | 换向型控制阀 | 气压控制换向阀 （a）加压或泄压控制换向 （b）差压控制换向 | 以气压为动力切换主阀，使气流改变流向。操作安全可靠，适用于易燃、易爆、潮湿和粉尘多的场合 |
| | | 电磁控制换向阀 （a）直动式电磁阀 （b）先导式电磁阀气压加压控制 （c）先导式电磁阀气压泄压控制 | 用电磁力的作用实现阀的切换以控制气流的流动方向，分为直动式和先导式两种。通径较大时采用先导式结构，由微型电磁铁控制气路产生先导压力，再由先导压力推动主阀阀芯实现换向，即电磁、气压复合控制 |
| | | 机械控制换向阀 （a）直动式机控阀 （b）滚轮式机控阀 （c）可通过式机控阀 | 依靠凸轮、撞块或其他机械外力推动阀芯使其换向，多用于行程程序控制系统，作为信号阀使用，也称为行程阀 |
| | | 人力控制换向阀 （a）按钮式 （b）手柄式 （c）脚踏式 | 分为手动（按钮式和手柄式）和脚踏两种操作方式 |
| | 单向型控制阀 | 单向阀 | 气流只能沿一个方向流动而不能反向流动 |
| | | 梭阀 | 两个单向阀的组合结构形式，其作用相当于"或门" |
| | | 双压阀 | 两个单向阀的组合结构形式，作用相当于"与门" |
| | | 快速排气阀 | 常装在换向阀与气缸之间，它使气缸不通过换向阀而快速排出气体，从而加快气缸的往复运动速度，缩短工作周期 |

### （一）压力控制阀

气动不同于液压，液压是每套液压装置都自带液压源（泵站）。而在气动系统中，一般来说是由空气压缩机先将空气压缩，储存在储气罐内，然后经管道输送给各气动装置使用。而储气罐的空气压力往往比每台设备实际所需要的压力高，同时其压力值波动也较大，因此需要用减压阀（调压阀）将其压力减到每台装置所需要的压力，并使减压后的压力稳定在需要的值。

除用减压阀减压外，低压控制系统（如射流系统）还需要通过定值器获得压力更低、精度更高的气源压力。

有些气动回路需要依靠回路中压力的变化实现控制两个执行元件的顺序动作，所用的这种阀就是顺序阀。顺序阀与单向阀的组合称为单向顺序阀。

为了安全起见，当压力超过允许压力值时，所有的气动回路或储气罐需实现自动向外放气，这种压力控制阀叫作安全阀（溢流阀）。

#### 1.减压阀（调压阀）

减压阀按调节压力的方式分为直动式减压阀和先导式减压阀两大类。由旋钮直接调节调压弹簧改变减压阀输出压力的叫直动式减压阀，如图 6-23 所示。直动式减压阀按机能分为溢流式、恒量排气式和非溢流式 3 种形式。用预先调整好压力的空气代替调压弹簧进行调压的叫先导式减压阀。因为气动系统大多数是低压系统，直动式减压阀应用广泛，所以以直动式减压阀为例，下面分别分析它们的结构。

（1）溢流式减压阀

溢流式减压阀的特点：减压过程中经常从溢流孔排出少量多余的气体。

QTJ 型（或 QFJ）减压阀应用最广。如图 6-23 所示，其动作原理：阀处于工作状态时，有压气流从进气口 10 输入，经阀口的节流减压至排气孔 11 输出。顺时针方向旋转调节旋钮 1，调压弹簧 2、3 及膜片 5 使阀芯 8 下移，增大进气口 10 的开度能使输出压力增

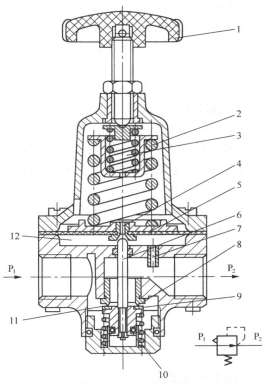

图 6-23　QTJ 型减压阀
1—调节旋钮；2、3—调压弹簧；4—溢流阀座；5—膜片；
6—气室；7—阻尼孔；8—阀芯；9—复位弹簧；
10—进气口；11—排气孔；12—溢流孔

大。如逆时针方向旋转调节旋钮 1 减小进气口 10 的开度会使输出压力减小。

当输入压力发生波动时，靠膜片 5 上力的平衡作用及溢流阀座 4 上溢流孔 12 的溢流作用，稳定输出压力不变。

若输入压力瞬时升高，经进气口 10 后的输出压力随之升高，使气室 6 内的压力也升高。在膜片 5 上的推力相应增大，高于调压弹簧的调定力，膜片 5 上移，有部分气体经溢流孔 12、排气孔 11 排出。同时，阀芯 8 受复位弹簧 9 的推动上移，进气口关小，减压作用加大，使输出压力下降，达到新的平衡。

相反，若输入压力瞬时下降，输出压力也下降，膜片 5 下移，阀芯 8 随之下移，进气口开大，减压作用减小，输出压力基本回升到原调定值。

逆时针旋转调节旋钮，使调压弹簧 2、3 放松，输出口到气室的压力使膜片上抬，阀芯 8 受复位弹簧 9 的推动，将进气口 10 关闭。进一步松开调压弹簧，阀芯 8 的顶端与溢流阀座 4 脱开，气室 6 的压缩空气经溢流孔 12、排气孔 11 排出。阀处于无输出状态。

溢流式减压阀的工作原理：靠进气口的节流作用减压，靠膜片上力的平衡作用和溢流孔的溢流作用稳压。调节旋钮可使输出压力在调节范围内变动。

过滤减压阀是将过滤器与减压阀组合成一体的复合阀。

（2）恒量排气式减压阀

溢流式减压阀的进气口接触面多采用合成橡胶等软材料，提高密封性能，但关闭阀门时易发生咬死现象，表现为低流量时输出压力减小很多，流量特性变坏。

恒量排气式减压阀以阀口微开启、持续微量排气方式，防止在低流量时阀口咬死现象发生。由于恒量排气式减压阀有持续耗气，主要用于要求输出压力调节精度高的场合，如气动仪表的供气。

（3）减压阀的选择和使用

选择减压阀时应考虑以下几点。

① 要求减压阀调压精度高时，选用精密型减压阀或高精度减压阀（定值器），当输出压力在 0.1MPa 以下时为保持压力稳定采用两个减压阀串联的形式，但这会使流量大大降低。一般调压精度要求不高时选用 QFJ（即 QTY）型减压阀。

如需遥控时，应选用外接先导式减压阀，否则选用直动式减压阀或内部先导式减压阀。

确定阀的类型后，根据所需最大输出流量选择阀的通径。决定阀的气源压力时应使其大于最高输出压力 0.1MPa。

② 减压阀的使用

气动三大件的一般安装的次序是，按气流的流动方向首先装分水过滤器，其次是减压阀，最后是定值器或油雾器。

装阀时注意气流方向，按减压阀或定值器上所示的箭头方向安装，不要将输入、输出口接反。

装配前应把管道中铁屑等脏物吹洗掉，并洗去阀上的矿物油。气源应净化处理，除去油、水及灰尘。

阀不用时要把旋钮放松，旋转回零，以免膜片经常受压变形。

**2．溢流阀**

溢流阀是一种保持回路工作压力恒定的压力控制阀，而安全阀是一种防止系统过载、保证安全的压力控制阀。溢流阀和安全阀在结构和功能方面往往是相似的，有时不加以区别。它们的作用是当系统中的工作压力超过调定值时，将多余的压缩空气排入大气，以保持进口压力的调定值。

（1）工作原理

图 6-24 所示为溢流阀的工作原理示意图。阀的进气口与控制系统（或装置）连接。当系统中的气体压力为零时，作用在阀芯上的弹簧力（或重锤）使它紧压在阀座上。

随着系统中的气压增加，即在阀芯下面产生一个气压作用力，若此力小于弹簧力（或重锤）时，两者作用力之差形成阀芯和阀座之间的密封力。当系统中压力上升到某一值时，阀的密封力变为零。若压力继续上升到阀的开启压力 $p$ 时，阀芯开始打开，压缩空气从排气口急速喷出。阀开启后，若系统中的压力继续上升到阀的全开压力 $p'$ 时，则阀芯全部开启，从排气口排出额定的流量。此后，系统中的压力逐渐降低，当低于系统工作压力的调定值（即阀的关闭压力 $p''$）时，阀门关闭，并保持密封。

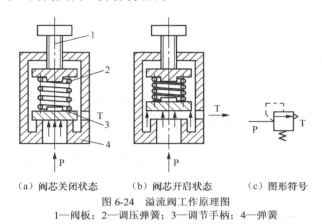

（a）阀芯关闭状态　　（b）阀芯开启状态　　（c）图形符号

图 6-24　溢流阀工作原理图

1—阀板；2—调压弹簧；3—调节手柄；4—弹簧

（2）结构

按阀的作用原理，溢流阀分为两种类型：微启式（比例作用式）和全启式（突开式）。一般，微启式用于溢流阀，全启式用于安全阀。

图 6-25 所示为微启式溢流阀。该阀的工作特性属于比例作用式，即阀门的开度是随系统压力的升高而逐渐开启的。因此，阀的排放量也是逐渐增大的，一旦系统中的压力低于调定值，阀门即关闭。这样，有利于保证系统的工作压力稳定。

图 6-26 所示为全启式安全阀，其特点是阀门开启以额定的排放流量迅速排出气体，当系统中的压力稍低于调定压力时阀门即关闭。这样，保证回路中的压力维持在工作压力而不致下降过多。

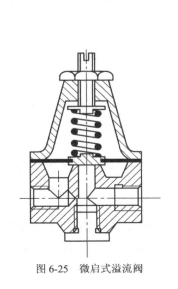

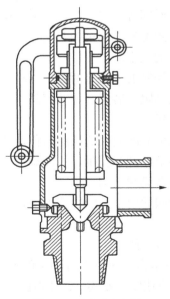

图 6-25　微启式溢流阀　　　　　　图 6-26　全启式安全阀

（3）使用原则

① 根据系统的最高使用压力和排放流量来选择溢流阀的形式、规格。

② 为保持气动回路工作压力稳定，要求阀门动作灵敏，开闭压差小，宜选用微启式溢流阀。

③ 有溢流装置的减压阀的溢流流量很小，且减压阀溢流装置的开启压力较大，不宜用作溢流阀。

④ 注意安全操作规程，特别是用于空压机、储气罐上的安全阀，出厂时都有铅封印记，未经许可，严禁擅自调整弹簧位置。

### 3．顺序阀

顺序阀也称压力联锁阀，是依靠回路中压力的变化控制顺序动作的一种压力控制阀。若将单向阀和顺序阀组装成一体，则称为单向顺序阀。单向顺序阀常应用于使气缸自动进行一次往复运动，不便安装机械控制阀的场合。

顺序阀的工作原理比较简单，图 6-27 所示为单向顺序阀的工作原理图。它们都是靠弹簧的预压缩量控制阀开启压力的大小。

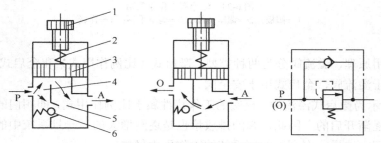

图 6-27　单向顺序阀工作原理
1—调节手轮；2—弹簧；3—活塞；4、5—工作腔；6—单向阀

### （二）流量控制阀

在气动自动化系统中，通常需要对压缩空气的流量进行控制，如控制气缸的运动速度、延时阀的延时时间等。要对流过管道（或元件）的流量进行控制，只需改变管道的截面积。从流体力学的角度看，流量控制是在管路中制造一种局部阻力装置，改变局部阻力的大小，就能控制流量的大小。

实现流量控制的方法有两种：一种是固定的局部阻力装置，如毛细管、孔板等；另一种是可调节的局部阻力装置，如节流阀。

### 1．节流阀

节流阀是依靠改变阀的流通面积调节流量的。要求节流阀流量的调节范围应较宽，能进行微小流量调节，调节精确，性能稳定，阀芯开度与通过的流量成正比。

（1）常用节流阀结构

为使节流阀适用于不同的使用场合，节流阀的结构有多种，图 6-28 所示为常用的典型节流阀结构。

（2）单向节流阀

图 6-29 所示为单向节流阀，由单向阀和节流阀组合而成的流量控制阀，常用作气缸的速度控制，又称为速度控制阀。这种阀仅对一个方向的气流进行节流控制，旁路的单向阀关闭；在相反方向上气流可以通过开启的单向阀自由流过（满流）。

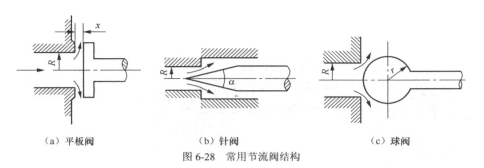

（a）平板阀　　　　　　　　　（b）针阀　　　　　　　　　（c）球阀

图 6-28　常用节流阀结构

这种阀在气动执行元件的速度调节时尽可能安装在气缸上。图 6-30 所示为用于气缸速度控制的回路，图 6-30（a）所示为进气节流方式。为了实现进气节流控制，安装单向节流阀对进气进行节流，而排气则通过单向阀从手动阀排气口排放。

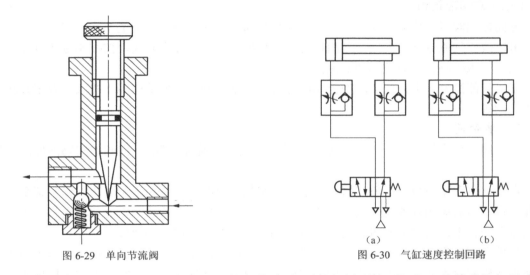

图 6-29　单向节流阀　　　　　　　　　　图 6-30　气缸速度控制回路

若采用进气节流控制，活塞上微小的负载波动（如通过行程开关时），将导致气缸速度明显的变化。在单作用气缸或小缸径气缸的情况下，可以采用进气节流方式控制气缸速度。

图 6-30（b）所示为排气节流方式，对气缸供气是满流的，而对空气的排放进行节流控制。此时，活塞在两个缓冲气垫作用下承受负载。一个缓冲气垫由供气压力作用形成；另一个则由单向节流阀节流的空气形成。这种设置方式对于从根本上改善气缸速度性能大有好处。排气节流方式适用于双作用气缸的速度控制。

一般，单向节流阀的流量调节范围为管道流量的 20%～30%。对于要求能在较宽范围里进行速度控制的场合，可采用单向阀开度可调的速度控制阀。

**2．排气消声节流阀**

节流阀通常是安装在气路系统中调节气流的流量，而排气节流阀只能安装在元件的排气口，调节排入大气的流量，以改变执行机构的速度。图 6-31 所示为带有消声器的排气节流阀，用于减弱排气噪声，并能防止环境中的粉尘通过排气口污染元件。

**3．流量控制阀的选择与使用**

（1）根据气动装置或气动执行元件的进、排气口通径选用。

（2）根据流量调节范围及使用条件选用。

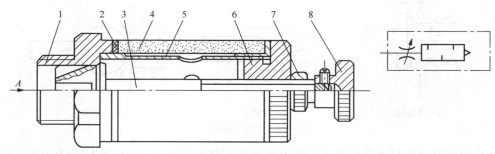

图 6-31 排气消声节流阀
1—底座；2—垫圈；3—阀芯；4—消声器；5—阀套；6—法兰；7—螺母；8—调节旋钮

### （三）方向控制阀

方向控制阀可以分为单向型方向控制阀和换向型方向控制阀两大类。

可以改变气流流动方向的控制阀称为换向型控制阀，简称换向阀，按控制方式可分为气压控制、电磁控制、人力控制和机械控制等。

气流只能沿着一个方向流动的控制阀称为单向型控制阀，如单向阀、梭阀、双压阀和快速排气阀等。

#### 1．单向阀

单向阀只允许气流在一个方向通过，而在相反方向则完全关闭。单向阀的实物图如图 6-32 所示。

在气动自动化系统中，单向阀常用于防止空气倒流的场合。如用于防止回路中某个支路的耗气量过多而影响其他元件的工作压力下降，在空压机出口管路中常安装单向阀。单向阀在大多数场合下，与节流阀组合构成速度控制阀，控制气缸的运动速度。

当单向阀用作精密的压力控制时，必须调整阀的开启压力和阀前后的压差。当单向阀用于要求严格密封不能泄漏的场合，应采用锥面密封，或其他的弹性密封，不宜采用球或金属阀芯的密封。

#### 2．梭阀

梭阀的作用相当或门逻辑功能。图 6-33 所示为梭阀。这种阀相当于两个单向阀组合而成。无论是 X 口或 Y 口进气，A 口总是有气体输出的。

图 6-32　单向阀

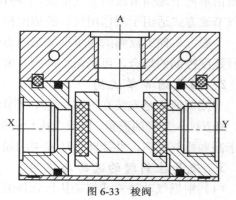

图 6-33　梭阀

182

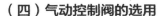

### （四）气动控制阀的选用

正确选用各种气动控制阀是设计气动控制系统的重要环节。应做到选择合理，使线路简化，减少阀的品种和数量，降低压缩空气的消耗量，提高系统的可靠性，降低成本等。

（1）在选用阀时，首先考虑阀的技术规格能否满足使用环境。如气源工作压力范围、电源条件、介质温度、环境温度、湿度、粉尘情况等。

（2）考虑阀的机能和功能是否满足工作的需要。尽量选择与所需机能一致的阀，如选不到，考虑用其他阀代用（如用五通阀代替三通或二通阀）。

（3）根据流量选择阀的通径。根据执行元件的流量选择阀的通径。选用阀的流量应略大于所需要的流量。对于信号阀，则是根据它距所控制阀的远近，控制阀的数量和要求动作时间等因素选择阀的通径。一般距离20m以内，选3mm通径的阀，20m以上或控制数量较多的情况下，其通径可选大些，如6mm。

（4）根据使用条件、使用要求选择阀的结构形式。如果密封是主要的，一般选用橡胶密封（软质密封）的阀。如要求换向力小、有记忆性能，应选择滑阀。如气源过滤条件差的地方，采用截止阀好些。

（5）安装方式的选择。从安装维护方面考虑，板式连接较好。

（6）阀的种类选择。在设计控制系统时，尽量减少阀的种类，避免采用专用阀，尽量选用标准化系列的阀，以利于专业化生产、降低成本和便于维修使用。

## 项 目 实 施

本项目主要是根据图6-2所示的YL-235型光机电一体化实训考核装置气动原理图进行气动系统安装与调试。

### （一）气路的连接与绑扎

气动系统的安装并不是简单地用管子把各阀连接起来，安装实际上是设计的延续。作为一种生产设备，它应保证运行可靠、布局合理、安装工艺正确、维修检测方便。安装人员需根据气动系统原理图进行气路连接。目前，气动系统的安装一般采用紫铜管卡套式连接和尼龙软管快插式连接两种。卡套式接头安装牢固可靠，一般用于定型产品。YL-235实训考核装置采用尼龙软管快插式。图6-34（a）为气源由气压泵经过截止阀进入气动三大件，再进入电磁阀部分的气管连接与绑扎。图6-34（b）为机械手气路的中段。图6-34（c）为机械手气路的末端。

首先必须按原理图核对元件的型号和规格，认清各气动元件的进气口、排气口方向；接着根据各元器件在工作台上的位置量出各元件间所需管子的长度，长度选取要合理，避免气管过长或过短；走线尽量避开设备工作区域，防止对设备动作干扰；气管应利用塑料扎带绑扎起来，绑扎间距为50～80mm，间距应均匀；注意将压力表垂直安装，表面朝向应便于观察。

由系统气源开始，按图6-2所示的气路系统原理图用气管连接至各电磁阀组。

### 1．对气路气源的要求

（1）该生产线的气路系统气源是由一台空气压缩机提供。空压机气缸体积应该大于50L，流量应大于$0.25mm^2/s$，所提供的压力为0.6～1.0MPa，输出压力为0～0.8MPa，可调。输出的压缩空气通过快速三通接头和气管输送到各工作单元。

（a）

（b）
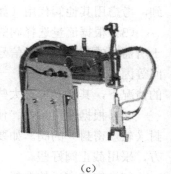
（c）

图 6-34　气路的连接与绑扎

（2）如图 6-35 所示，气源的气体须经过一台气源处理组件——油水分离器三联件进行过滤，并装有快速泄压装置。

（3）实训考核装置使用的空气工作压力为 0.4MPa，要求气体洁净、干燥，无水分、油气、灰尘。

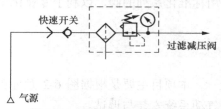

（4）注意安全生产，在通气前检查气路的气密性。在确认气路连接正确并且无泄漏的情况下，方能进行通气实验。将油水分离器的压力调节旋钮向上拔起并

图 6-35　主气源的空气处理原理图

右旋，逐渐增加并注意观察压力表，增加到额定气压后压下锁紧。气流在调试前尽量小一点，在调试过程中逐渐加大到合适的气流。

## 2．安装注意事项

① 气路连接要完全按照图 6-2 所示的 YL-235 型光机电一体化实训考核装置气动原理图进行连接。

② 气路连接时，气管一定要在快速接头中插紧，不能够有漏气现象。

③ 气路中的气缸节流阀调整要适当，以活塞进出迅速、无冲击、无卡滞现象为宜，以不推倒工件为准。如果有气缸动作相反，将气缸两端进气管位置颠倒即可。

④ 气路气管在连接走向时，应该按序排布，均匀美观。不能交叉、打折、顺序凌乱。

⑤ 所有外露气管必须用黑色尼龙扎带进行绑扎，松紧程度以不使气管变形为宜，外形美观。

⑥ 电磁阀组与气体汇流板的连接必须压在橡胶密封垫上固定，要求密封良好，无泄漏。

⑦ 当回转摆台需要调节回转角度或调整摆动位置精度时，根据要求把回转缸调成 90°固定角度旋转。调节方法：首先松开调节螺杆上的反扣螺母，通过旋入和旋出调节螺杆，从而改变回转凸台的回转角度，调节螺杆分别用于左旋和右旋角度的调整。当调整好摆动角度后，应将反扣螺母与基体反扣锁紧，防止调节螺杆松动，从而造成回转精度降低。

## （二）气路检查与元件动作调试

气路连接结束后，进行通气前检查，确认气路连接正确，符合工艺要求。之后进行通气检查，打开气源开关，缓缓调节调压阀使压力逐渐升高至 0.4MPa 左右。然后检查每一个管接头是否有漏气现象，如有，必须先将其排除，确保通气后各个气缸回到初始位置。对每一路的电磁阀进行手动换向和通电换向。最后，通过调节气压和节流阀调节气缸的运动速度，使各个气缸平稳运行，速度基本保持一致。

# 教学实施与项目测评

气动系统安装与调试教学内容的实施与项目测评，见表 6-6。

表 6-6　　　　　　　　　　　　教学内容的实施与项目测评

| 名称 | | 学生活动 | 教师活动 | 实践拓展 |
|---|---|---|---|---|
| 气动系统安装与调试 | 收集资料 | 根据项目实验的具体内容，学生应结合课堂知识讲解，查阅相关资料，明确具体工作任务 | 将学生进行分组，提出项目实施的具体工作任务，明确任务要求，讲解安装要点，指导学生进行气路总图的绘制 | 通过实践项目实施，学生将更进一步掌握常用气动元件的结构及工作原理，掌握典型气动系统的安装及调试方法 |
| | 制订实施计划 | 带着问题设计出安装实施方案，了解各气动元件及回路的基本结构及工作原理；掌握典型气动回路的安装及调试方法，形成报告书 | 提出各类问题引导学生进行学习，教师指导、学生自主分析 | |
| | 项目实施 | （1）正确连接气路；<br>（2）检查气路连接无漏气现象；<br>（3）成功完成整个装置的功能调试；<br>（4）对项目实施过程中的相关问题做好实验记录 | 演示气路连接操作，检查监督学生操作过程，引导学生排除故障，对学生的实施结果给予实时的指导与评价 | |
| | 检验与评价 | 各小组交叉互评 | 在项目开展过程中做好记录，在项目结束时做好评价 | |
| 提交成果 | | （1）实验记录清单；<br>（2）实验结果 | | |
| 考核评价 | 序号 | 考核内容 | 配分 | 评分标准 | 得分 |
| | 1 | 团队协作 | 10 | 在小组活动中，能够与他人进行有效合作 | |
| | 2 | 职场安全 | 20 | 在活动，严格遵守安全章程、制度 | |
| | 3 | 气动元件清单 | 30 | 气动元件无损坏、无遗漏，按要求清理、归位 | |
| | 4 | 实验结果 | 40 | 实验结果是否合理、正确 | |
| 指导教师 | | | 得分合计 | |

# 知 识 拓 展

气动系统一般由基本回路组成，要设计高性能的气动系统，必须熟悉各种基本回路和经过长期生产实践总结的常用回路。

## 一、气动基本回路

气动基本回路是气动系统的基本组成部分。基本回路按其功能分为压力和力控制回路、换向控制回路、速度控制回路、位置控制回路及基本逻辑回路。

### （一）压力和力控制回路

为调节和控制系统的压力需采用压力控制回路，为增大气缸活塞杆输出力需采用力控制回路。

#### 1．压力控制回路

（1）一次压力控制回路。图 6-36 所示为一次压力控制回路，用于使控制压缩空气站的储气罐的输出压力 $p_s$ 稳定在一定的压力范围，以保证用户对压缩空气压力的需要。电接点压力表或压力继电器控制空气压缩机的转、停。回路中加一安全阀，其作用是当电机控制系统失灵、压缩机不能停止运转时，可使储气罐的压力稳定在溢流阀调定压力值的范围内。

（2）二次压力控制回路。二次压力控制回路是每台气动装置的气源入口处的压力调节回路，如图 6-37（a）所示。从压缩空气站来的压缩空气，经分水过滤器、减压阀、油雾器供给气动设备使用。调节溢流式减压阀能得到气动设备所需的工作压力。

如回路中需要多种不同的压力，可采用图 6-37（b）所示高低压控制回路。

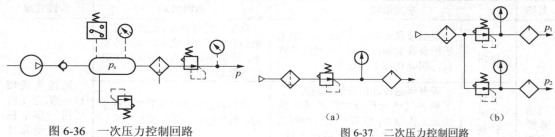

图 6-36　一次压力控制回路　　　　　　　　　图 6-37　二次压力控制回路

（3）高低压切换回路。图 6-38 所示为利用换向阀和减压阀实现高低压切换输出的回路。

（4）过载保护回路。如图 6-39 所示，正常工作时，电磁换向阀 1 通电，使换向阀 2 换向，气缸外伸。如果在活塞杆受压的方向发生过载，则顺序阀动作，换向阀 3 切换，换向阀 2 的控制气体排出，在弹簧力的作用下换至图示工位，使活塞杆缩回。

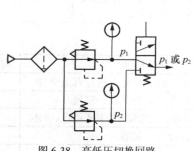

图 6-38　高低压切换回路

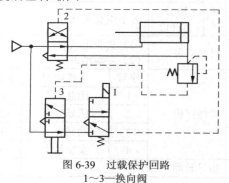

图 6-39　过载保护回路

1～3—换向阀

#### 2．力控制回路

气动系统的压力一般较低，所以一般都是通过改变执行元件的受力面积来增加输出力。

（1）串联气缸增力回路。图 6-40 所示采用三段式串联气缸增力回路。通过控制电磁阀的通电个数，实现对活塞杆输出推力的控制。活塞缸串联段数越多，输出的推力越大。

（2）气液增压器增力回路。如图 6-41 所示，回路利用气液增压器 1 将较低的气压变为较高的液压力，提高了气液缸 2 的输出力。

（3）冲击气缸回路。如图 6-42 所示，电磁换向阀 1 通电，冲击气缸的下腔由快速排气阀 2 通大气，换向阀 3 在气压作用下切换，储气罐 4 内的压缩空气直接进入冲击气缸，使活塞以极高的速度运动，该活塞所具有的动能转换成很大的冲击力输出。减压阀5调节冲击力的大小。

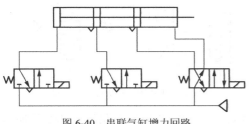

图 6-40　串联气缸增力回路

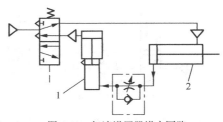

图 6-41　气液增压器增力回路
1—气液增压器；2—气液缸

### （二）换向控制回路

#### 1．单作用气缸换向回路

（1）二位运动控制换向回路。图 6-43（a）所示为采用二位三通电磁阀控制单作用弹簧气缸升降的回路。

（2）三位运动控制换向回路。图 6-43（b）所示为采用三位五通电气阀控制单作用弹簧气缸伸、缩和任意位置停止的回路。

#### 2．双作用气缸换向回路

（1）二位运动控制换向回路。图 6-44（a）所示为采用电控二位五通换向阀控制气缸伸、缩的回路。

（2）三位运动控制换向回路。图 6-44（b）所示为采用三位五通电磁控制阀控制的回路，除控制双作用缸伸、缩换向外，还可以实现任意位置停止。

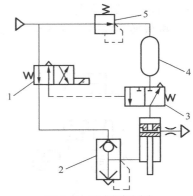

图 6-42　冲击气缸回路
1—电磁换向阀；2—快速排气阀；
3—换向阀；4—储气罐；5—减压阀

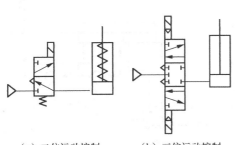

（a）二位运动控制　（b）三位运动控制
图 6-43　单作用气缸换向回路

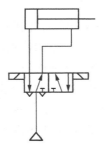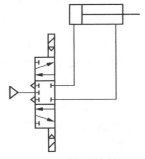

（a）二位运动控制　（b）三位运动控制
图 6-44　双作用气缸换向回路

### （三）速度控制回路

因气动系统使用功率不大，故调速方法主要是节流调速，常用排气节流调速。

单作用与双作用气缸换向回路

#### 1．气阀调速回路

（1）单作用气缸调速回路。图 6-45 所示为由两个单向节流阀分别控制活塞杆的升降速度的回路。

（2）单作用气缸快速返回回路。如图 6-46 所示，活塞返回时，气缸上腔通过快速排气阀排气。

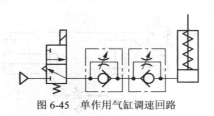

图 6-45　单作用气缸调速回路

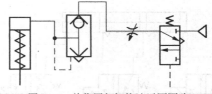

图 6-46　单作用气缸快速返回回路

（3）排气节流阀调速回路。如图 6-47 所示，通过两个排气节流阀控制气缸伸缩的速度。

（4）缓冲回路。由于气动执行元件动作速度较快，当活塞惯性力大时，可采用如图 6-48 所示回路。当活塞向右运动时，缸右腔的气体经二位二通阀排气，直到活塞运动接近末端，压下机械换向阀时，气体经节流阀排气，活塞低速运动到终点。

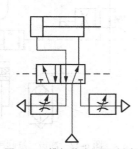

图 6-47　排气节流阀调速回路

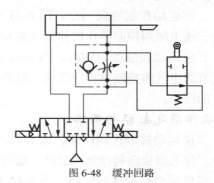

图 6-48　缓冲回路

## 2．气液联动速度控制回路

由于气体的可压缩性，运动速度不稳定，所以定位精度不高。在气动调速、定位不能满足要求的场合，可采用气液联动。

（1）调速回路。如图 6-49 所示，回路通过调节两个单向节流阀，利用液压油不可压缩的特点，实现两个方向的无级调速，油杯 3 为补充漏油而设。

（2）变速回路。图 6-50 所示为用行程阀变速的回路。当活塞杆右行到撞块 A 碰到机械换向阀后开始做慢速运动。改变撞块的安装位置即可改变开始变速的位置。

（3）有中位停止的变速回路。图 6-51 所示回路是液压阻尼缸与气缸并联的形式，气缸活塞杆端滑块套在液

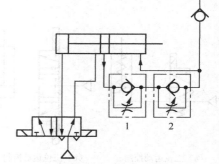

图 6-49　气液缸调速回路
1、2—单向节流阀；3—油杯

压缸活塞杆上，当滑块运动到调节螺母 6 时，气缸由快进转为与液压阻尼缸同样的慢进。液压缸油液流量由单向节流阀 2 控制，弹簧式蓄能器 1 用于调节阻尼缸中油量的变化。借助阻尼缸活塞杆的调节螺母 6，可调节气缸由快进转为慢进的变速位置。当三位五通阀 5 处于中间位置时，液压阻尼缸油路被二位二通阀 3 切断，活塞停止在此位置。而当三位五通阀切换到任何一侧，气体可流经梭阀 4 切换阀 3，使液压阻尼缸起调速作用。

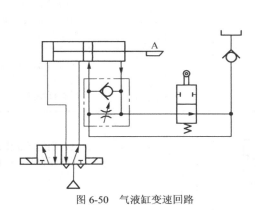

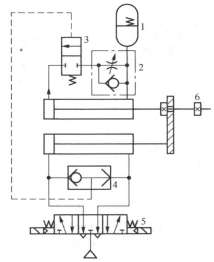

图 6-50　气液缸变速回路

图 6-51　有中位停止的变速回路
1—弹簧式蓄能器；2—单向节流阀；3—二位二通阀；
4—梭阀；5—三位五通阀；6—调节螺母

## （四）位置控制回路

### 1．采用串联气缸的位置控制回路

如图 6-52 所示气缸由多个气缸串联而成。当换向阀 1 通电时，左侧的气缸就推动中间及右侧的活塞右行到达左气缸的行程终点。当换向阀 2 通电时，左气缸保持不动，中间及右侧气缸继续向右运动。当换向阀 3 换向时，右缸再继续向前运动。换向阀 1、2、3 同时断电时，活塞靠右侧气缸的力回到原位。在这个位置控制回路中，依靠 3 个气缸不同的行程而得到 4 个定位位置。

### 2．任意位置停止回路

（1）气动控制阀任意位置停止回路。当气缸负载较小时，可选择图 6-53（a）所示的回路。当气缸负载较大时，应选用图 6-53（b）所示的回路。

（2）气液阻尼缸任意位置停止回路。当停止位置要求精确时，可选用图 6-51 所示的回路。

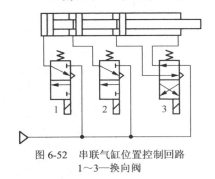

图 6-52　串联气缸位置控制回路
1～3—换向阀

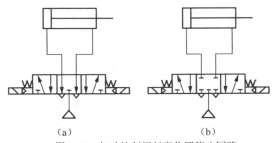

图 6-53　气动控制阀任意位置停止回路
（a）　　　　（b）

## （五）基本逻辑回路

基本的逻辑回路有"是""与""或""非""禁""双稳""脉冲""延时"等回路。表 6-7 介绍了几个常见的基本逻辑回路，表中右边的"真值表"，即该逻辑回路的动作说明表，a、b 为输入信号，$s_1$、$s_2$ 和 s 为输出信号；"1"与"0"分别表示有信号和无信号。

表 6-7 基本逻辑回路

| 名称 | 逻辑符号及表示式 | 气动元件回路 | 真值表 | 说明 |
|---|---|---|---|---|
| 是回路 | $s=a$ | | 有信号 a，则 s 有输出；无信号 a，则 s 无输出 |
| 非回路 | $s=\bar{a}$ | | 有信号 a，则 s 无输出；无信号 a，则 s 有输出 |
| 与回路 | $s=a\cdot b$ | （a）无源　（b）有源 | 只有当信号 a 和 b 同时存在时，s 才有输出 |
| 或回路 | $s=a+b$ | （a）无源　（b）有源 | 有 a 或 b 任一个信号，s 就有输出 |
| 禁回路 | $s=\bar{a}\cdot b$ | （a）无源　（b）有源 | 有信号 a 时，s 无输出；当无信号 a、有信号 b 时，s 才有输出 |
| 记忆回路 | （a）（b） | （a）双稳　（b）单记忆 | 有信号 a 时，$s_1$ 有输出；a 消失，$s_1$ 仍有输出，直到有 b 信号时，$s_1$ 才无输出。要求 a、b 不能同时加信号 |
| 脉冲回路 | | | | 回路可把长信号 a 变为一脉冲信号 s 输出，脉冲宽度可通过改变节流阀气阻、储气罐气容调节。回路要求 a 的持续时间大于脉冲宽度 $t$ |
| 延时回路 | | | | 当有信号 a 时，需延时 $t$ 时间后 s 才有输出，通过改变节流阀气阻、储气罐气容调节 $t$。回路要求 a 持续时间大于 $t$ |

真值表：

是回路
| a | s |
|---|---|
| 0 | 0 |
| 1 | 1 |

非回路
| a | s |
|---|---|
| 0 | 1 |
| 1 | 0 |

与回路
| a | b | s |
|---|---|---|
| 0 | 0 | 0 |
| 1 | 0 | 0 |
| 0 | 1 | 0 |
| 1 | 1 | 1 |

或回路
| a | b | s |
|---|---|---|
| 0 | 0 | 0 |
| 0 | 1 | 1 |
| 1 | 0 | 1 |
| 1 | 1 | 1 |

禁回路
| a | b | s |
|---|---|---|
| 0 | 0 | 0 |
| 0 | 1 | 1 |
| 1 | 0 | 0 |
| 1 | 1 | 0 |

记忆回路
| a | b | $s_1$ | $s_2$ |
|---|---|---|---|
| 1 | 0 | 1 | 0 |
| 0 | 0 | 1 | 0 |
| 0 | 1 | 0 | 1 |
| 0 | 0 | 0 | 1 |

## 二、气动常用回路

### （一）安全保护回路

#### 1．双手操作回路

双手操作回路是使用两个启动用的手动换向阀控制的回路，只有同时按下两个阀时气缸才动作，起到安全保护作用，应用在冲床、锻压机床上，如图6-54所示。

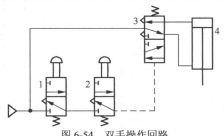

逻辑"与"的双手操作回路

图6-54　双手操作回路
1、2—手动换向阀；3—气控换向阀；4—气缸

#### 2．互锁回路

互锁回路防止各缸的活塞同时动作，保证只有一个活塞动作。图6-55所示的回路利用梭阀1、2、3和换向阀4、5、6实现互锁。如换向阀7换向时，控制换向阀4换向，A缸活塞杆向外伸出。与此同时，A缸的进气管路气体流经梭阀1使换向阀6锁住，通过梭阀2使换向阀5锁住。此时，即使换向阀8、9有信号，B、C两缸也不动作。如果要改换缸的动作，必须使前面动作的缸复位后才行。

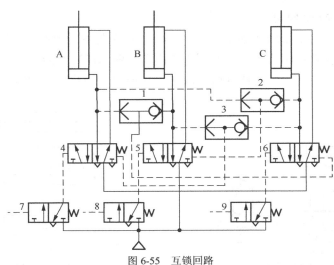

图6-55　互锁回路
1～3—梭阀；4～9—换向阀；A～C—液压缸

### （二）同步动作回路

图6-56（a）所示为简单的同步动作回路，采用刚性零件将两缸的活塞杆连接起来。

图6-56（b）所示为采用气液组合缸的同步动作回路，保证在负载 $F_1$、$F_2$ 不相等时也能使工作台上下运动同步动作。当三位五通阀3处于中位时，蓄能器自动为液压缸补充。当该阀换至任一位置时，蓄能器回路都被切断。当三位五通换向阀3换至上位时（Ⓐ有信号），气源压力通过阀3进入气液缸下腔，使之克服负载 $F_1$ 和 $F_2$ 向上运动。此时，缸1上腔的液压

油被压送到缸 2 的下腔。缸 2 上腔的液压油被压送到缸 1 的下腔，两缸尺寸完全相同，从而保证两缸动作同步。同理，阀 3 的Ⓑ有信号时，可以保证缸向下移动同步。

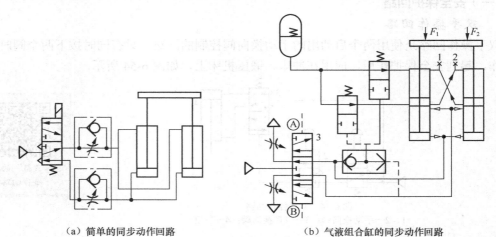

（a）简单的同步动作回路　　　　　　　　（b）气液组合缸的同步动作回路

图 6-56　同步动作回路

1、2—液压缸；3—三位五通换向阀

### （三）往复动作回路

#### 1．单往复动作回路

图 6-57 所示为由机械换向阀（行程阀）和手动换向阀组成的单往复回路。按下手动阀后，二位五通换向阀换向，气缸外伸；当活塞杆挡块压下机械阀后，二位五通换向阀换至图示位置，气缸缩回，完成一次往复运动。

#### 2．连续往复动作回路

如图 6-58 所示，手动阀 1 换向，高压气体经过阀 3 使阀 2 换向，气缸活塞杆外伸，阀 3 复位，活塞杆行至挡块压下行程阀 4 时，阀 2 换向至图示位置，活塞杆缩回，阀 4 复位。当活塞杆缩回到行程终点压下行程阀 3 时，阀 2 再次换向，如此循环往复。

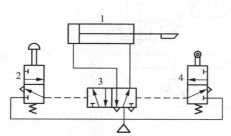

图 6-57　单往复动作回路

1—气缸；2—手动换向阀；3—二位五通换向阀；4—行程阀

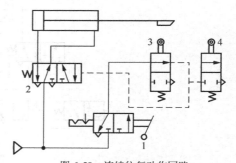

图 6-58　连续往复动作回路

1—手动换向阀；2—气控换向阀；3、4—行程阀

### （四）计数回路

#### 1．由气动逻辑元件组成的计数回路

图 6-59 所示为由气动逻辑元件组成的一位二进制计数回路。

设原始状态下"双稳"元件 $SW_1$ 的"0"端有输出 $s_0$，"1"端无输出。其输出反馈使禁门 $J_1$ 有输出，$J_2$ 无输出。因此"双稳"元件 $SW_2$ 的"1"端有输出，"0"端无输出。当有脉冲信号输入给"与门"元件时，$y_1$有输出，并且切换$SW_1$至"1"端，使$s_1$有输出。

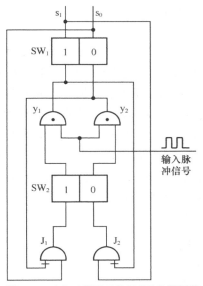

气缸连续往复换
向回路

图 6-59　由气动逻辑元件组成的计数回路

同样道理，当下一个脉冲信号输入时，使双稳元件$SW_1$呈现$s_0$输出状态。这样使双稳元件$SW_1$交替输出，起到分频计数的作用。

多个一位二进制计数回路可以组成多位二进制计数回路。

### 2．气阀组成的计数回路

图 6-60 所示为由气阀组成的二进制计数回路。假定初始状态为图示状态，第一次按下手动阀 1，高压气体经过阀 2、阀 3 到达阀 4 右侧，使阀 4 切换至右位，$s_1$输出，第 $2^0$ 位输出为 1。与此同时，阀 3 也被切换至右位，但此时阀 3、4 的右侧都处于加压状态，因此，阀 4 仍维持 $s_1$ 输出状态。当松开阀 1，或者经过一段时间后，单向节流阀 7 后的压力升到一定值使阀 2 换向，单向阀 5、6 将随之开启，使阀 3、4 左右两侧的空气经阀 2（或阀 1）排出。第二次按下手动阀 1，因阀 3 已被切换至右位，高压气体进入阀 3、4 的左侧，切换阀 4 使 $s_0$ 输出，$s_1$无输出，使 $2^0$ 位变为 0。

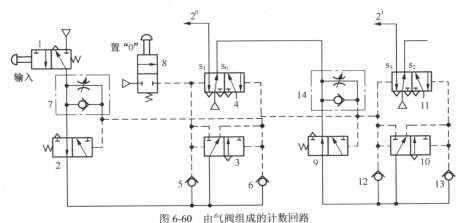

图 6-60　由气阀组成的计数回路

1、8—手动换向阀；2、3、4、9、10、11—气控换向阀；5、6、12、13—单向阀；7、14—单向节流阀阀 4 使 $s_0$ 的输出经阀 9、阀 10 到达阀 11 的右侧，使阀 11 切换至右位，使 $s_3$ 输出，第 $2^1$ 位为 1。第三次按下阀 1 时，$2^0$ 位也变为 1。

**（五）振荡回路**

图 6-61 所示为振荡回路。开始时，储气罐 2 中无气，触发器 4 处于接通状态，它输出的正信号一路关断排气"三门"3，另一路关断"非门"5，使"非门"6 打开，此时双控双向放大器 7 右端排气，左端进气，左位工作使气缸活塞杆缩回。与此同时，"三门"1 打开，使气源经节流阀 8 向储气罐 2 充气。当气容充气达到触发压力时，推动触发器 4 动作，经过触发器的气路被切断。此时"非门"5 复位有输出，"非门"6 切换，双控双向放大器 7 右端进气，左端排气，右位工作使气缸活塞向左伸出。同时，"三门"3 打开，储气罐 2 中的气体经"三门"3 排出，触发器 4 复位。此时又回到开始状态，气缸又向右退回。如此不断循环，产生振荡。振荡频率的高低可由节流阀的气阻和储气罐的气容调节。气容、气阻越大，振荡频率越低。反之，振荡频率越高。

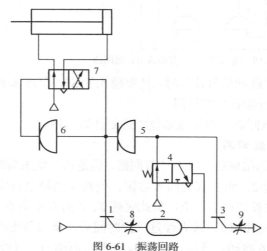

图 6-61　振荡回路
1、3—三门；2—储气罐；4—触发器；5、6—非门；7—双控双向放大器；8、9—节流阀

# | 思 考 题 |

1. 气压传动技术有何优缺点？
2. 通常设置在气源装置与系统之间的"气动三大件"是指什么？
3. 简述气压传动系统对其工作介质 —— 压缩空气的主要要求。
4. 简述压缩空气净化设备及其主要作用。
5. 简述冲击气缸的工作过程及工作原理。
6. "是门"元件与"非门"元件结构相似，"是门"元件中阀芯底部有一弹簧，"非门"元件中却没有，说明"是门"元件中弹簧的作用，去掉该弹簧"是门"元件能否正常工作，为什么？

# 附录 A
# 常用液压与气动元件
# 图形符号

（摘自 GB/T786.1—2009）

附表 A-1　　　　　　　　　　　　　　符号要素、管路连接

| 名称 | 符号 | 名称 | 符号 |
|---|---|---|---|
| 工作管路 | ▬▬▬▬ | 液压 | ▶ |
| 控制、泄漏管路 | ▬ ▬ ▬ ▬ | 气动 | ▷ |
| 连接管路 | | 能量转换元件 | 6M |
| 交叉管路 | | 测量仪表 | 4M |
| 柔性管路 | | 控制元件 | □2M |
| 软管总成 | | 调节器件 | □4M |

附表 A-2　　　　　　　　　　　　　　泵、马达和缸

| 名称 | | | 符号 | 说明 | 名称 | 符号 | 说明 |
|---|---|---|---|---|---|---|---|
| 液压泵 | 液压泵 | | | 一般符号 | 双作用缸 | | 简化符号 |
| | 定量泵 | 单向 | | 单向旋转、定排量 | 单杆活塞缸 | | 详细符号 |
| | | 双向 | | 正反向旋转、定排量 | 双杆活塞杆 | | 简化符号 |

续表

| 名称 | | | 符号 | 说明 | 名称 | 符号 | 说明 |
|---|---|---|---|---|---|---|---|
| 液压泵 | 变量泵 | 单向 | 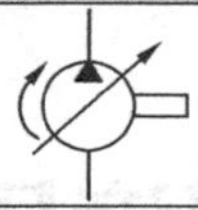 | 单向旋转、变排量 | 单作用缸 | | 详细符号 |
| | | 双向 |  | 正反向旋转，变排量 | 单杆活塞缸 | | 简化符号 |
| | 液压马达 | | 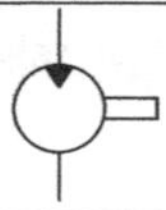 | 一般符号 | | | 详细符号 |
| 液压马达 | 定量马达 | 单向 | 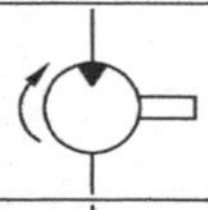 | 单向旋转、定排量 | 单活塞杆缸（带弹簧复位） | | 简化符号 |
| | | 双向 | 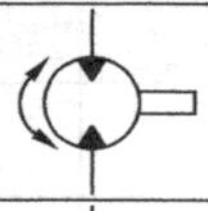 | 正反向旋转、定排量 | | | 简化符号 |
| | 变量马达 | 单向 | 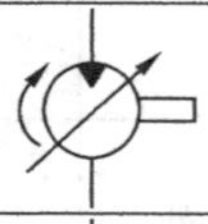 | 单向旋转、变排量 | 柱塞缸 | | |
| | | 双向 | 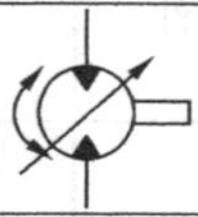 | 正反向旋转、变排量 | 伸缩缸 | | |
| | 摆动马达 | | 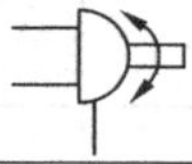 | 双向摆动、定角度 | 增压缸 | | |
| 气压泵和气压马达 | 气压泵（空气压缩机） | | | 一般符号，其他符号与泵类同 | 气—液转换器 | | 单程作用 |
| | 气压马达 | | | 一般符号，其他与泵类同 | | | 连续作用 |

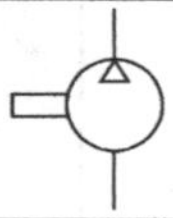

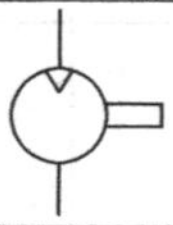

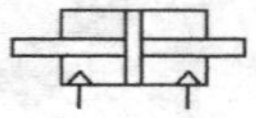

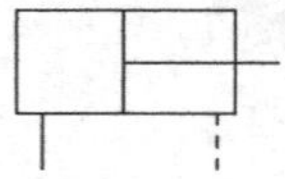

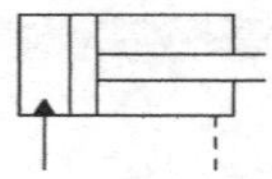

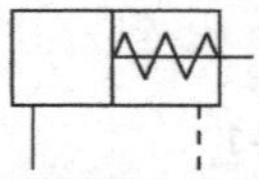

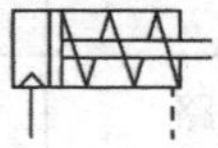

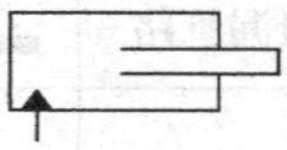

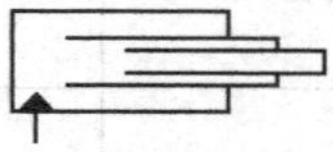

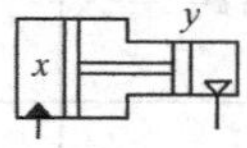

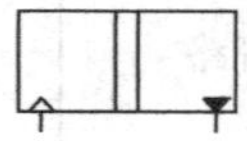

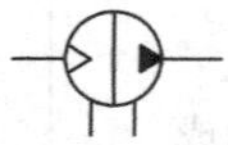

**附表 A-3　　　　　　　　　　控制机构和控制方法**

| 名称 | | 符号 | 说明 | 名称 | | 符号 | 说明 |
|---|---|---|---|---|---|---|---|
| 机械控制件 | 直线运动的杆 |  | 箭头可省略 | 电气控制方法 | 单作用可调电磁操作 | 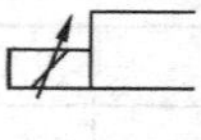 | |
| | 旋转运动的轴 | | 箭头可省略 | | 双作用可调电磁操作 | 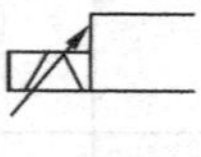 | |
| 机械控制方法 | 顶杆式 | | | 人力控制方法 | 拉钮式 | 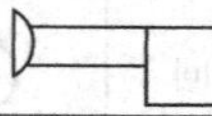 | |
| | 可变行程控制式 | | | | 按-拉式 | | |
| | 弹簧控制式 | | | | 手柄式 | | |

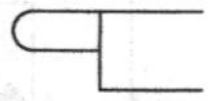

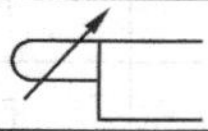

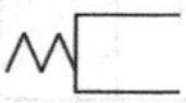

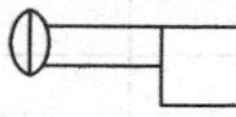

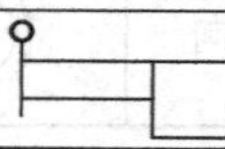

续表

| 名称 | | 符号 | 说明 | 名称 | | 符号 | 说明 |
|---|---|---|---|---|---|---|---|
| 机械控制方法 | 滚轮式 | | 两个方向操作 | 反馈控制方法 | 单向踏板式 | | |
| | 单向滚轮式 | | 仅在一个方向上操作,箭头可省略 | | 双向踏板式 | | |
| | 人力控制 | | 一般符号 | | 反馈控制 | | 一般符号 |
| | 按钮式 | | | | 电反馈 | | 由电位器、差动变压器等检测位置 |
| 先导式压力控制方法 | 先导型压力控制阀 | | 带压力调节弹簧,外部泄油,带遥控泄放口 | 先导式压力控制方法 | 气-液先导加压控制 | | 气压外部控制,液压内部控制,外部泄油 |
| | 先导型比例电磁式压力控制阀 | | 先导级由比例电磁铁控制,内部泄油 | | 电-液先导加压控制 | | 液压外部控制,内部泄油 |
| | 电-液先导控制 | | 电磁铁控制、外部压力控制,外部泄油 | | 液压先导卸压控制 | | 内部压力控制,内部泄油 |
| | 液压先导加压控制 | | 内部压力控制 | | 液压先导加压控制 | | 外部压力控制 |

附表 A-4　　　　　　　　　　控制元件

| 名称 | | 符号 | 说明 | 名称 | 符号 | 说明 |
|---|---|---|---|---|---|---|
| 单向阀 | 普通单向阀 | | 简化符号 | 三位四通电磁阀 | | |
| | | | 详细符号 | 三位四通电液阀 | | 简化符号（内控外泄） |
| | 液控单向阀 | | 简化符号 | 三位六通手动阀 | | |
| | | | 详细符号（控制压力关闭阀） | 三位五通电磁阀 | | |
| | | | 简化符号（弹簧可省略） | 三位四通电液阀 | | 外控内泄（带手动应急控制装置） |
| | | | 详细符号（控制压力打开阀） | 三位四通比例阀 | | 节流型,中位正遮盖 |
| | 双液控单向阀 | | | 三位四通比例阀 | | 中位负遮盖 |

续表

| 名称 | 符号 | 说明 | 名称 | 符号 | 说明 |
|---|---|---|---|---|---|
| 换向阀 | | | 换向阀 | | |
| 二位二通电磁阀 | | | 二位四通比例阀 | | |
| 二位三通电磁阀 | | | 四通电液伺服阀 | | 二级 |
| 二位四通电磁阀 | | | | | 带电反馈三级 |
| 二位五通液动阀 | | | 二位三通气动换向阀 | | 气动先导式控制，弹簧复位 |
| 二位四通机动阀 | | | 二位五通气动换向阀 | | 先导式压电控制，气压复位 |
| | | | 二位五通气动换向阀 | | 气压控制，弹簧复位 |
| 溢流阀 | | | 减压阀 | | |
| 直动式溢流阀 | | 一般符号或直动型溢流阀 | 直动式减压阀 | | 一般符号或直动型减压阀 |
| 先导式溢流阀 | | | 先导型减压阀 | | |
| 先导式电磁溢流阀 | | （常闭） | 溢流减压阀 | | |
| 直动式比例溢流阀 | | | 先导型比例电磁式溢流减压阀 | | |
| 先导式比例溢流阀 | | | 定比减压阀 | | 减压比1/3 |
| 卸荷溢流阀 | | $p_2>p_1$ 时卸荷 | 定差减压阀 | | |
| 双向溢流阀 | | 直动式，外部泄油 | 顺序阀 | | 一般符号或直动型顺序阀 |

续表

| 名称 | | 符号 | 说明 | 名称 | | 符号 | 说明 |
|---|---|---|---|---|---|---|---|
| 卸荷阀 | 卸荷阀 | 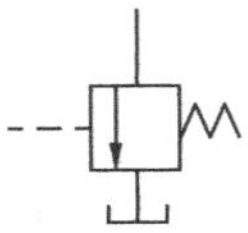 | 一般符号或直动型卸荷阀 | 顺序阀 | 先导型顺序阀 | | |
| | 先导型电磁卸荷阀 | 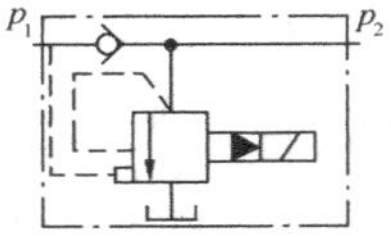 | $p_1 > p_2$ | | 单向顺序阀（平衡阀） | | |
| 节流阀 | 可调节流阀 |  | 简化符号 | 调速阀 | 调速阀 |  | 简化符号 |
| | | | 详细符号 | | 旁通型调速阀 | | 简化符号 |
| | 不可调节流阀 | | 一般符号 | | 温度补偿型调速阀 | | 简化符号 |
| | 单向节流阀 | | 组合阀 | | 单向调速阀 | 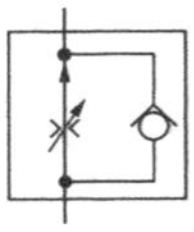 | 简化符号 |
| | 双单向节流阀 | | | | 调速阀 | | 详细符号 |
| 压力继电器 | | | 一般符号 | 压力继电器 | | | 详细符号 |

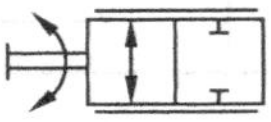

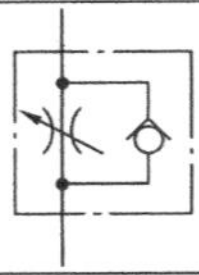

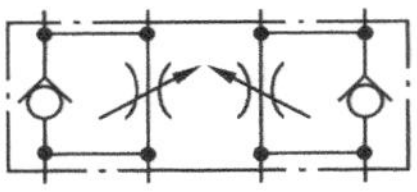

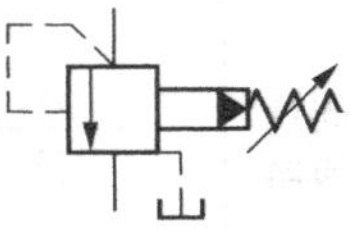

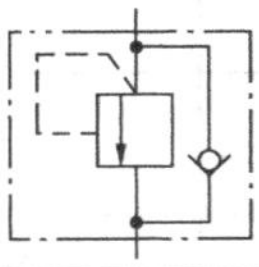

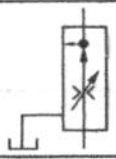

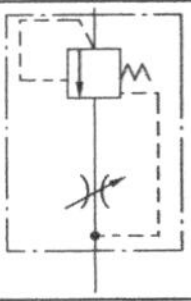

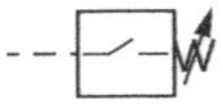

附表 A-5　　　　辅助元件

| 名称 | | 符号 | 说明 | 名称 | | 符号 | 说明 |
|---|---|---|---|---|---|---|---|
| 过滤器 | 过滤器 | 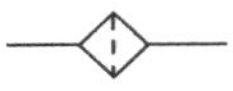 | 一般符号 | 蓄能器 | 蓄能器 |  | 一般符号 |
| | 磁性过滤器 | | | | 气体隔离式 |  | |
| | 空气过滤器 | | | | 重锤式 |  | |
| | 带旁通阀的过滤器 | | | | 弹簧式 |  | |
| 冷却器 | 冷却器 | | 一般符号 | 油箱 | 局部泄油或回油 | 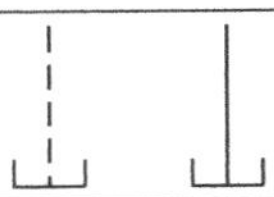 | |

| 199 |

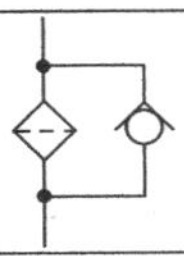

| 名称 | | 符号 | 说明 | 名称 | | 符号 | 说明 |
|---|---|---|---|---|---|---|---|
| 后冷却器 | 带冷却剂管路的冷却器 | | | 油箱 | 局部泄油或回油 | | |
| | | | | | 管端在液面上 | | 通大气式 |
| 压力指示器 | | | | | 管端在液面下 | | 通大气，带空气过滤器 |
| 压力表（计） | | | | | | | |
| 辅助气瓶 | | | | 储气罐 | | | |

# 附录 B
# 主要符号

$p$——压力

$p_a$——大气压力

$p_o$——液体表面压力

$p_x$——相对压力

$p_z$——真空度

$\rho$——液体密度

$m$——质量

$\mu$——动力黏度

$\nu$——运动黏度

$°E$——恩氏黏度

$VI$——黏度指数

$g$——重力加速度

$\upsilon$——平均流速

$v$——液压缸运动件平均速度

$D$——液压缸内径

$d$——活塞杆直径

$\lambda$——沿程阻力系数

$\Delta p_\lambda$——沿程压力损失

$\zeta$——局部阻力系数

$\Delta p_\zeta$——局部压力损失

$Re$——雷诺数

$Re_c$——临界雷诺数

$d_H$——水力直径

$p_p$——工作压力

$p_H$——额定压力

$p_m$——最高允许压力

$\Delta p$——压力损失，泵、马达进出口压差

$q$——流量

$q_p$——工作流量

$q_t$——理论流量

$q_H$——额定流量

$\Delta q$——泄漏量

$V$——液体体积、排量

$A$——面积

$F$——作用力、液压缸推力

$T$——转矩

$T_M$——液压马达实际转矩

$T_{tM}$——液压马达理论转矩

$n$——转速

$P$——功率

$P_i$——输入功率

$P_o$——输出功率

$P_t$——理论功率

$\eta$——效率

$\eta_V$——容积效率

$\eta_m$——机械效率

$\eta_M$——液压马达总效率

$\eta_{VM}$——液压马达容积效率

$\eta_{mM}$——液压马达机械效率

$q_M$——液压马达输入流量

$q_{tM}$——液压马达理论流量

$P_{oM}$——液压马达输出功率

$P_{iM}$——液压马达输入功率